暮らしが整う、ラクになる 成功する収納デザイン

日本最強收納大師團隊關鍵心法——

超圖解 家的零收納

X-KNOWLEDGE——著

陳令嫺——譯

原點 UNI-BOOKS

目　錄

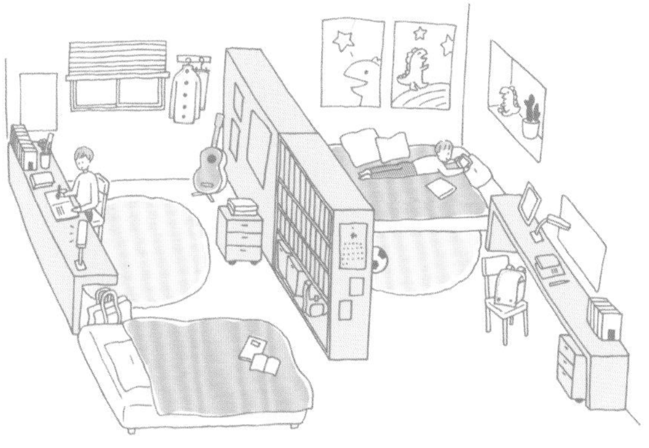

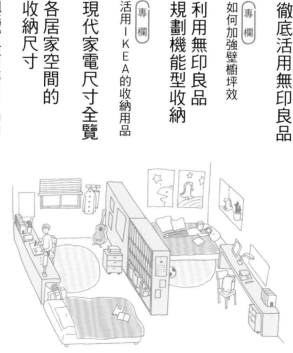

前言

如何打造「自然而然就能井井有條」的家

許多人苦於家裡總是亂七八糟，無論怎麼整理都無法變得井然有序。其實收納的問題往往出在家中隔間和收納方式，而非屋主不愛整潔或不擅長做家事。

為什麼在日本很少看到窗明几淨、井井有條的居家環境呢？其中一個原因是，住宅設計進化的速度，並未追上這幾十年來迅速擴大的消費生活型態，與生活西化所形成的「和洋折衷型生活」。

原本，日本住宅就是可塑性高的和室空間，一九六〇年代開始，日本引進了西式的「個人房間」這種形式。西式的個人房間原本是指每個寢室都具備有獨立衛浴的「套房」，傳進日本後，卻多半因空間有限而無法採用套房配置，導致化妝梳洗等日常行為仍是在家人共用的洗手間中進行。這種西化不完全的矛盾，就造成了「動線複雜化」的現象，導致許多生活雜物無法安放於固定位置。眾人卻只得和這種生活「妥協」，將就著這樣的空間過日子。

要打造井然有序的居家空間，關鍵在於設計適恰合宜的「動線」與「收納」。例如，為沒有洗手間的樓層添加一個備有小洗手台的角落，便能改善生活動線；若能把從地板到天花板的整面收納櫃規劃在正確的動線位置上，跟著動線的連續來整理，就能把家中空間收拾得優雅整齊。

包含改建的案子，我至今一共設計了兩百多間住宅。無論何時拜訪屋主，每一家都總是整整齊齊的模樣。如果一開始就打造出「不會凌亂的系統」，那麼一邊住在裡頭、同時又維持完美整潔狀態的生活絕非不可能。規劃住宅時，為屋主設計出「能住得舒服、又能住得整齊的家」不僅是必要任務，也是設計師的責任。

[水越美枝子／atelier Sala]

「自然而然就能井井有條的家」設計原則

將收納櫃「分割」以提升空間使用率，用起來更方便。事先計畫收納物品與收納籃的尺寸，並提供屋主深、寬尺寸都能配合的收納籃，培養屋主分割空間來收納整理的習慣

採用可動式層架，配合收納物品調整高度，提升收納密度

門片選擇配合牆面或櫃子的顏色，讓外觀清爽俐落

展示型收納與隱藏式收納的比例需取得平衡

「米崎邸」設計：atelier Sala　攝影：永野佳世

❶ 井然有序之家的三大要素

希望打造井然有序、生活舒適的居家環境，設計之前必須仔細檢查**「動線、收納、布置」**。單純的動線和機能性收納系統巧妙結合，才能營造出美麗的設計。在動線上的合適地點設置有效的收納空間，「自然而然就能井井有條的家」便能手到擒來。

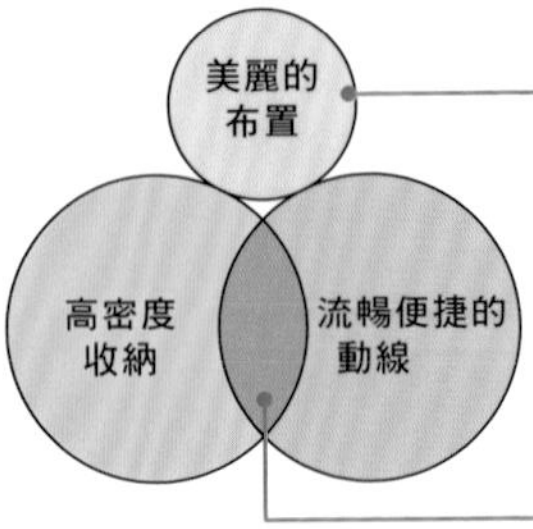
美麗的
布置
高密度
收納
流暢便捷的
動線

藉由動線與收納打造整潔的室內環境，布置才會顯得美觀

結合單純動線與機能性收納，建立「自然而然就能井井有條的家」之基礎

❷ 利用高密度收納增加使用面積

在有限空間中增加層板數量，就能擴大收納面積。以打造寬1,800×深300mm的收納空間（約1/6坪）為例，假設地板到天花板的高度是2,400mm，若每個層架高度設定為200mm，便能創造出收納總面積為2坪大的高密度收納空間。

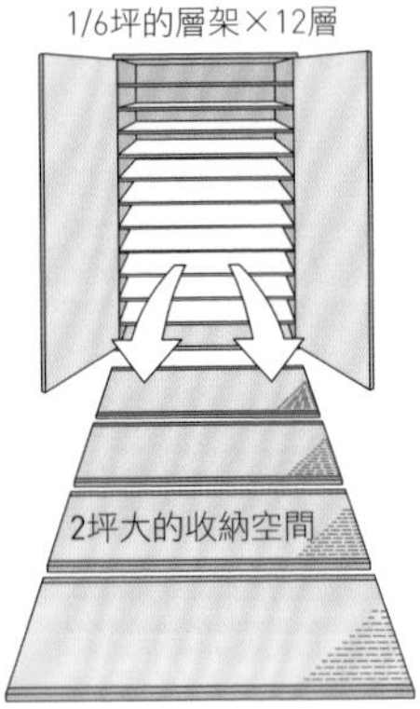
1/6坪的層架×12層
2坪大的收納空間

❸ 合適的收納診斷與建議

規劃的事前步驟是進行「收納診斷」——決定購買何種家具與新家所需的收納空間。首先請屋主拍攝「現在家中的照片」，確認目前住家的收納情況，方能設計出無須特意整理就能井井有條的居家環境。一開始不少屋主都會覺得很不好意思，因此必須先與屋主溝通說明拍照的目的，一起找出問題點，建立彼此的信賴關係，也能讓屋主因而發現生活中不需要的物品，進而斷捨離。

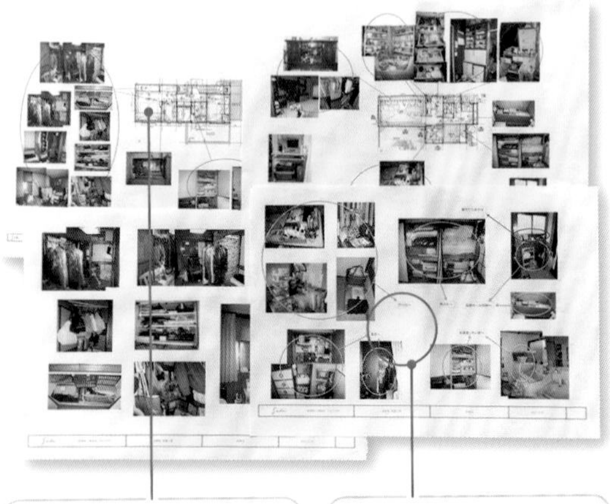

根據隔間圖與照片，詳細解說目前住家在規劃與收納上的問題點

事前建議四處散落的物品該收納於何處

❹ 徹底執行「定點收納」

希望居家環境「自然而然就能井然有序」，必須遵守「將東西固定放在常用的地點附近」此一原則。在對屋主說明時，首先使用下方「定點收納診斷表」來確認現況。填寫診斷表的過程中，便能發現家中收納發生哪些問題。打造「隨時井井有條的居家環境」之捷徑，就在於為家人們共用的物品「找到放置的定點＝賦予物品住處」，建立明確的收納系統。為了讓收納系統更便利易懂，通常會在屋主入住之前，先提供約一百個（共十六種）高度與寬度不同的白色收納籃，請他們先做好物品的細項分類。把這些籃子當作抽屜，就能決定物品的定點，也能讓收納櫃用起來更方便。

請住戶從A～E當中挑選相符的情況，填入診斷表中；並且在「定點」中填入適合收納的位置。

A　經常四處亂放
B　經常詢問家人「放在哪？」
C　覺得收納地點很遠
D　覺得拿進拿出很麻煩
E　經常不見

表｜「定點收納」診斷表

	物品	診斷	定點
1	帽子與手套等		
2	家人的大衣		
3	訪客的大衣		
4	手帕、衛生紙		
5	帶出門用的運動毛巾		
6	口罩和攜帶用暖暖包等		
7	備用紙袋		
8	舊報紙、舊雜誌		
9	打包用的膠帶、剪刀、繩子		
10	家人共用的文具備品		
11	家人的健保卡		
12	醫院收據		
13	指甲刀、耳扒子、體溫計		
14	蠟燭、火柴		
15	主婦用的文具與筆記本		
16	便條紙、信封、明信片、郵票		
17	家電的說明書與保固卡		
18	住宅相關文件		
19	子女相關文件		
20	工具箱		
21	針線盒		
22	急救箱		
23	相簿		
24	熨斗、燙衣板		
25	攝影機、相機		

	物品	診斷	定點
26	電腦與周邊機器		
27	電話與傳真機		
28	筷子等餐具		
29	小碟子		
30	茶杯、咖啡杯		
31	桌布、餐墊		
32	廚餘用垃圾桶（暫放處）		
33	瓶罐與寶特瓶（暫放處）		
34	不可燃垃圾（暫放處）		
35	備用食材		
36	非每天使用的廚具		
37	客人用的擦手巾		
38	花瓶		
39	睡衣		
40	內衣		
41	備用毛巾		
42	備用清潔劑		
43	備用面紙與廁所衛生紙		
44	吸塵器		
45	非當季的寢具		
46	暖爐和電風扇等季節性家電		
47	備用電燈泡		
48	備用電池、尚未丟棄的廢棄電池		
49	運動用品		
50	CD與DVD		

資料提供：atelier Sala

插圖　今井夏子
　　　渋谷純子
　　　坪內俊英（iroha 意匠計畫）
　　　Nakai Mina
　　　長岡伸行
　　　中川展代
　　　堀野千恵子
　　　六浦　六
　　　Yamasaki Minori

設計　米倉英弘、藤井保奈
　　　（細山田設計事務所）

日本版排版　横村　葵

1

Part.1

章

收納計畫始於動線

日常生活是由瑣碎事務與移動的連續性所構成。整理動線，規劃出物品「使用地點」與「收納位置」的最短距離，在適合的地點設置「符合物品分量的收納空間」，生活馬上變得舒適又便利。

從生活型態考量動線與收納

主要動線與起點的關係

衛浴間

洗手間、浴室和廁所，是家中每個人一天都會分別使用好幾次的特殊空間。除了洗衣、洗臉、沐浴之外，還有刷牙、洗手、刮鬍子、穿脫隱形眼鏡、更衣與化妝等等。由於在此進行的日常行為五花八門，應該收納於此的物品分量與種類自然琳瑯滿目。此處又是家中特別需要注重隱私的空間，規劃時必須格外留意位置與動線

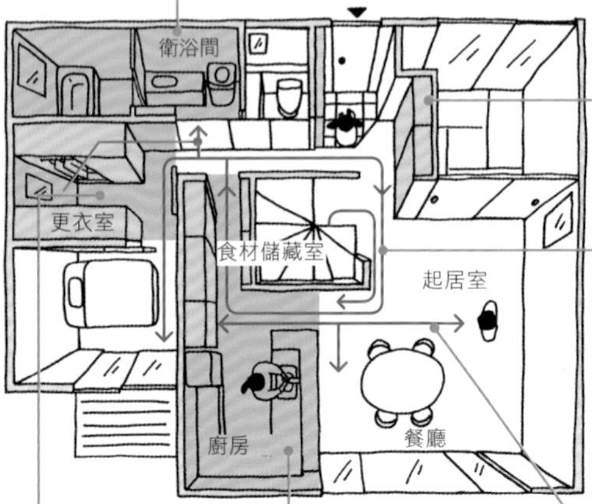

玄關收納

玄關是連結家中與外界的空間，主要用於收納「在外需使用的物品」。因此從玄關出發的動線必須設置容量充足的收納空間

循環／迴遊動線

在家中設置「迴遊動線」，消除家中「死巷」，讓每個空間都能從多種方向進入，移動更為自由。例如把廚房安排在迴遊動線上，從廚房兩頭都能進出，方便屋裡的人彼此錯身而過。在循環動線上設置收納空間就能減少不必要的移動，讓日常生活更順暢

廚房

廚房不僅是用來「烹飪食物」的空間，也是泡咖啡、整理垃圾、收納買來的生活用品等等，進出十分頻繁的場所。忙碌時可能還得同時烹飪、洗衣和準備出門等多線並行，因此考量家事動線時應將廚房設置於中央，以方便通往其他空間

衣帽間／更衣室

視寢室為私人空間者，多半將更衣室設置於寢室隔壁。把更衣室設置於通往衛浴間的動線上，便能有效利用空間。寢室跟衛浴間最好是能直接往來

連結廚房與餐廳的動線

廚房是家人每天頻繁進出的空間，相當於家中的「十字路口」。廚房和餐廳的動線必須通暢無阻，從冰箱拿飲料或是幫忙端菜上桌時才會方便

許多屋主委託設計時都會要求：「想要看起來清爽整齊的居家環境，因此希望能有很多收納空間。」然而設計師的任務不是發揮小聰明、想辦法增加收納空間，而是設計出方便屋主整理的機制。這個機制的主要元素就是「動線」與「收納」。

日常生活是由瑣碎事務與移動的連續性所構成。流暢的生活動線有助於減少無謂的移動，亦能提升家事與梳洗、更衣的效率。時間省出來，生活自然變得從容。

在家中進行的「作業」與該項作業所需要用到的「物品」之間，關係十分緊密。作為家中司令台的廚房，以及每個人每天必定會用到的衛浴間，就是生活中人與物最常往來之地。本章將這二個空間設定為生活動線的重要起點，彙整介紹節省時間的動線與收納計畫模式。

規劃動線時，設定出物品的「使用地點」和「收納位置」的最短路徑，在動線上合適之處設置收納空間。如此一來，便能打造超乎屋主期望的「實用收納」。

[本間至／bleistift]

移動空間兼具收納功能的優點

無論喜歡與否，家中總是會出現走廊或樓梯這類用於通行移動的空間。在沒有半點空間可浪費的都市型住宅中，必須考量如何活用移動空間。食材儲藏室和更衣室應該設置於移動空間中，而非規劃成獨立的房間，才能藉此消弭家中「死巷」，從兩側進出的移動亦更為方便；如此，也能將之規劃為迴遊動線或內部動線的一部分。

❶ 樓梯兼收納空間

直線樓梯的牆面能用來作為全家人共用的書櫃，因為樓梯是所有人必經之地，最適宜設置共用的收納空間

❷ 走廊兼收納空間

在連結廚房與衛浴間的走道兩側，設置深約300mm的淺櫃作為食材儲藏室。這裡同時也是內側動線

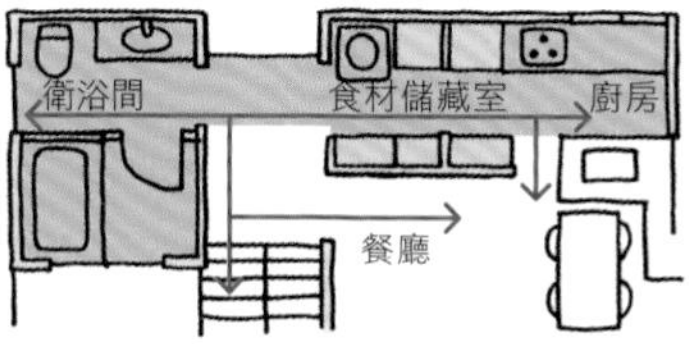

以廚房為起點的動線與收納

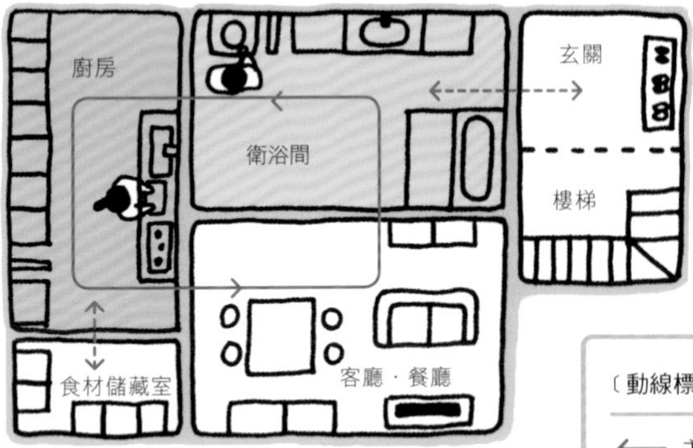

廚房與衛浴間相鄰〔❶、❹〕

將廚房與衛浴間規劃於迴遊動線上的平面配置。如此便可以縮短洗衣與烹飪動線，減輕家事的負荷

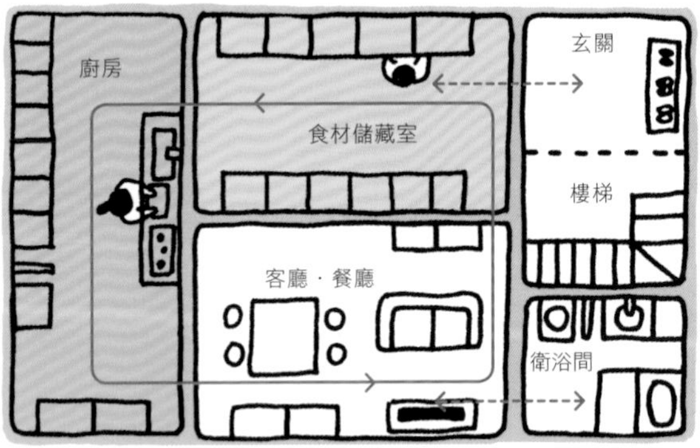

廚房與食材儲藏室相鄰〔❷、❺、❻〕

將廚房與食材儲藏室規劃於迴遊動線上的平面配置。食材儲藏室作為移動空間的話，能增加平面規劃的靈活性，移動更方便

規劃廚房四周的動線時，關鍵通常在於要將廚房設置於迴遊動線上，為的是方便居住者與物件的移動。

特別是將廚房設置於迴遊動線上，並且與衛浴間、家事房、食材儲藏室比鄰時，可以有效縮短生活核心空間和收納空間的行動往返，如此一來，就能出現自然流暢的家事動線。

具體而言，這樣的動線規劃又可分為三大類，分別是：廚房與客廳．餐廳位在一樓【14～19頁案例❶～❺】、廚房與客廳．餐廳位在二樓【20～22頁案例❻、❼】，以及客廳與餐廳空間分開設置、客廳與餐廳無論在哪一

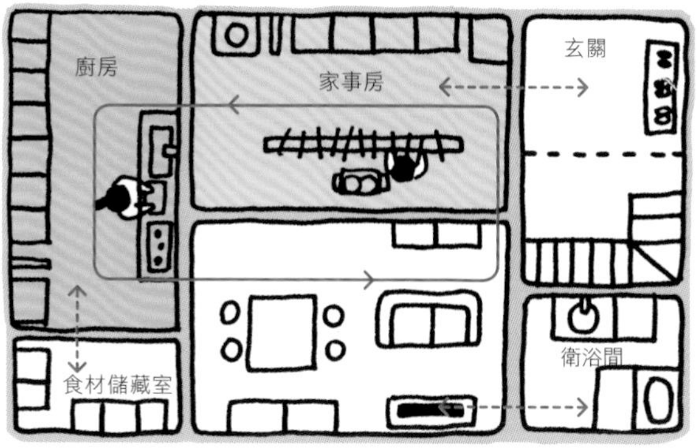

廚房合併家事房〔❸、❼〕

把廚房與家事房安排於迴遊動線上的平面配置。當廚房無法直通衛浴間時，把安裝洗衣機的家事房規劃於廚房旁邊，就能縮短家事動線

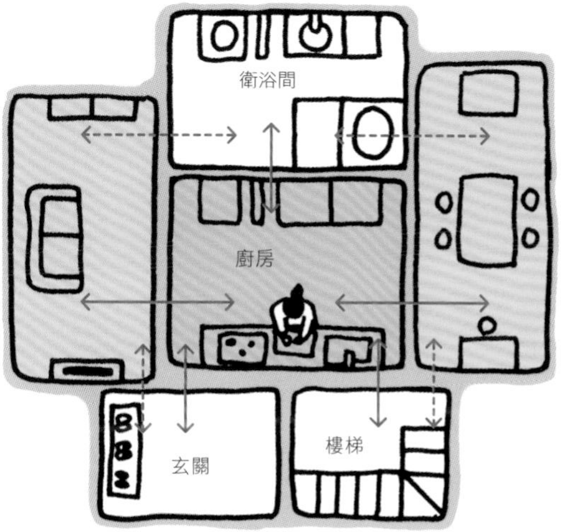

廚房設於客廳與餐廳之間〔❽、❾〕

這是客廳與餐廳分開的平面配置。廚房設置於兩者之間，形成以廚房為起點的便利動線

層樓都適用的方案【23～25頁案例❽、❾】。

至於廚房、客廳與餐廳等公共空間，究竟該設置在哪一層樓？這個問題，得依據住宅的佔地面積、採光條件與周遭環境而定。

完成了公共空間所在樓層的設定之後，再回過頭來規劃以廚房為起點的動線。至於要從玄關直通廚房、或是想要確保廚房能設置大量收納空間，就必須取決於屋主的生活方式與習慣。

[本間至／bleistift]

1 在衛浴間梳洗後，經由內側動線前往廚房

設定好玄關通往衛浴間、廚房的動線後，一進家門便能立刻進入衛浴間洗手更衣，把髒衣服丟進洗衣機，再神清氣爽、乾乾淨淨地走進食材儲藏室或廚房。另外，若加上無須經過衛浴間便能進入客廳．餐廳的動線規劃，就可以為廚房打造二個出入口，建立迴遊動線。

把樓梯設在廚房與衛浴之間，無論從哪一邊都能上二樓。螺旋梯下方就成為收納客廳所需用品的空間

在玄關與廚房之間設置通往衛浴的內側動線，方便更衣盥洗後乾淨地走進廚房

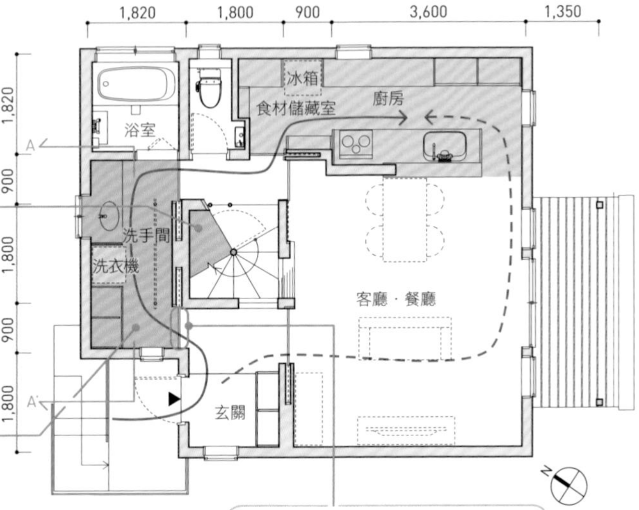

1樓平面圖 [S=1:150]

從玄關直接通往客、餐廳的動線。在衛浴空間前方加上拉門便無須擔心訪客看到內側動線

除了毛巾等盥洗所需物品之外，居家衣物也一併收納於此，一回家就能立刻換上家居服

鏡子下方的牆面設置窗戶，能照亮洗手台，又不必擔心外部窺視導致隱私受到侵犯

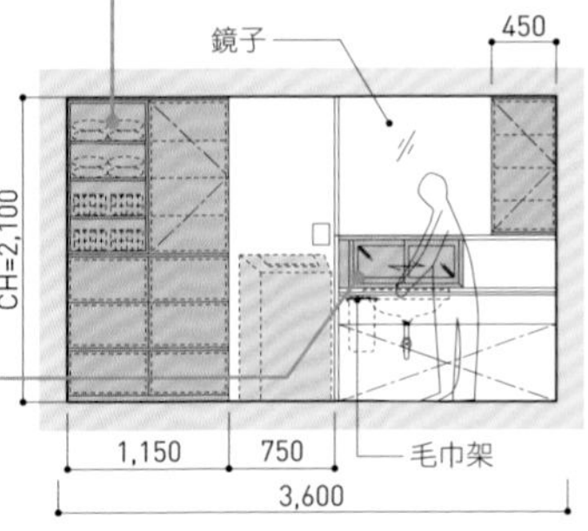

A- A'洗手更衣室剖面圖 [S=1:100]

「成城之家」設計：bleistift

← 主要動線　←--- 副動線　←···· 其他動線

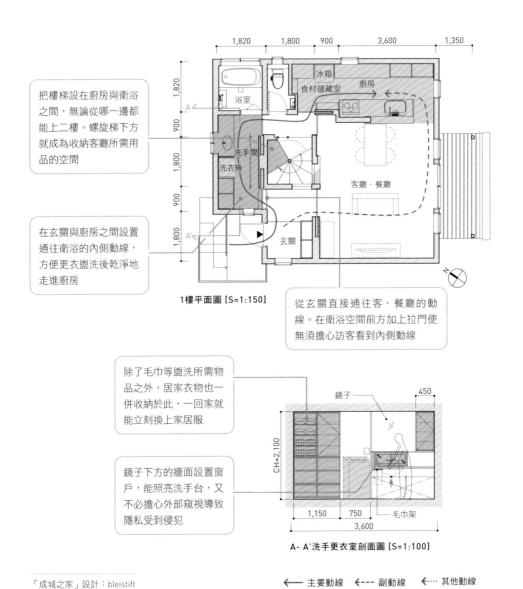

② 採買回來的物品收納在玄關，一身清爽地進廚房

若規劃的動線是從玄關通過玄關收納區、食材儲藏室，一路走到廚房的話，一回家就能先把大衣、鞋子、包包等外出時使用的物品都放進玄關收納櫃，接著在食材儲藏室裡放置買回來的食材；如此一來便能兩手空空、一身清爽地走進廚房。把收納櫃安排在移動空間中，就成了縮短人與物之移動距離的內側動線。

將放置大衣、鞋子與雨傘等室外使用物品的玄關收納，規劃在能兩側出入的通道上，不僅能使移動更便利、也能保持空氣流通

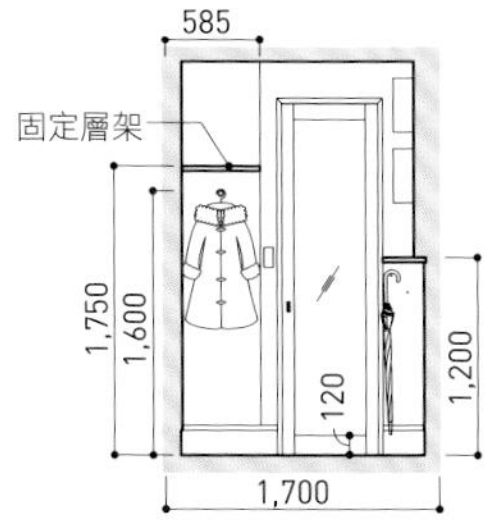
585
固定層架
1,750
1,600
120
1,200
1,700

收納展開圖 [S=1:100]

在廚房旁邊設置食材儲藏室，並且以玄關收納櫃、食材儲藏室與其他收納空間構成內側動線。玄關收納櫃與食材儲藏室之間裝設拉門，只需拉開便能自由進出

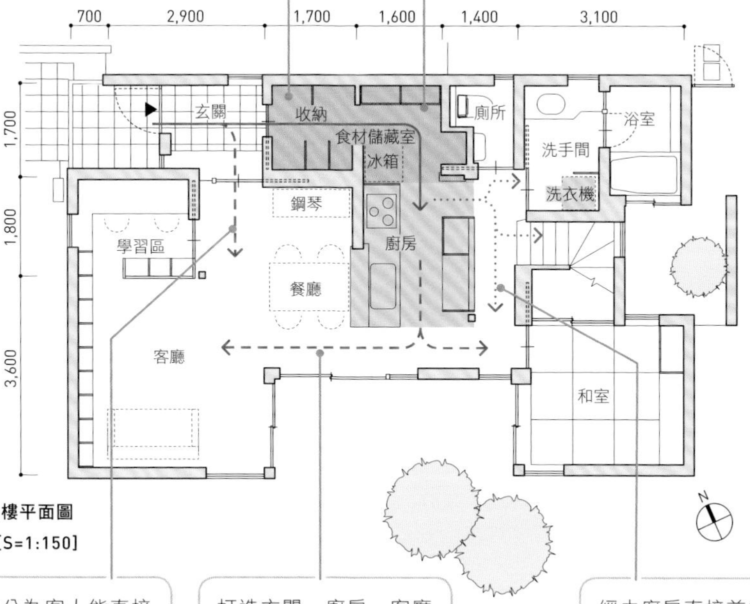
700
2,900
1,700
1,600
1,400
3,100
1,700
1,800
3,600
玄關
收納
食材儲藏室
冰箱
廁所
浴室
洗手間
洗衣機
鋼琴
學習區
廚房
餐廳
客廳
和室
N

1樓平面圖 [S=1:150]

將動線分為客人能直接進入客廳與餐廳的公共動線，以及通往收納空間的內側動線

打造玄關→廚房→客廳與餐廳的迴遊動線。從廚房就可以通往所有空間，提升做家事的效率

經由廚房直接前往衛浴間和往二樓的階梯，就能無須經過客廳與餐廳，便能進入私人空間

「狛江之家」設計：bleistift

從廚房望向家事房。烹飪與洗衣的動線設計為一直線，在同一條動線上就能完成家事。家事房附近的天花板裝設晾衣桿，因此可以在室內晾衣服。

3 直線型家事動線，能同時洗衣與烹飪

廚房與家事房比鄰，便能兼顧洗衣與廚房作業，提升家事效率。本頁案例中，廚房旁邊就是安裝了洗衣機、有室內晾衣空間的家事房，從這裡也能直通客廳。把生活動線設計成迴遊動線，是提升家務效率的不二法門。

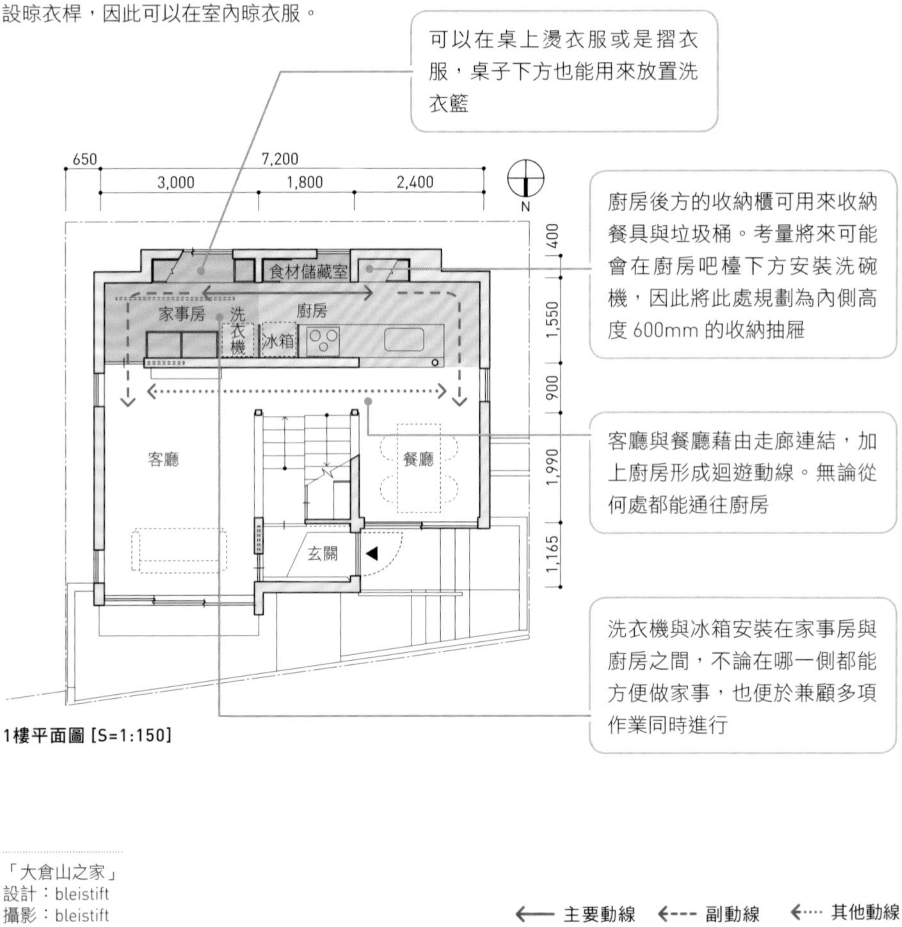
可以在桌上燙衣服或是摺衣服，桌子下方也能用來放置洗衣籃
650
7,200
3,000
1,800
2,400
N
400
1,550
900
1,990
1,165
食材儲藏室
家事房
洗衣機
冰箱
廚房
客廳
餐廳
玄關
廚房後方的收納櫃可用來收納餐具與垃圾桶。考量將來可能會在廚房吧檯下方安裝洗碗機，因此將此處規劃為內側高度 600mm 的收納抽屜
客廳與餐廳藉由走廊連結，加上廚房形成迴遊動線。無論從何處都能通往廚房
洗衣機與冰箱安裝在家事房與廚房之間，不論在哪一側都能方便做家事，也便於兼顧多項作業同時進行
主要動線
副動線
其他動線

1樓平面圖 [S=1:150]

「大倉山之家」
設計：bleistift
攝影：bleistift

④ 規劃能彙整烹飪與洗衣的家事動線

若常需要在廚房烹飪且同時兼顧洗衣等其他家事時，可以把洗衣機安裝在廚房中。衛浴間與廚房比鄰，不僅能節省搬運衣物的麻煩，也能縮短家事動線。本頁的案例是在廚房隔壁規劃衛浴間、使衛浴間成為內側動線的一站，同時也連結走廊、樓梯與廚房，打造出無須經由客廳，便能從二樓或房間直接進入衛浴間與廚房的動線。

透過食材儲藏室來連結廚房與衛浴間。不同於 14 頁❶是以玄關直接連結衛浴間，這樣的規劃能相對提升衛浴間的隱密性

衛浴間與樓梯僅一步之遙；私人區域（寢室、兒童房、衛浴間……）分散於一樓與二樓時，規劃出無須經過公共區域便能前往衛浴間的動線，移動時便不需要在意其他人的目光

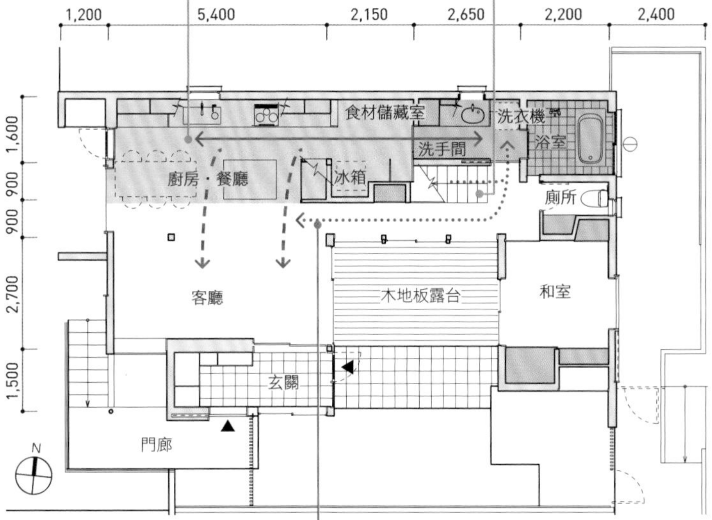

1樓平面圖
[S=1:200]

將衛浴間規劃於走廊的內側動線上，就無須在意來自餐廳或客廳的視線

一樓的廚房與餐廳。右側入口可以通往食材儲藏室與衛浴間，形成穿過走廊的內側動線，從客廳就看不到這些家事空間。

「茅之崎東之家」
設計：bleistift
攝影：富田治

從玄關望向食材儲藏室。遇到客人來訪時，只要將儲藏室拉門拉起來，就不用擔心會被客人看見。玄關與食材儲藏室的收納櫃門片選擇與天花板一致的顏色，看起來也賞心悅目。玄關收納櫃從地板直通天花板，容量充足。

5 穿過食材儲藏室，可通往各區生活動線

食材儲藏室是與廚房關係最緊密的收納空間，最好設置在廚房附近。本頁的案例把食材儲藏室兼用為移動空間，連結廚房與玄關，不僅縮短了家事動線，空間使用上也更經濟。食材儲藏室能直接通往玄關與客廳．餐廳等處，連接多條生活動線，成為便利好用的收納空間。

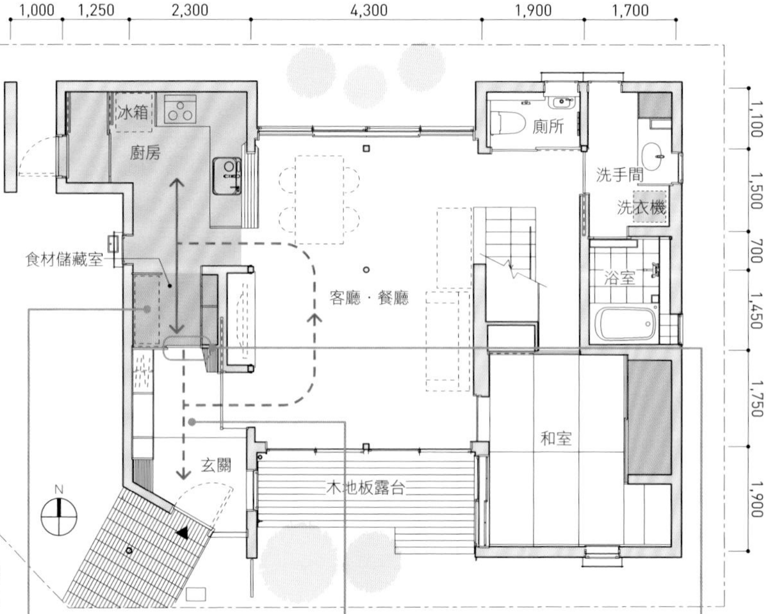
1,000
1,250
2,300
4,300
1,900
1,700
1,100
1,500
700
1,450
1,750
1,900
冰箱
廚房
食材儲藏室
客廳・餐廳
廁所
洗手間
洗衣機
浴室
和室
玄關
木地板露台
N

1樓平面圖
[S=1:150]

食材儲藏室採用展示型收納，一目了然。不過，為防止餐具櫃沾染灰塵，最好裝設門片

設計從食材儲藏室通往玄關、客廳．餐廳的內側動線。儲藏室同時也是動線的分歧點，不管從哪個空間都能前往此處取物；同時，由於位在移動空間中，空氣也能常保流通

在食材儲藏室安裝拉門，就能避免直接從玄關看見

「國立之家」設計：bleistift　攝影：石井雅義

← 主要動線　←--- 副動線　←···· 其他動線

從玄關望向食材儲藏室與廚房。打造出由儲藏室通往廚房的內側動線，右手邊的門亦可通往客廳。

6 二樓廚房，關鍵在於一上樓就能直達

將客廳．餐廳與廚房規劃於二樓時，必須留意廚房的位置。因為廚房是經常有物品進出的空間，像是超市買回來的食材必須從玄關帶進廚房、或把廚房的垃圾拿出去倒等，因此建議規劃出一走上二樓馬上就能直接到達食材儲藏室，同時設置直通廚房的動線，就能一併提升收納與動線的效率。

將洗衣機安裝於食材儲藏室內，因此烹飪與洗衣可在同一個空間中進行。這裡也屬於從樓梯直通廚房的內側動線

利用食材儲藏室作為廚房的收納空間，就能在廚房旁邊設置大窗戶，為客廳．餐廳提供充足的採光

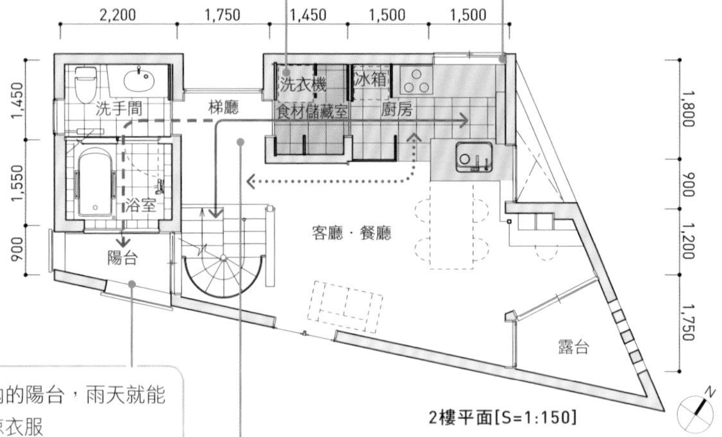
2,200
1,750
1,450
1,500
1,500
1,450
1,550
900
1,800
900
1,200
1,750
洗手間
梯廳
洗衣機
冰箱
食材儲藏室
廚房
浴室
陽台
客廳．餐廳
露台
N

2樓平面[S=1:150]

位於室內的陽台，雨天就能在這裡晾衣服

寬敞的梯廳也能用來晾衣服。在梯廳的天花板施作天窗，洗手間脫下的衣物放進食材儲藏室的洗衣機清洗後，在梯廳晾衣服。這一連串的動作都能在一條動線中完成

從梯廳望向廚房。洗衣機安裝於食材儲藏室內，洗好的衣物可以晾在梯廳這裡。梯廳天花板施作天窗，讓室內充滿明亮的自然光。

「經堂之家」
設計：bleistift
攝影：富田治

←— 主要動線　←--- 副動線　←…… 其他動線

從廚房望向食材儲藏室。梯廳和洗手間排成一直線，縮短家事動線。

7 二樓廚房也能直通家事房，使家事動線更順暢

將家事房規劃在廚房旁邊，烹飪與洗衣就能在同一地點完成，做起家事更輕鬆。本頁的案例將廚房和裝設洗衣機的家事房比鄰配置；當客廳．餐廳與廚房位在二樓時，可以把家事房直接設置在樓梯附近，方便從一樓衛浴間搬運待洗衣物到洗衣機。二樓的家事動線規劃為迴遊動線，能減少不必要的移動。

將家事房設置於南側，就可在這裡晾衣服；由於離室外陽台也很近，因此無論是在室內或室外晾衣服都不會影響動線

上樓經過家事房、進入廚房的動線。所有作業的動線都是以樓梯間為中心，形成動作精簡的迴遊動線

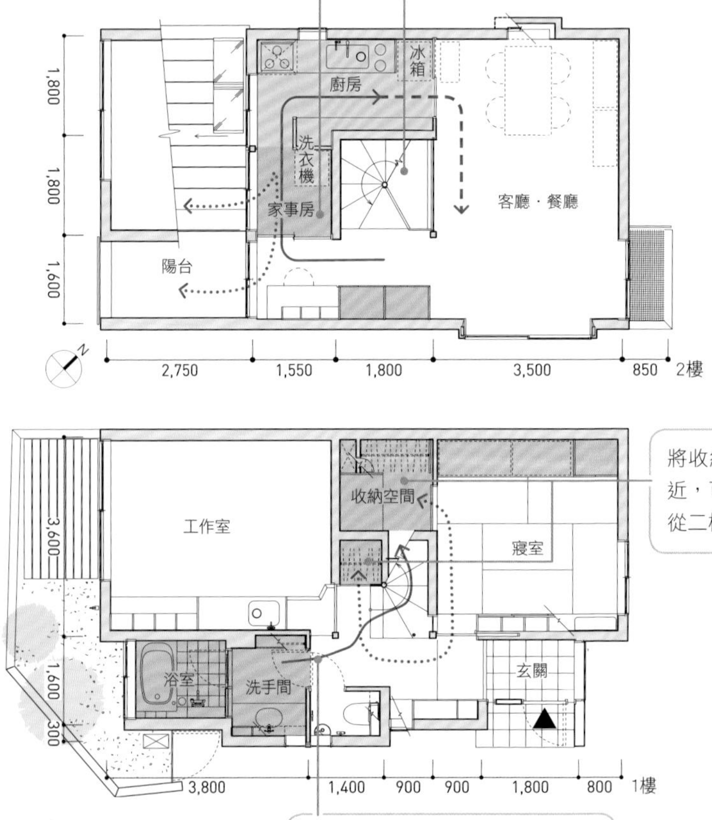

將收納空間安排於樓梯附近，可以縮短把晾乾衣物從二樓收到一樓的距離

各樓層平面圖[S=1:150]

一樓的衛浴間規劃於樓梯附近，換洗衣物便能輕鬆搬到安裝於二樓家事房的洗衣機處

「上祖師谷之家」
設計：bleistift

← 主要動線　←--- 副動線　←···· 其他動線

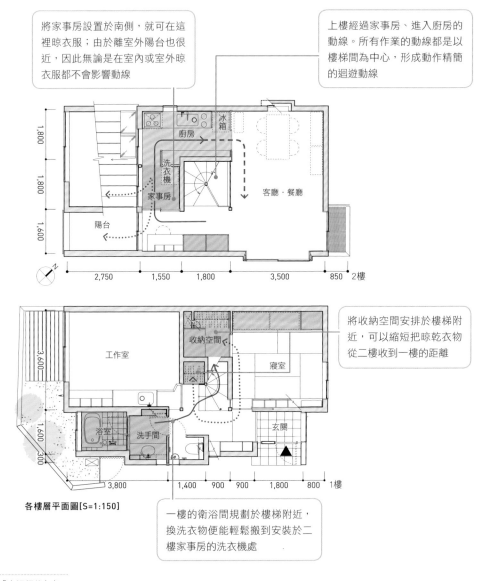

8 規劃出放射狀動線，條條大路通廚房

本頁的案例是從餐廳、客廳、走廊和家事房四個方向都能進出廚房的複合式廚房動線。以廚房為中心的放射狀動線，不管前往家中哪個角落都很方便，也能有效減輕家事工作的負擔。

在廚房和餐廳之間安裝門扇作為區隔

從廚房到客廳的動線有兩種：經過餐廳或經過樓梯

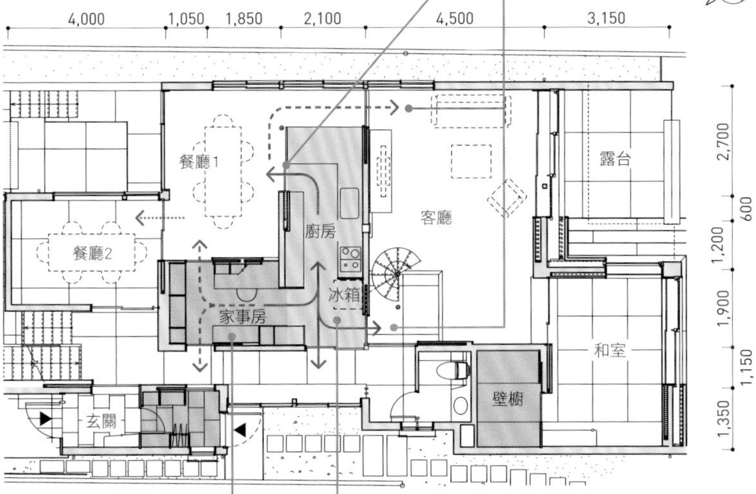

1樓平面圖[S=1:200]

家事房也能收納廚房和餐廳四周的零碎物品

走廊、家事房與客廳的動線分歧點，從這裡可以通往不同方向，同時每條動線也都能到達廚房

由餐廳望向一樓廚房。寬敞的開放式吧檯能方便多人同時作業，左手邊是通往客廳的走廊，右手邊看得見家事房的入口。

「成城S之家」設計：bleistift　攝影：富田治

從廚房望向客廳。廚房不緊鄰客廳，烹飪時就不用在意他人視線，距離剛剛好。

9 客廳與餐廳獨立的廚房動線，安排於任何樓層皆可

將客廳與餐廳分開，廚房就無須緊鄰客廳；不過若從客廳或餐廳都能進出廚房的話，動線上會更便利。本頁的案例除了以廚房與餐廳構成短迴遊動線外，也拉出整個樓層的長迴遊動線，打造出通往廚房的多條動線。

做成開放式的廚房吧檯，以免空間過於閉塞

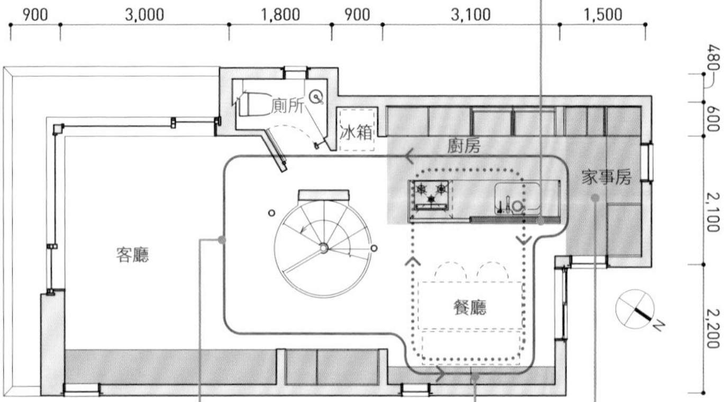

2樓平面圖[S=1:150]

在連結廚房與客廳的動線上設置樓梯，創造出雖然在同一層樓，卻好像是在不同空間的感覺。配置出連結兩者的動線，能使移動上更為方便

餐廳也加設能收納文具、文件與書籍等瑣碎物品的收納空間

把家事房放在廚房和餐廳的動線上，就能一併收納在餐廳四周使用的零碎物品，或是食譜、縫紉機和電腦等等

「大宮之家」
設計：bleistift　攝影：大澤誠一

⟵ 主要動線　⇠ 副動線　⇠ 其他動線

從廚房望向家事房。家
事房規劃在廚房與餐廳
都能方便通往的位置。

以衛浴間為起點的動線與收納

二樓為客廳・餐廳的配置

❶
把二樓南側規劃為客廳，一樓則有晾衣場。洗衣機配合安裝於一樓的衛浴間，以便整合洗衣動線。

❷
把衛浴間規劃在一樓，晾衣場置於二樓。洗衣機配合安裝於二樓廚房，晾衣服時便不用搬運濕漉漉的沉重衣物上下樓梯。

❸
將衛浴間、客廳與餐廳一起規劃於二樓。此時的洗衣動線就成為內側動線，避免經過客廳與餐廳。

〔動線標示規則〕

←— 主要動線
←--- 副動線
←····· 其他動線

洗手間、浴室和廁所等衛浴間是全家人每天至少要用上二次的地方；其中，洗手間也是同時兼具更衣、洗衣機能的空間，因此規劃洗衣動線時，建議以衛浴間為起點較為流暢。此類動線可參考上圖所示六種。

以衛浴間為起點的動線大致可分為以下幾種考量：一是將客廳・餐廳設置於一樓、衛浴間安排於二樓，以及洗衣機安裝於廚房或衛浴間。二是將客廳・餐廳設置於二樓，衛浴間安排於一樓，洗衣機則安排在廚房或衛浴間。

一樓為客廳與餐廳的配置

❹

在一樓規劃連接衛浴間的晾衣場，打造高效率的洗衣和晾衣動線。

❺

把衛浴間設計在二樓，晾衣場於一樓。洗衣機則安裝在一樓廚房，這樣的配置能縮短晾衣場到洗衣機的動線，提升效率。

衛浴間

洗手間、浴室與廁所統稱為衛浴間。由於是必須注重隱私的空間，規劃時最好把這三處並排為同一組動線

❻

規劃衛浴間與晾衣場在二樓，洗衣機則配合安裝於二樓的衛浴間，如此便能將洗衣動線統整在二樓。

洗衣動線

洗衣動線是執行「洗、晾、摺」等一連串動作所需的動線，盡可能規劃得越單純越好

將洗衣機安裝於衛浴間，優點是脫下的衣物可直接放入洗衣機；若安裝於廚房，好處是做其他家事時，就可以同時洗衣服。

❶～❸的動線設計是把客廳．餐廳規劃於二樓的都市住宅案例，適合南側有馬路或與鄰居房子過於接近的情況。❹、❻則是把一樓作成公共空間、二樓作成私人空間這種常見的配置。

[本間至／bleistift]

1 衛浴間與晾衣場都在一樓，統整洗衣動線

這是將客廳·餐廳規劃於二樓，寢室、衛浴間和晾衣服的木地板露台設置於一樓的案例，這樣的規劃能將洗衣動線彙整在同一層樓。儲藏室設置在洗手間旁，可以用於收納一般會在洗手間使用的造型劑、肥皂等備品與衣物，能有效縮減洗手間內的收納空間。安排寢室與儲藏室比鄰，能建立「摺好後收納」的家事動線。洗手間的天花板安裝晾衣桿，雨天時就可以在此晾衣服。

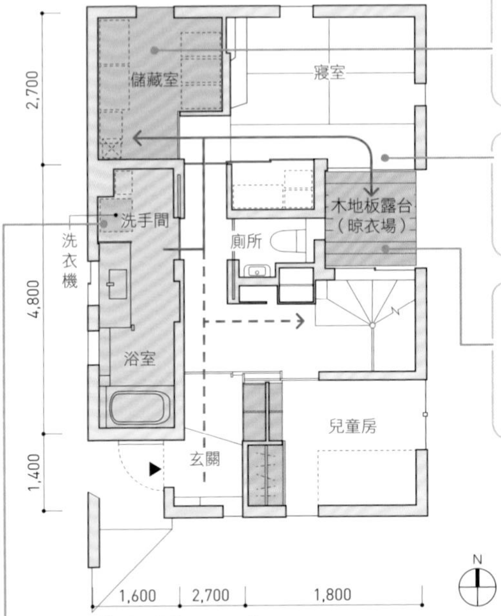

1樓平面圖[S=1:150]

縮小洗手間的收納空間，把造型劑和清潔劑等備品收納於儲藏室

把中庭隔壁的寢室做成和室，就能加以活用為摺衣服空間

縮短從洗（洗手間）、晾（木地板露台）、摺（寢室）到收納的動線，提升家事效率

洗衣機上方設置櫥櫃，用於收納清潔劑與洗衣袋等物品

天花板安裝晾衣桿，雨天時就能在洗手間晾衣服。此處深度規劃為 2500mm，能一次晾大量衣物，使用起來更方便。

「桃井之家」
設計：bleistift
攝影：大澤誠一

← 主要動線 ←--- 副動線 ←···· 其他動線

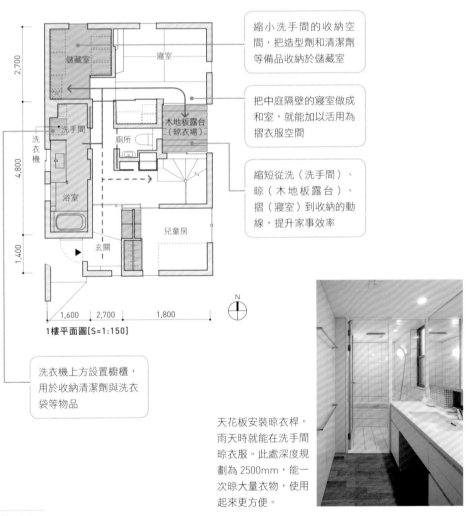

2 晾衣場設置在二樓時，將洗衣機安裝於二樓廚房

這是將客廳．餐廳規劃於二樓，寢室與衛浴間規劃於一樓的案例。因為沒有庭院，因此將晾衣場設置於二樓的陽台；若把洗衣機安裝於二樓的廚房，晾衣服時就不用搬運濕漉漉的沉重衣物上下樓梯，還能在廚房做家事時同時洗衣服。同時，由於不需安裝洗衣機，一樓洗手間就能設計得更小巧。

左：從餐廳望向廚房。洗衣機上方的吊櫃比側牆稍微後退一些，就能避免從客廳看得一清二楚。
右：從走廊望向洗手間。洗手台下方做成開放空間，方便放置洗衣籃。

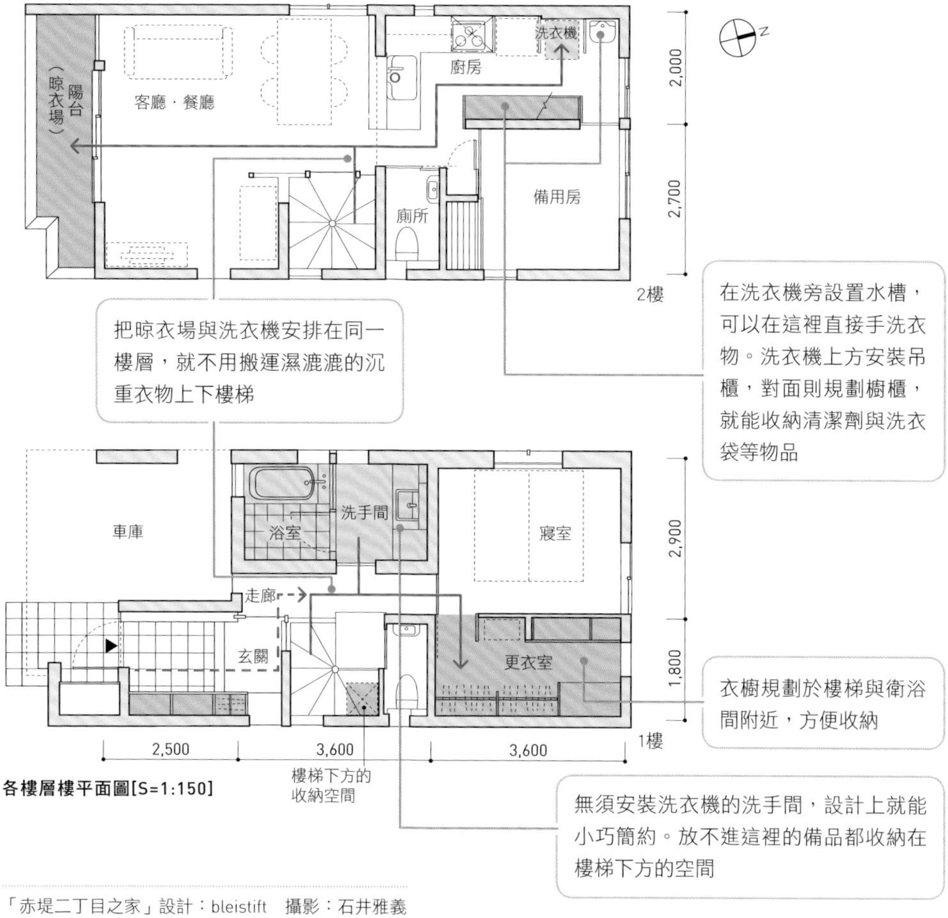
陽台（晾衣場）
客廳．餐廳
廚房
洗衣機
備用房
廁所
2,000
2,700
2樓
把晾衣場與洗衣機安排在同一樓層，就不用搬運濕漉漉的沉重衣物上下樓梯
在洗衣機旁設置水槽，可以在這裡直接手洗衣物。洗衣機上方安裝吊櫃，對面則規劃櫥櫃，就能收納清潔劑與洗衣袋等物品
車庫
浴室
洗手間
寢室
走廊
玄關
更衣室
2,900
1,800
2,500
3,600
3,600
1樓
衣櫥規劃於樓梯與衛浴間附近，方便收納
樓梯下方的收納空間
無須安裝洗衣機的洗手間，設計上就能小巧簡約。放不進這裡的備品都收納在樓梯下方的空間

各樓層樓平面圖[S=1:150]

「赤堤二丁目之家」設計：bleistift　攝影：石井雅義

3 衛浴間與晾衣場規劃於二樓時，關鍵在於走廊與樓梯的位置

本頁是將客廳．餐廳、衛浴間與晾衣場規劃於二樓、寢室規劃於一樓的案例。洗衣機安裝於洗手間。此案例的重點在於走廊與樓梯的位置。為了方便搬運衣物，最好將洗衣機安裝於走廊或出入口附近。即使把衛浴間規劃在客廳．餐廳附近時，也能讓洗衣動線成為無須經過客廳．餐廳的內側動線。

從洗手間望向浴室。這個洗手間寬2000mm，比起一般稍微寬敞。洗手台的對面設置了吊櫃，下方安裝兩根浴巾架，可以掛兩條浴巾。

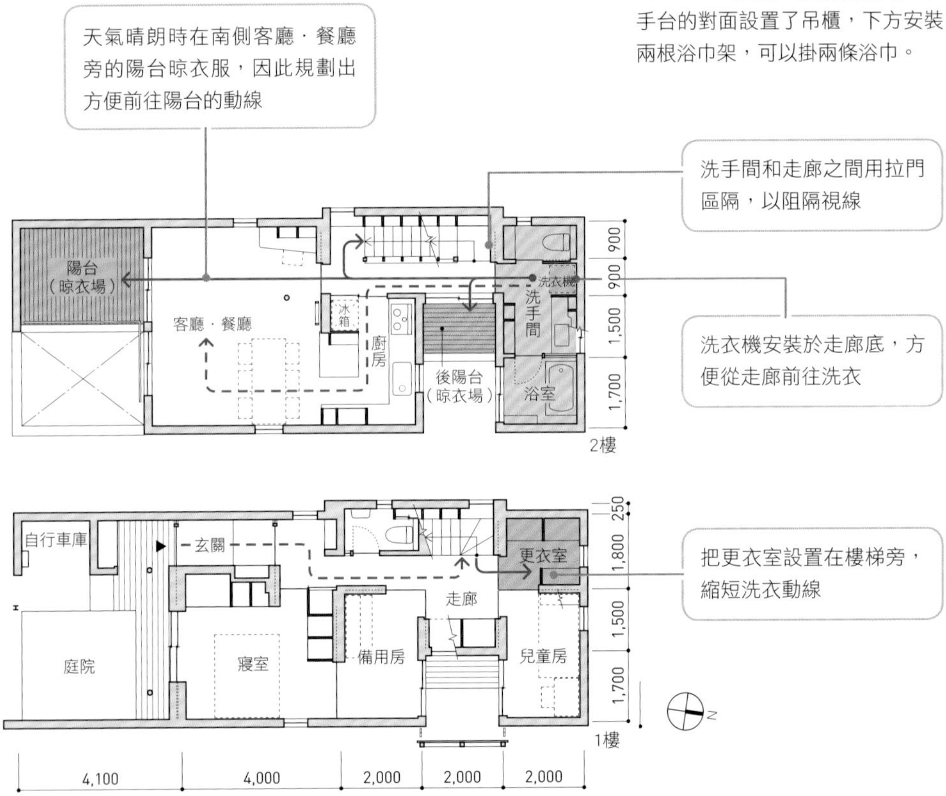
天氣晴朗時在南側客廳．餐廳旁的陽台晾衣服，因此規劃出方便前往陽台的動線
洗手間和走廊之間用拉門區隔，以阻隔視線
洗衣機安裝於走廊底，方便從走廊前往洗衣
把更衣室設置在樓梯旁，縮短洗衣動線
陽台
（晾衣場）
客廳．餐廳
冰箱
廚房
後陽台
（晾衣場）
洗衣機
洗手間
浴室
900
900
1,500
1,700
2樓
自行車庫
玄關
更衣室
走廊
庭院
寢室
備用房
兒童房
250
1,800
1,500
1,700
1樓
N
4,100
4,000
2,000
2,000
2,000

各樓層平面圖[S=1:200]

「下井草之家」設計：bleistift　攝影：大澤誠一

← 主要動線　←--- 副動線　←···· 其他動線

4 把衛浴間、客廳與餐廳都配置在一樓，打造內側動線

這是將寢室規劃於二樓，客廳・餐廳、衛浴間與晾衣場於一樓的案例。洗衣機安裝在衛浴間，因此洗晾衣物的作業在一樓就能一氣呵成。衣服晾乾後收納於二樓的更衣室。只要規劃出從衛浴間直接通往露台的內側動線，洗晾衣物時便無需經過客廳。

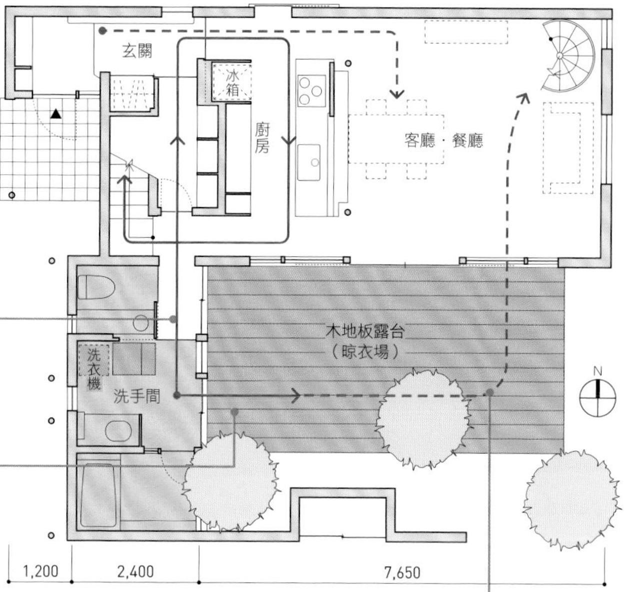
玄關
冰箱
廚房
客廳・餐廳
木地板露台
（晾衣場）
洗衣機
洗手間
N
1,200
2,400
7,650

衛浴間旁是樓梯，形成無須經過客廳就能把衣物搬到二樓的內側動線

一樓露台夠寬敞的話，就能設置落地窗，方便從衛浴間直接進出

1樓平面圖[S=1:150]

另一個樓梯是洗衣的副動線，把衣物拿到二樓北側房間時可以利用這條動線

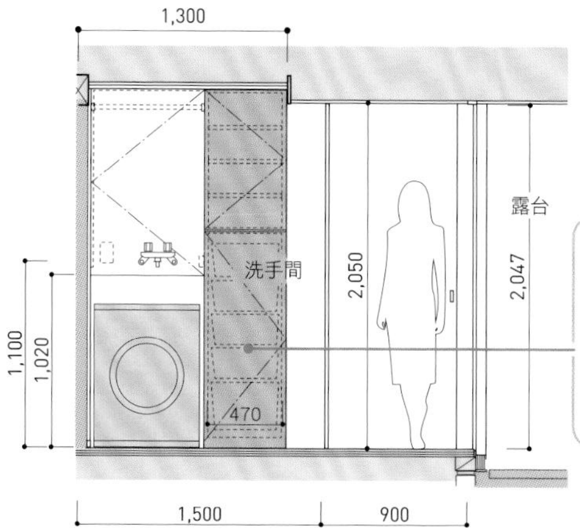
1,300
露台
洗手間
2,050
2,047
1,100
1,020
470
1,500
900

從露台往內看，洗手間在左手邊。只要在洗衣機前方施作收納櫃，從露台就看不見洗衣機

展開圖[S=1:60]

「鳩山之家」設計：bleistift

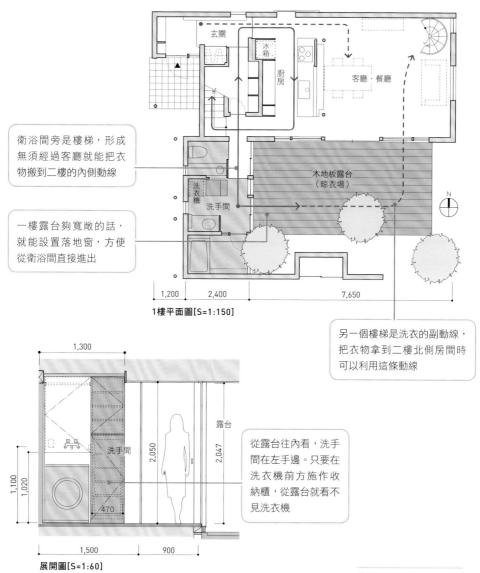

5 衣物利用洗衣管道直達一樓廚房

本頁案例將寢室規劃於二樓，客廳與餐廳規劃於一樓。由於洗手間（衛浴間）在二樓，衣物晾在一樓的木地板陽台，因而將洗衣機設置於一樓廚房以縮短「洗到晾」的動線。為了解決洗衣機與洗手間相距太遠的問題，將洗衣機安裝於位於二樓洗手間的正下方，並設置洗衣管道，更換下的待洗衣物可以通過這條通道直接丟入洗衣機；洗衣機上方則設置吊櫃來收納洗衣籃與清潔劑。廚房寬敞仍有餘裕，於是將家事房規劃在廚房後方；只要在家事房的天花板安裝晾衣桿，就能兼用為室內晾衣空間。

左：從廚房望向家事房。家事房位於客廳看不見的位置，於是以方便為優先，採用開放式收納。
右：從洗手間望向浴室。洗手間不安裝洗衣機，因此洗手台對面有多餘空間可施作收納櫃；然而因為面對樓梯處須安裝換氣用的窗戶，因此收納櫃最多只能做到齊腰的高度。

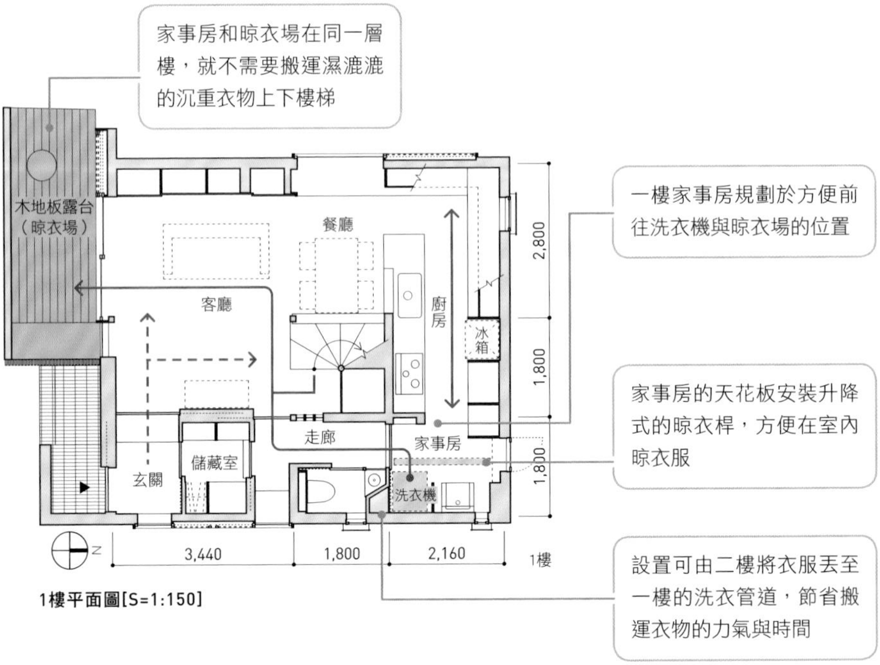
家事房和晾衣場在同一層樓，就不需要搬運濕漉漉的沉重衣物上下樓梯
木地板露台（晾衣場）
餐廳
客廳
廚房
冰箱
走廊
家事房
儲藏室
玄關
洗衣機
2,800
1,800
1,800
3,440
1,800
2,160
1樓
一樓家事房規劃於方便前往洗衣機與晾衣場的位置
家事房的天花板安裝升降式的晾衣桿，方便在室內晾衣服
設置可由二樓將衣服丟至一樓的洗衣管道，節省搬運衣物的力氣與時間

1樓平面圖[S=1:150]

「東久留米之家」設計：bleistift　攝影：大澤誠一

⟵ 主要動線　⇠ 副動線　⇠···· 其他動線

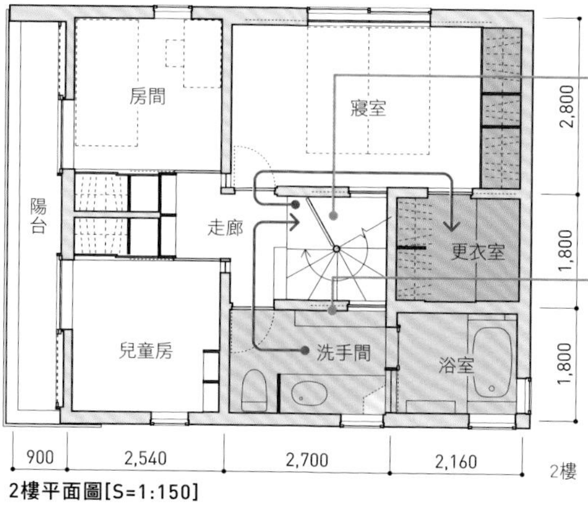

2樓平面圖[S=1:150]

樓梯安排在衛浴間旁，方便從洗手間前往一樓

更衣室位置較遠，因此在洗手間裡設置收納內衣的空間

「東久留米之家」
設計：bleistift
攝影：大澤誠一

6 將洗衣動線統整在二樓

這是將寢室規劃於二樓，客廳、餐廳於一樓的案例。寢室配置在陽台與更衣室之間，因此把晾乾的衣物從陽台拿進來時，可以在寢室摺衣服。由於更衣室也同樣位於二樓，因此「洗、晾、摺」衣物的洗衣動線就能在同一層樓結束。

洗手台旁邊設置單扇門的收納櫃，內附抽屜。洗手台下方則是開放空間，用來放置洗衣籃等。

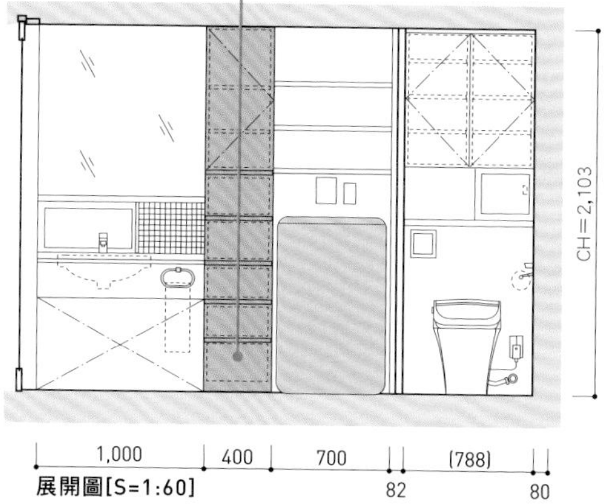

展開圖[S=1:60]

洗衣機上方設置吊櫃，收納洗衣精等物品

洗手間到陽台的動線短，能提高做家事的效率

在寢室摺好衣服、收進更衣室，與洗衣相關的家事在二樓就能結束，因此衣物就不容易散落在屬於公共空間的一樓

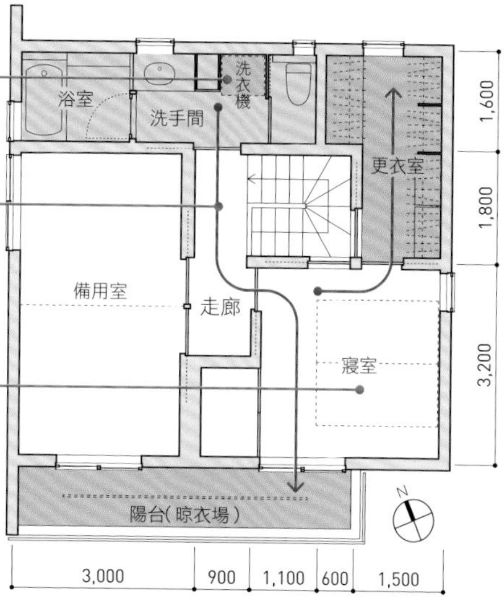

「清水之丘的家」設計：bleistift

2樓平面圖[S=1:150]

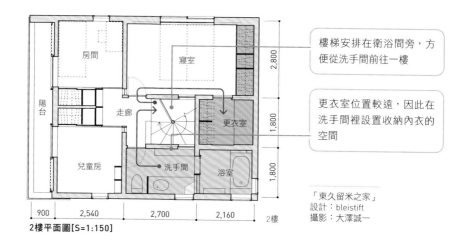

以更衣室為起點的動線與收納

串連寢室、更衣室與衛浴間的動線〔❶〕

將更衣室、衛浴間、走廊、寢室規劃成迴遊動線，縮小更衣室到衛浴間和寢室的距離。

將更衣室的一部分規劃為動線，此處不施作置物櫃

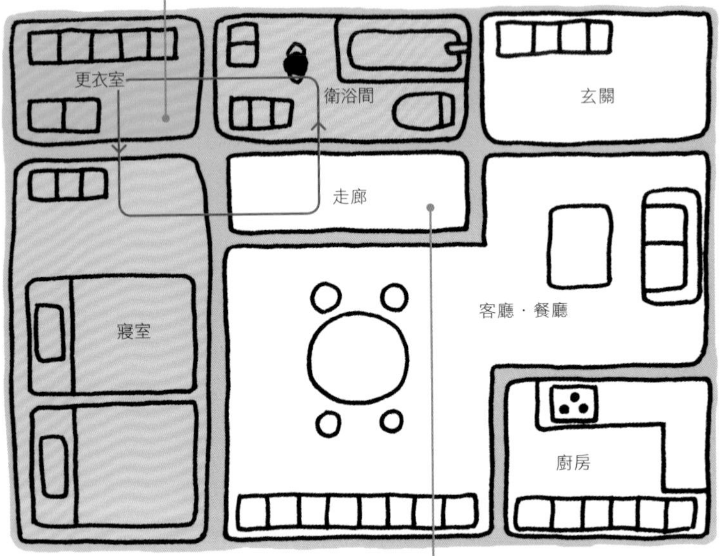

稍加調整就能省去走廊空間，是在都市中的狹窄住宅也容易運用的規劃

〔動線標示規則〕

- ← 主要動線
- ←--- 副動線
- ←····· 其他動線

以更衣室為起點的動線，首先會在更衣室設置兩個出入口作為基本配置來思考。設計時，第一步是考量更衣室的位置，規劃時必須遵守兩個原則：一是要與寢室比鄰；二是從更衣室前往衛浴間時，不用經過寢室。第一項原則是為了方便早上起床後能直接更衣，第二項則是打造出洗澡前從更衣室拿了衣服就能直接進入浴室的動線。

上圖❶是壓縮走廊的面積，將更衣室與寢室、衛浴間規劃在迴遊動線上的案例。這種小面積的走廊很適合位於都市的狹窄住宅。

圖❷的案例則是以走廊為中心，用其他空間環繞走廊的

串連更衣室、寢室與走廊的動線（2）

將更衣室、寢室、走廊規劃為迴遊動線，能有效確保衛浴間的隱密性。所有房間前往更衣室都很方便。在本頁的案例中，也把寢室和更衣室比鄰安排。

若想要在客廳摺衣服的話，就必須把客廳規劃為迴遊動線的一部分

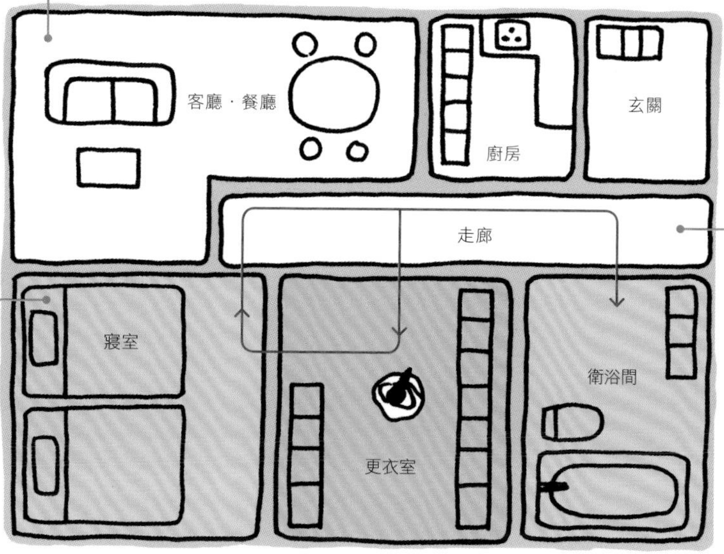

把晾衣服的陽台規劃在面向客廳或寢室的地方，便能組成洗衣動線，做家事時格外方便

走廊不僅是移動空間，在牆面上施作收納空間就可以多機能使用

簡單配置。走廊連結更衣室與寢室，衛浴間只有通往走廊一個出入口；這樣的規劃能相對提高空間的隱密程度。

另一方面，若設計走廊時能預留相接各空間的收納空間，就可以讓走廊不只作為單純的移動空間，而能更多機能地使用。

[本間至／bleistift]

專欄

「分區」，是流暢動線與良好收納計畫的基礎

想要設計出好住、方便的居家環境，制定動線與收納計畫的前一步是規劃「分區」。分區是指根據行為、機能與隱私程度來分類家中的各個空間，建立彼此的關係。分區的時候，有必要特別把作為私人空間的衛浴間（浴室、洗手間、廁所）與作為公共空間的客廳、餐廳、廚房分立軸線來思考配置。

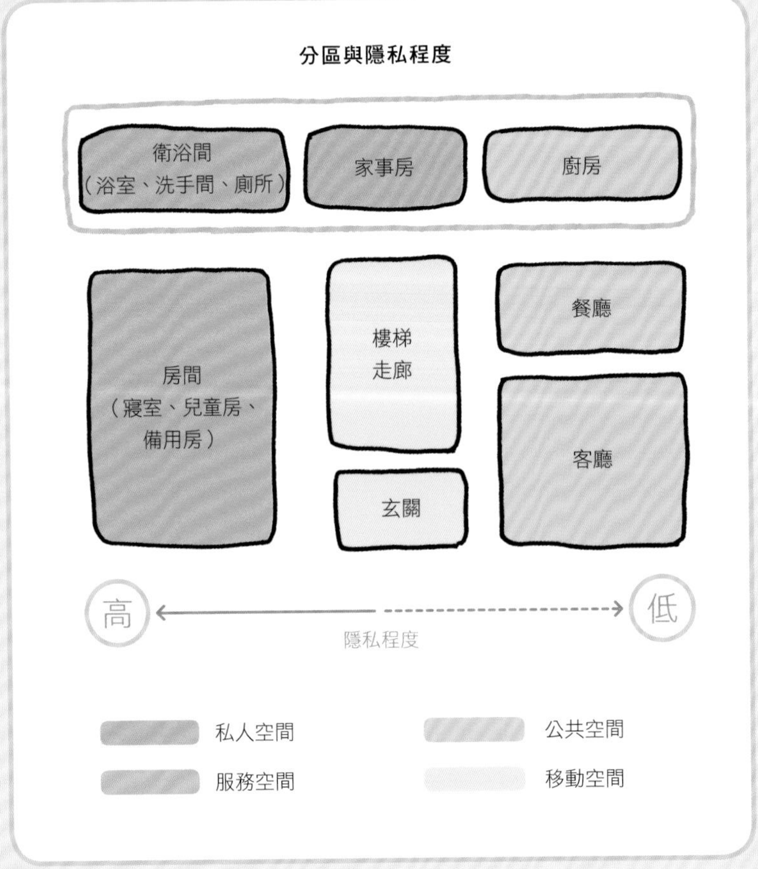
分區與隱私程度
衛浴間
（浴室、洗手間、廁所）
家事房
廚房
房間
（寢室、兒童房、
備用房）
樓梯
走廊
餐廳
客廳
玄關
高
低
隱私程度
私人空間
公共空間
服務空間
移動空間

Part.2

2 章

16個家空間的收納設計術

有如飛機駕駛艙一般掌控著每天生活的廚房，
每個家人每天都必定會踏入的洗手間，
用來放鬆休息的客廳……
家中每個空間都有各自的功能，
收納的物品種類也隨之不同。
本章介紹規劃各空間收納時所需的基本範例與應用方法。

玄關

所有在室外使用的物品都收納在這裡

基本範例

裝設高窗，從上方引進自然光
採用可動式層板，設定層板間隔為 150～160mm，成年男性的鞋子也都放得下
門片和櫃子之間只要有 100mm 的縫隙，便能利用門片內面收納拖鞋
後方懸掛較短的雨傘，以便取出
150～350mm
150～160mm
100mm
300mm
130～160mm
安裝高度相差 100mm 的二層式傘架
100mm
900mm
335～350mm
330mm
240～260mm
和服用鞋僅需 100mm 的高度
回收廣告單等紙類的垃圾桶空間
零碎的物品使用籃子分類收納
依鞋跟高度，可收納一般女鞋的層板高度約為 130～160mm

主要收納於玄關的物品

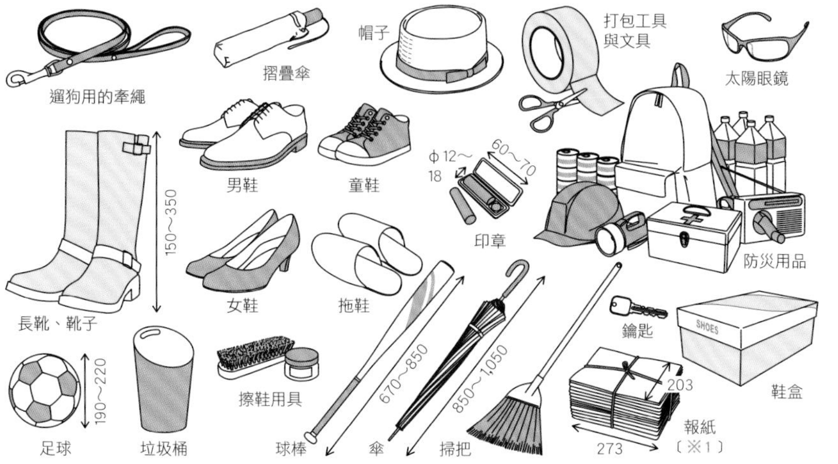

遛狗用的牽繩
摺疊傘
帽子
打包工具
與文具
太陽眼鏡
男鞋
童鞋
φ12～
18
60～70
印章
防災用品
150～350
長靴、靴子
女鞋
拖鞋
鑰匙
SHOES
鞋盒
190～220
足球
垃圾桶
擦鞋用具
670～850
850～1,050
203
報紙
〔※1〕
273
球棒
傘
掃把

玄關，往往是決定住家第一印象的重要場所。為了打造讓家人與客人一進門就覺得舒適的玄關，就必須在這裡規劃大型收納櫃來彙整各類雜物；同時，最好能規劃從地板直到天花板的牆面收納［※2］，來徹底活用有限的空間。門片上方不施作垂壁，整扇門片像是一面牆，便能顯得俐落高雅。鞋櫃中設置可動式層板，能提升收納密度，避免浪費空間。

收納於玄關的不僅是鞋子和雨傘，而是「所有用於室外的物品」，例如小孩在室外玩耍時的玩具、外出用的太陽眼鏡與手套、腳踏車的鑰匙等這些「在家裡不會用到的東西」。只要在玄關打造收納空間，一進家門就把這些東西收在玄關，自然就能維護家中整潔。倘若空間足夠，建議可以連大衣和工作用的包包也一併收納於此。

另外，每天都會收到的廣告單等這類「不速之客」，建議在收納櫃中擺放拆信刀、丟郵件的垃圾桶或是碎紙機，在玄關就處理掉這些垃圾，會發現能減少許多麻煩，生活變得更輕鬆愉快。

［水越美枝子／atelier Sala］

※1 尺寸為對摺再對摺後的數字。
※2 希望玄關引進自然光者，最上層多半會改施作採光用的高窗。

靠近門口落塵區的牆面不僅安裝鞋櫃，還收納了壁嵌式信箱、碎紙機、打包工具和舊報紙；靠近室內的門廳收納櫃裡放的則是大衣和帽子。玄關安裝固定高窗，引進自然採光[※1，參考42頁]。

① 連同大衣、信箱與碎紙機一併收納

倘若有足夠的空間，建議把大衣與帽子等衣物一併收納在玄關的收納櫃裡；在裡頭裝設壁嵌式信箱，就能省去走出門拿信的麻煩，是最近大受歡迎的規劃方式。在此安裝寬300～600mm的鏡子，無論是站在落塵區或是門廳處都能使用，從收納櫃拿出大衣穿上後，便能在此檢查儀容。

玄關的收納櫃全採用平面門片，消弭多餘線條，營造出與牆面融為一體的俐落感。廁所門也與收納櫃的門片正面齊平，就能讓空間顯得寬敞又有整體感

裝設採光用的固定窗

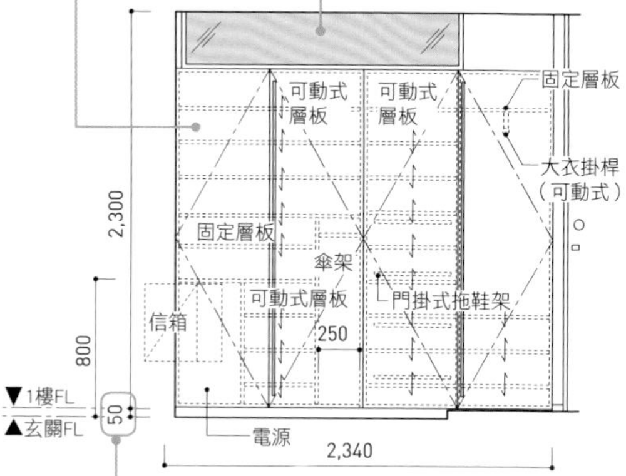

可動式層板
可動式層板
固定層板
大衣掛桿（可動式）
2,300
固定層板
傘架
可動式層板
門掛式拖鞋架
信箱
250
800
▼1樓FL
50
▲玄關FL
電源
2,340

玄關收納櫃展開圖[S=1:60]

門口側的收納櫃門片下方的高度根據落塵區與室內玄關的高低差而定。低於150mm時，門片會碰到脫下來的鞋子，因此若有障礙空間等需求而必須減少高低差時，必須事前向業主說明

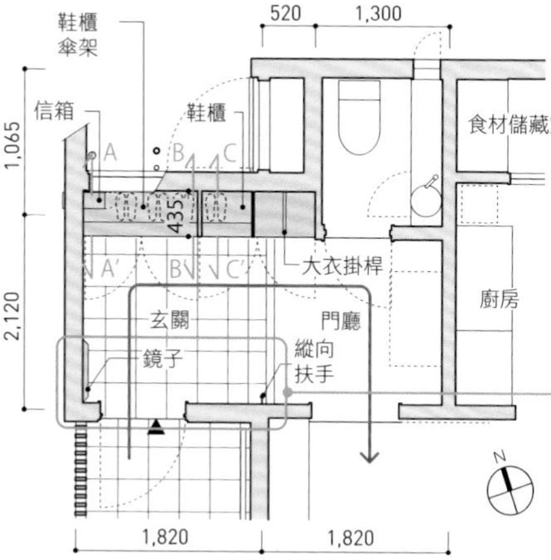

鞋櫃
傘架
520
1,300
信箱
鞋櫃
食材儲藏室
1,065
A
B
C
435
A'
B'
C'
大衣掛桿
2,120
玄關
門廳
廚房
鏡子
縱向扶手
N
1,820
1,820

玄關平面圖[S=1:100]

鏡子的高度從踢腳板直達天花板，讓空間更顯清爽。在玄關裝設扶手能方便穿鞋時起坐；將扶手作成簡單俐落的把手，也能大幅提升設計感

使用壁嵌式信箱時，考慮到防水與隔熱功能，請務必挑選氣密式商品。本案例中使用的是 Panasonic 的商品「FASUS-int」，箱體正面板材的內側填充發泡劑，門片則可設定往左或往右開

活用收納櫃與門片之間的縫隙，裝設架子[※2] 收納拖鞋

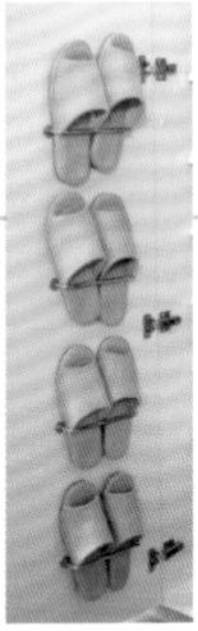

門片與可動式層架間保留 100mm 的縫隙，以便在門片內側設置吊掛物品用的掛鉤（市售商品）

印章與打包用的工具等細瑣物品以籃子分裝

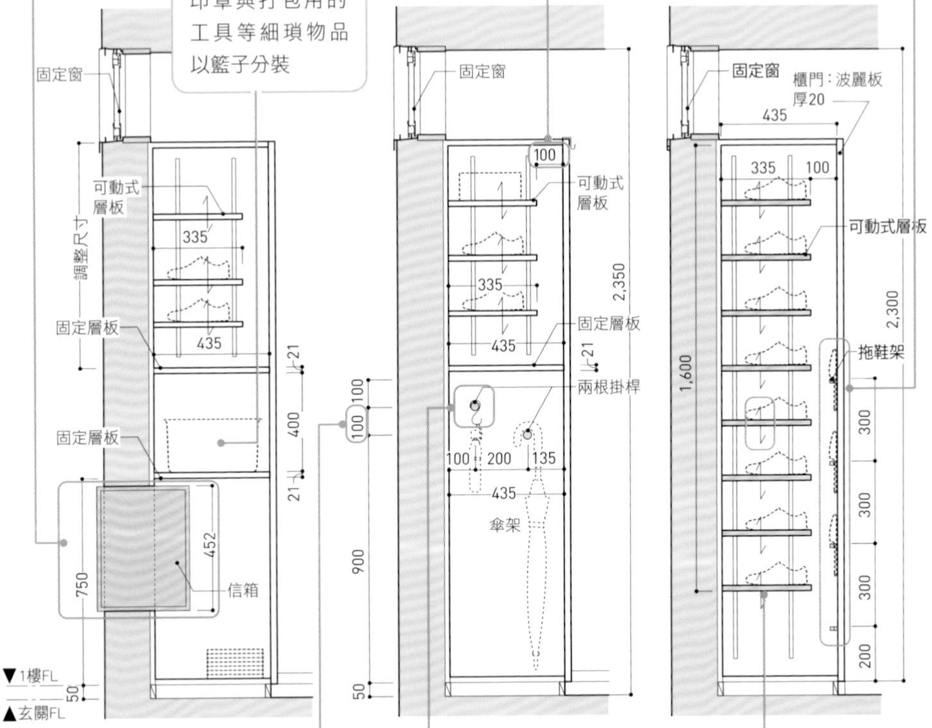
固定窗
可動式層板
調整尺寸
335
435
固定層板
21
400
固定層板
452
750
信箱
1樓FL
50
玄關FL
100
100
100
可動式層板
335
435
固定層板
21
兩根掛桿
100
200
135
435
傘架
900
50
2,350
固定窗
櫃門：波麗板厚20
435
335
100
可動式層板
2,300
1,600
拖鞋架
300
300
300
200

A-A' 剖面圖
[S=1:30]

B-B' 剖面圖
[S=1:30]

C-C' 剖面圖
[S=1:30]

兩個傘架掛桿高度相差 100mm，以便拿取後方物品

後方傘架可吊掛 S 字形掛鉤（市售商品），用來掛摺疊傘、鞋把與打掃玄關用的掃把

準備 8～9 片可動式層板。一般女鞋（普通跟高）所需高度為 130mm，男鞋為 160mm

「小林家」設計：atelier Sala　攝影：堀內彩香
※1 打造明亮好用的玄關需要有能引進自然光的窗戶。牆面無法施作窗戶、或是將牆面完全規劃成直達天花板的收納空間時，可使用有子母窗的玄關門，子窗作為固定窗來採光。※2 拖鞋架是SHIROKUMA的商品「圓管拖鞋架CB-37-205」。

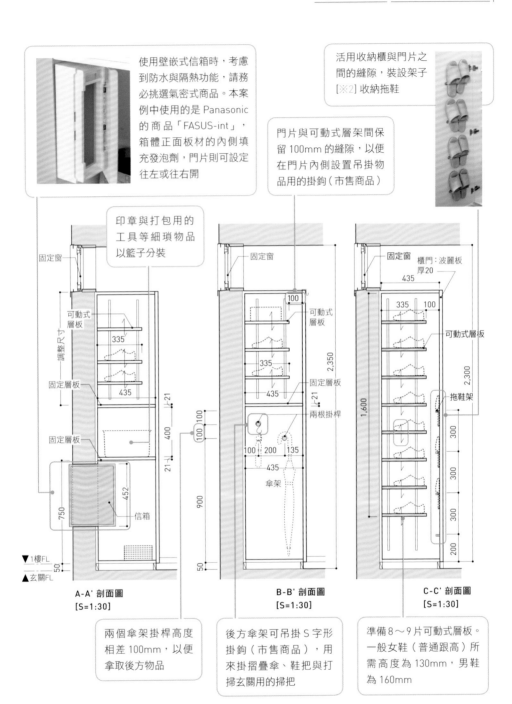

② 愈是狹窄的住宅，愈需要鞋帽衣物間

一般而言，空間有限的結果往往是犧牲玄關。然而，若在玄關沒有足夠空間得以收納，反而容易導致家中凌亂；因此愈是狹窄的住家，愈是需要小巧的鞋帽衣物間來收拾容易散亂在玄關附近的大衣和運動用品，住起來就會覺得更寬敞。

層板深度規劃為放鞋子所需的最小尺寸300mm，讓通道保持寬敞

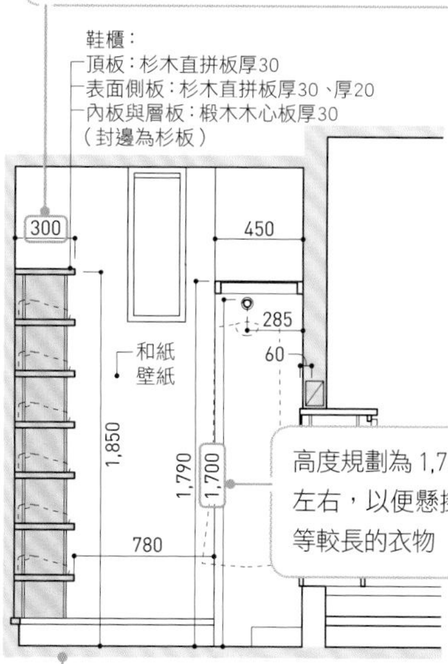

鞋櫃：
頂板：杉木直拼板厚30
表面側板：杉木直拼板厚30、厚20
內板與層板：椴木木心板厚30
（封邊為杉板）
300
450
285
60
和紙
壁紙
1,850
1,790
1,700
780

高度規劃為1,700mm左右，以便懸掛大衣等較長的衣物

層架高度直達天花板，足夠收納一家四口的鞋子；採用與玄關落塵區相同方式來施作衣帽間地坪，就可以在架子最下方直接放置重物或濕掉的物品

A-A' 鞋帽衣物間剖面圖[S=1:50]

從走廊望向玄關。右側的衣櫥以布簾取代門片，即使手上拿著東西，也可以不開門就能把物品放進去

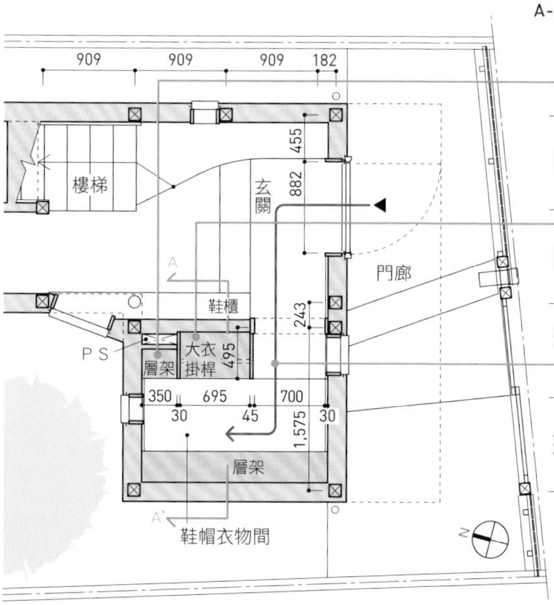

909
909
909
182
455
882
樓梯
玄關
門廊
A
鞋櫃
243
PS
大衣
掛桿
495
層架
350
695
700
30
45
30
1,575
層架
A'
鞋帽衣物間
909
909
909
909
N

玄關平面圖[S=1:80]

建議規劃能收納高爾夫球袋和球棒等較長物品的空間

若有寬敞的鞋帽衣物間，就能方便收納雨衣這類一回家就會脫下的衣物

鞋帽衣物間地坪和玄關落塵區使用相同的方式施作，推行李箱進出時就更方便輕鬆

「SW家」
設計：ATELIER NOOK建築師事務所
攝影：渡邊慎一

③ 在室外使用的大型物品也都收納於玄關

玄關收納最好規劃足夠的空間以收納像是嬰兒推車、行李箱等主要在室外使用的大型物品。嬰兒推車使用期間短暫，建議使用可動式層板來收納，以方便日後調整空間收納其他物品。另外玄關是人來人往的地方，建議安裝門片施作成隱藏式收納。

近年來的嬰兒推車多半可以摺疊，摺疊後的大小為980×415×390mm。此處是以折疊後的尺寸來規劃

利用生鮮宅配服務的人，建議可在玄關收納櫃中規劃出390×320×270mm的空間來暫時收納宅配箱＊

＊譯註：因為日本的生鮮宅配會回收宅配箱

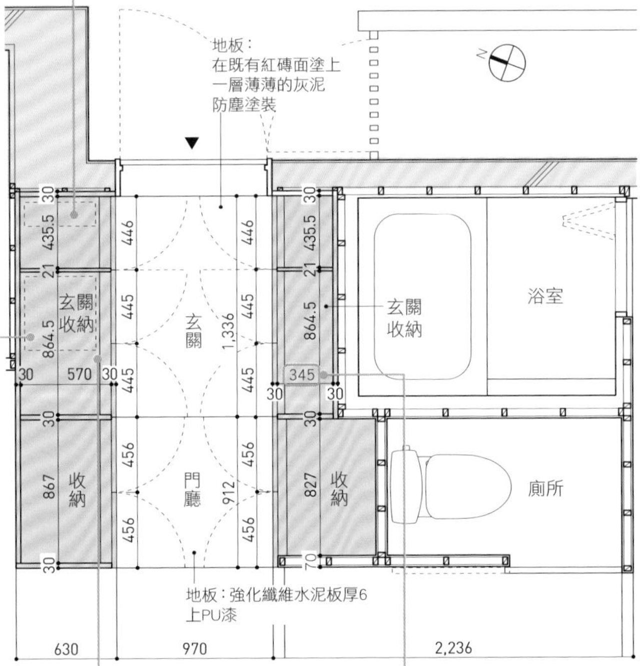
地板：
在既有紅磚面塗上
一層薄薄的灰泥
防塵塗裝
30
435.5
21
864.5
30
570
30
445
446
456
玄關
收納
玄關
1,336
門廳
912
867
收納
827
收納
345
浴室
廁所
70
地板：強化纖維水泥板厚6
上PU漆
630
970
2,236
玄關平面圖[S=1:50]

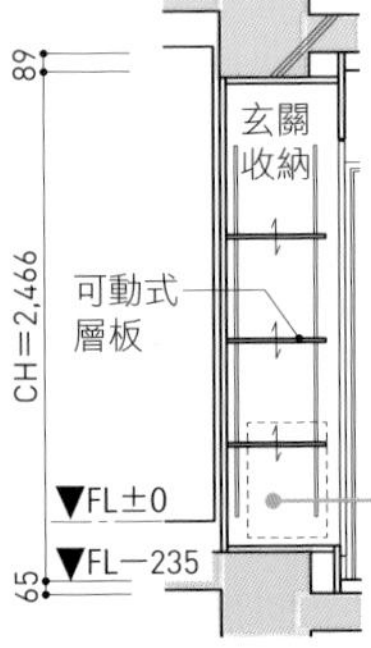
89
玄關
收納
可動式
層板
CH=2,466
▼FL±0
▼FL−235
65
剖面圖[S=1:80]

採用可動式層架，收納子女各成長階段所需的不同物品，像是社團活動使用的器具。下方的層板移到上方就能立放行李箱

可利用深度較淺的位置來施作鞋櫃

「PARALLEL PLACE」設計：DESIGN LIFE STUDIO　攝影：石田篤

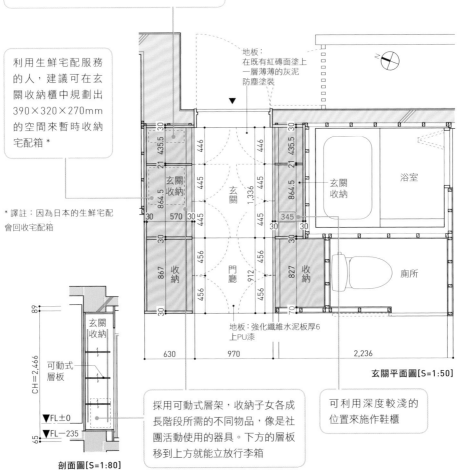

兩側收納櫃的門片位置配
合玄關的寬度，隱藏結構
體後呈現清爽外觀；連把
手一併隱藏的設計手法，
讓空間更簡潔俐落。

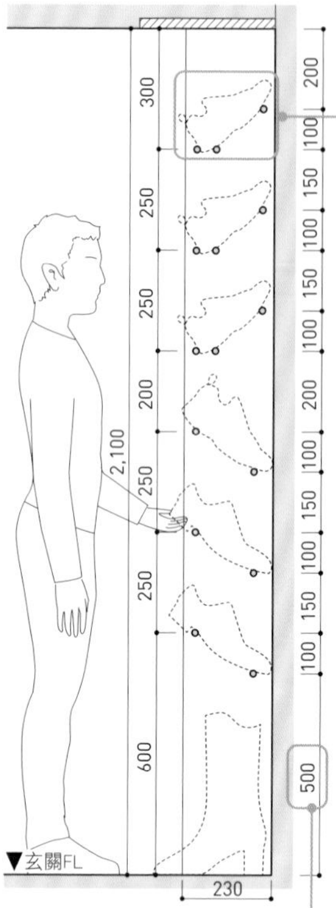
300
250
250
200
250
250
600
2,100
200
100
150
100
150
100
200
100
150
100
150
100
500
▼玄關FL
230

剖面圖[S=1:25]

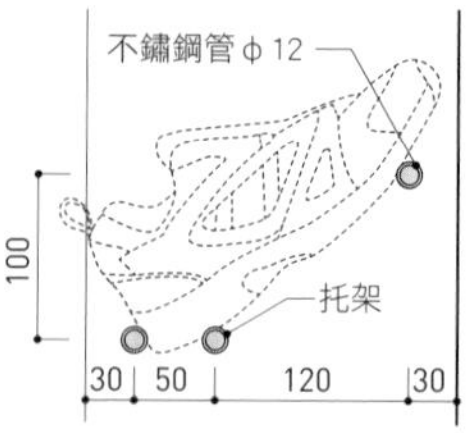
不鏽鋼管 ϕ 12
100
托架
30
50
120
30

使用二根不鏽鋼管懸掛鞋子時會導致鞋尖朝下、鞋底比視線高，顯得不美觀。若改用三根不鏽鋼管，就能讓鞋尖朝上斜放，變身為美麗的展示架

下方保留一定高度以收納靴子等高度較高的鞋子

④ 用不鏽鋼管取代鞋櫃，節省空間

房屋改建時經常發生玄關沒有多餘空間設置鞋櫃的情況，這種時候與其設置層板，建議使用不鏽鋼管橫架來斜掛鞋子，就能成為節省空間的鞋櫃。不鏽鋼管鞋架的重點在於將二根鋼管交錯安裝，如此一來就能將鞋尖朝下收納；想要鞋尖朝上時，則安裝三根不鏽鋼管。

以不鏽鋼管斜掛來收納鞋子時，僅需要保留230mm的深度。改建等空間有限的案例中，適合以這個方式來取代傳統鞋櫃

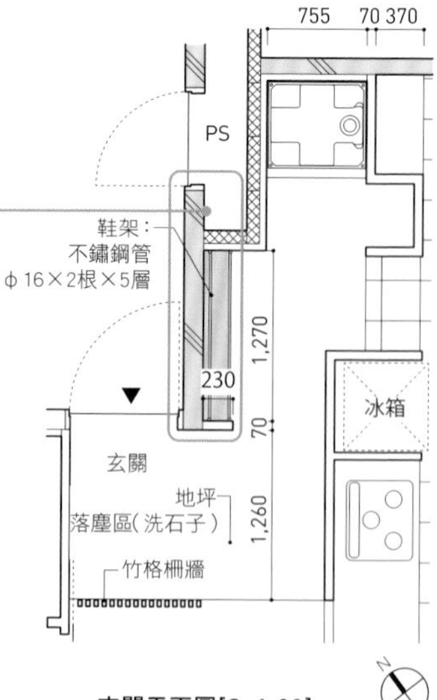
755
70 370
PS
鞋架：
不鏽鋼管
ϕ 16×2根×5層
1,270
230
70
冰箱
玄關
地坪
落塵區(洗石子)
1,260
竹格柵牆

「T邸」設計：blue studio　攝影：高木亮

玄關平面圖[S=1:80]

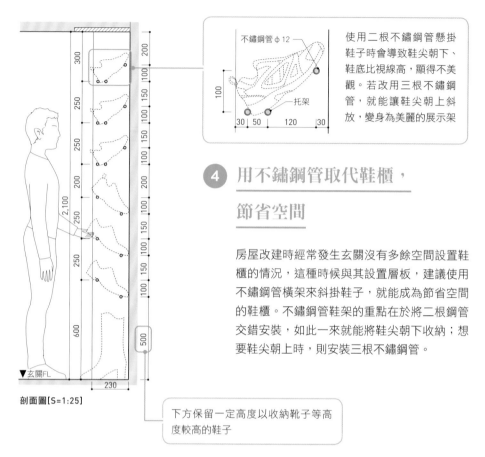

5 將宅配收件箱也納入玄關收納，讓門面更清爽

宅配收件箱是世紀級的偉大發明，能減少因無人收件而導致宅配人員再跑一趟的情況；儘管目前尚未普及至所有透天住宅，但對在家時間短的雙薪父母家庭而言是相當方便的設備。宅配收件箱種類繁多，有直接安裝於地面、亦有懸掛於外牆等形式，而壁嵌式宅配收件箱，可設計與住宅的牆面融為一體。然而由於箱體具有一定深度，直接嵌入會影響室內觀瞻，建議藏在玄關收納櫃中以兼顧機能與美觀。

宅配收件箱與信箱的開口都整合於大門旁邊的牆面，清爽整齊。室內側則是藏在玄關收納櫃中成為一體

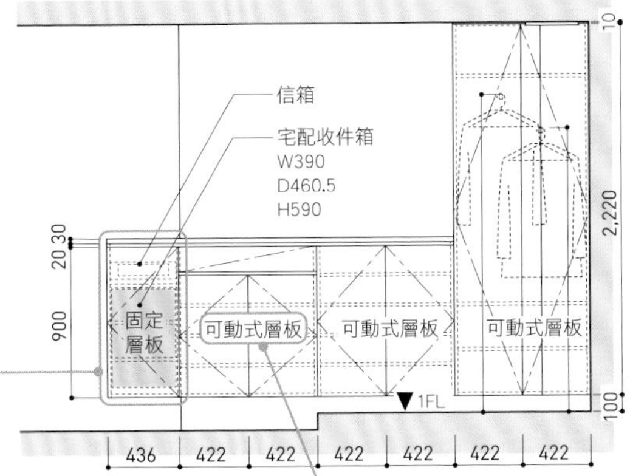
信箱
宅配收件箱
W390
D460.5
H590
固定層板
可動式層板
可動式層板
可動式層板
1FL
10
2,220
20 30
900
100
436
422
422
422
422
422
422

玄關收納立面圖[S=1:60]

玄關收納櫃採用可動式層板，就能配合鞋子的尺寸和高度作調整

活用側牆與結構體厚度的差距，在宅配收件箱內設置固定層板

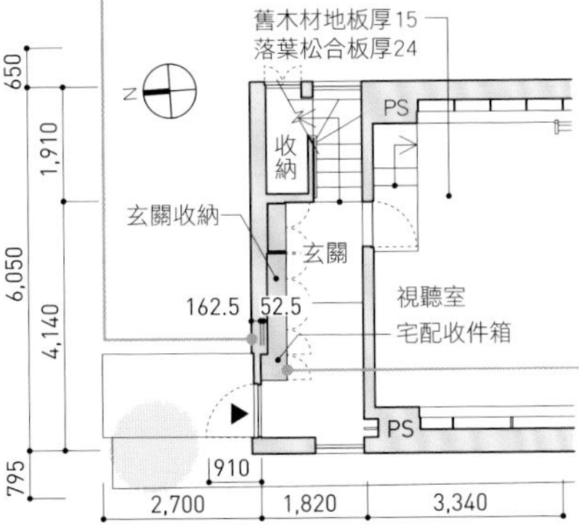
舊木材地板厚15
落葉松合板厚24
N
PS
收納
玄關收納
玄關
162.5
52.5
視聽室
宅配收件箱
PS
650
1,910
6,050
4,140
795
910
2,700
1,820
3,340

玄關平面[S=1:200]

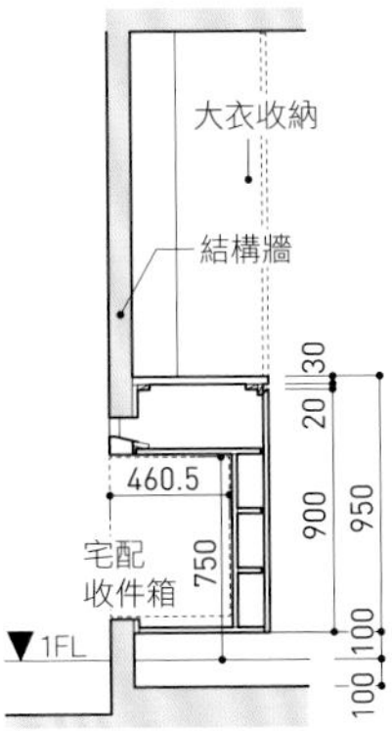
大衣收納
結構牆
30
20
460.5
900
950
宅配收件箱
750
1FL
100
100

可從外部取放的宅配收件箱搭配深度較淺的固定層板，便能完成室內外皆可使用的收納，毫不浪費一絲一毫的玄關空間

宅配收件箱剖面圖[S=1:60]

「千歲船橋之住宅」設計：LEVEL Architects　攝影：LEVEL Architects

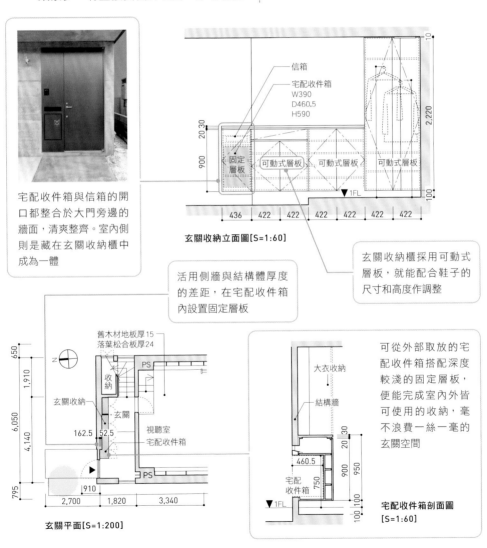

客廳

為無法完全定位的物品，規劃暫時置放處

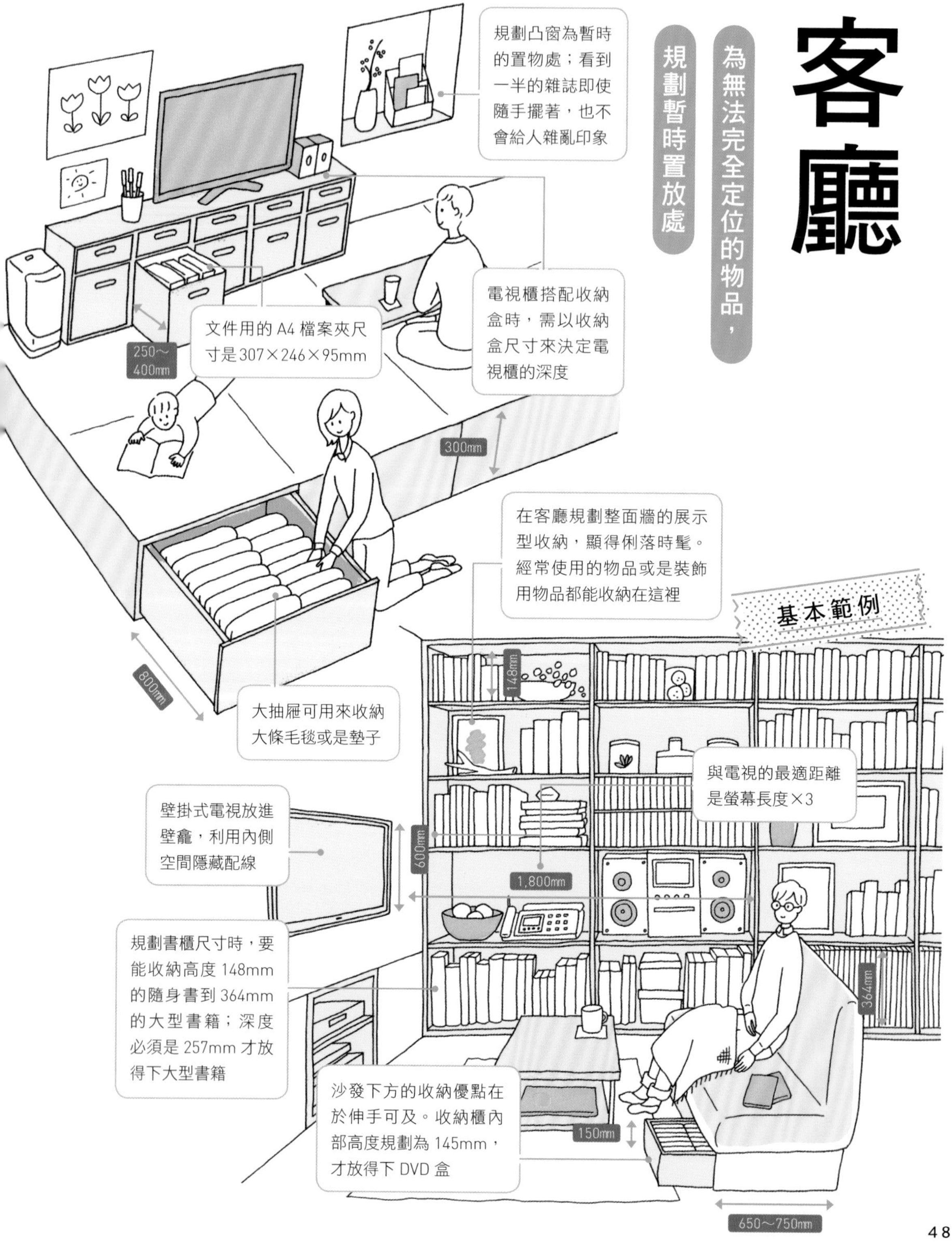
規劃凸窗為暫時的置物處；看到一半的雜誌即使隨手擺著，也不會給人雜亂印象
文件用的A4檔案夾尺寸是307×246×95mm
250～400mm
電視櫃搭配收納盒時，需以收納盒尺寸來決定電視櫃的深度
300mm
800mm
大抽屜可用來收納大條毛毯或是墊子
在客廳規劃整面牆的展示型收納，顯得俐落時髦。經常使用的物品或是裝飾用物品都能收納在這裡
基本範例
148mm
與電視的最適距離是螢幕長度×3
壁掛式電視放進壁龕，利用內側空間隱藏配線
600mm
1,800mm
規劃書櫃尺寸時，要能收納高度148mm的隨身書到364mm的大型書籍；深度必須是257mm才放得下大型書籍
364mm
沙發下方的收納優點在於伸手可及。收納櫃內部高度規劃為145mm，才放得下DVD盒
150mm
650～750mm

主要收納於客廳的物品

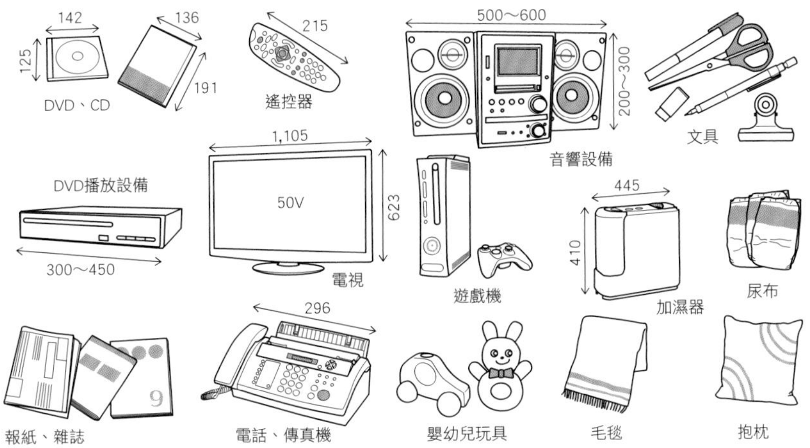
142
125
136
191
DVD、CD
215
遙控器
500～600
200～300
音響設備
文具
1,105
DVD播放設備
50V
623
300～450
電視
遊戲機
445
410
加濕器
尿布
296
報紙、雜誌
電話、傳真機
嬰幼兒玩具
毛毯
抱枕

客廳裡，沒有固定位置的生活用品經常會散落四處；若有萬能的收納空間，既能放入所有雜物、又能伸手可及，就再好也不過了。比如，選擇較寬的電視櫃施作隔板、放入收納盒，就能收納小孩玩具等零碎物品，文件檔案、文具等用品，也能在需要時立刻取出。

將整面牆規劃為收納櫃，不僅看起來寬敞，也能為物品輕鬆定位，從文具到音響設備都能清爽收納整齊。沙發下方或是地板櫃可以裝設大型淺抽屜，就能收納窩在沙發上時用的大毛毯或是小孩的尿布等占空間的物品；若把DVD和CD等影音媒體也收納於此，電視四周自然就能井井有條。在牆壁施作壁龕懸掛電視，把配線和播放設備彙整於螢幕後方的空間，既容易收拾清潔，又能使外觀井然有序。

此外，建議在客廳施作凸窗或是裝飾櫃為放置物品的空間，來暫放看到一半的雜誌這類容易擱置在地板或是餐桌上的物品，空間自然就能顯得清爽。

[勝見紀子／ATELIER NOOK建築師事務所]

放在二樓客廳・餐廳的電視櫃和中庭收納連成一氣，不僅強調內外連結，也能形成客廳變寬敞的視線錯覺。中庭的收納櫃可以用來收納烤肉、清掃與園藝用具等工具。

1 狹長的電視櫃延伸至室外，營造視覺寬敞的空間

狹長的電視櫃結合室外收納，可有效拉寬視覺上的空間感。中庭收納櫃的高度、寬度與顏色都配合客廳的電視櫃，兩者穿過牆面結合，就能統一室內外空間，引導視線延伸。

利用間接照明統一室內外的氣氛，晚上依舊能產生客廳變寬敞的錯覺

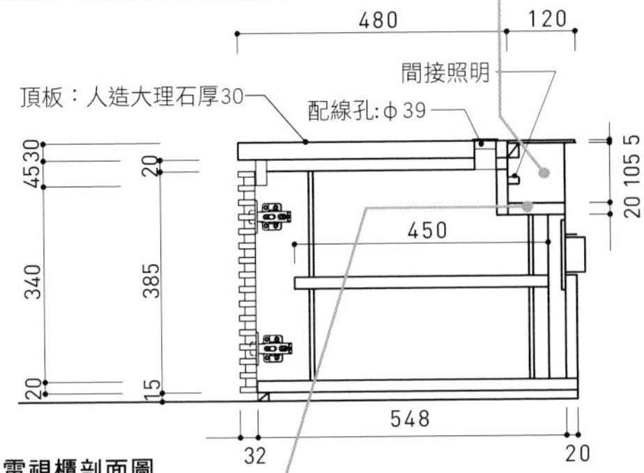
480
120
間接照明
頂板：人造大理石厚30
配線孔:ϕ39
4530
20
340
385
20
15
450
20 105 5
548
32
20

電視櫃剖面圖
[S=1:20]

室內與室外使用相同的燈具，讓二個空間產生連結感

櫃子頂板採用室內外都能使用的人造大理石；室內門片使用美耐板，室外為耐候性高的不鏽鋼烤漆，做出與美耐板類似的質感

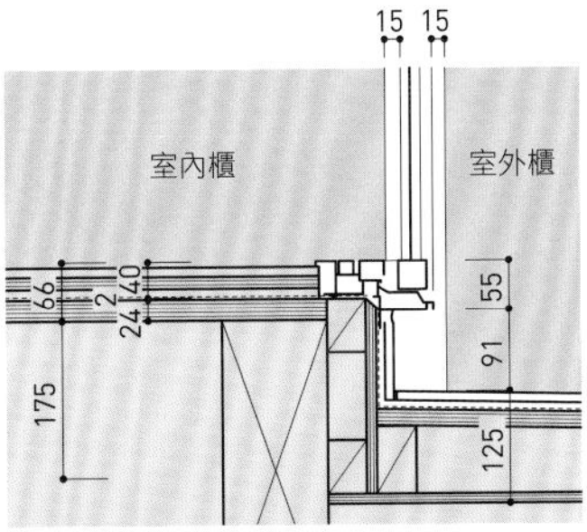
15 15
室內櫃
室外櫃
66
2
24
140
175
55
91
125

開口處局部剖面圖[S=1:15]

室內收納櫃和玻璃連接處不填縫，保留適當的空間，打開櫃子門片便能維護或清潔。室外的收納櫃使用組裝式，玻璃破損時也方便更換

影音設備容易散發熱氣，採用玻璃門片以便散熱

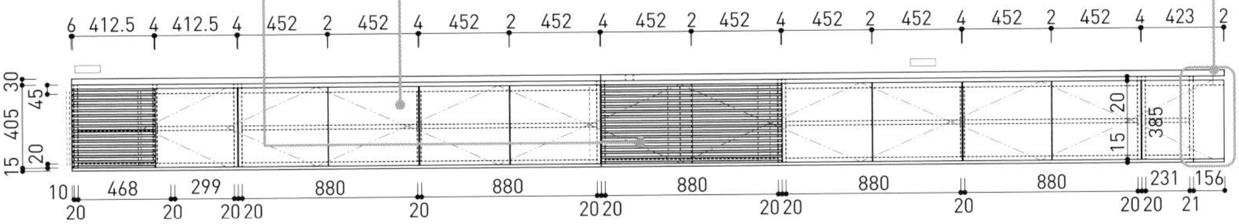
6 412.5 4 412.5 4 452 2 452 4 452 2 452 4 452 2 452 4 452 2 452 4 452 2 452 4 423 2
30
45
405
20
15
20
15
385
10
468
299
880
880
880
880
880
231
156
20
20
2020
20
2020
2020
20
2020
21

電視櫃收納立面圖[S=1:50]

「大宮之家」設計：Kashiwagi Sui Associates　攝影：上田宏

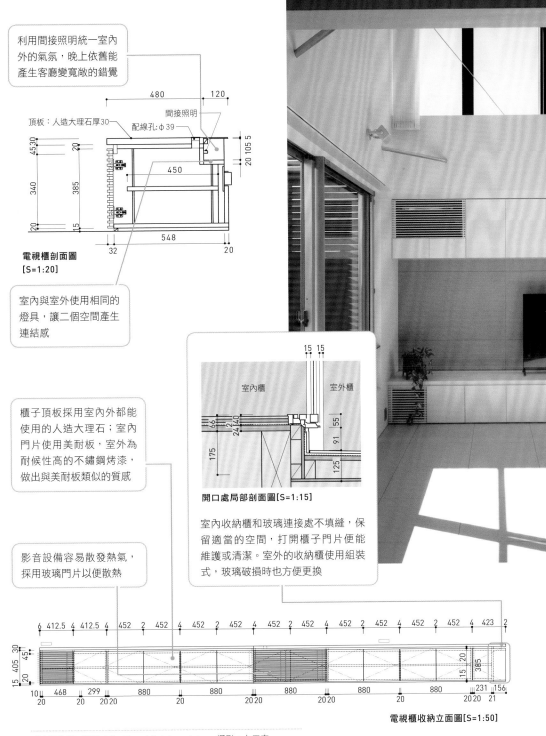

從餐廳朝客廳的壁掛式電視方向看過去。擺放影音設備的電視櫃一併嵌入牆面，不會造成客廳的壓迫感。配線也完全不外露，整齊美觀。

兩邊房間的空調機相互交錯，能有效運用牆壁空間

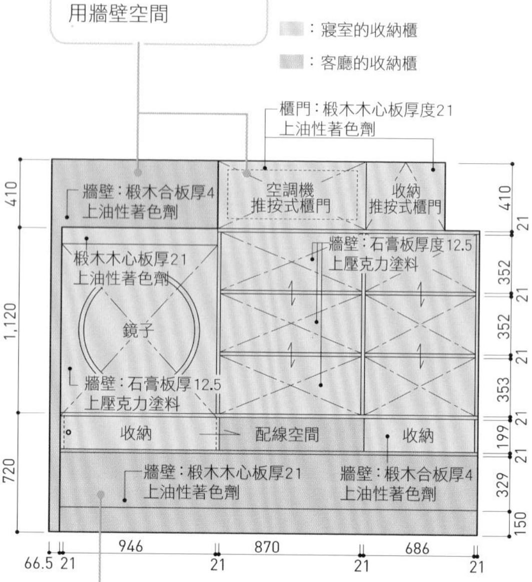
：寢室的收納櫃
：客廳的收納櫃
櫃門：椴木木心板厚度21
上油性著色劑
牆壁：椴木合板厚4
上油性著色劑
空調機
推按式櫃門
收納
推按式櫃門
椴木木心板厚21
上油性著色劑
鏡子
牆壁：石膏板厚12.5
上壓克力塗料
牆壁：石膏板厚度12.5
上壓克力塗料
收納
配線空間
收納
牆壁：椴木木心板厚21
上油性著色劑
牆壁：椴木合板厚4
上油性著色劑
410
1,120
720
410
21
352
21
352
21
353
21
199
21
329
150
946
870
686
66.5
21
21
21
21

寢室收納空間展開圖[S=1:50]

客廳的收納櫃集中設置在電視下方，寢室的收納櫃則反過來整合在伸手就能拿取的高度

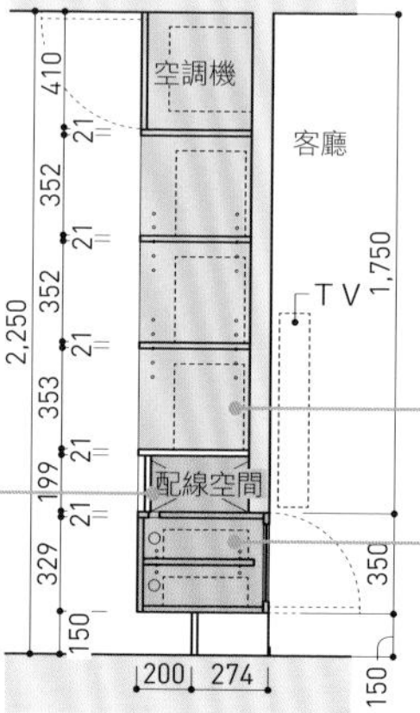
空調機
客廳
TV
配線空間
410
21
352
21
352
21
353
21
199
21
329
150
2,250
1,750
350
150
200
274

收納剖面圖
[S=1:50]

寢室在客廳隔壁，牆面收納需配合壁掛式電視設計。建議收納櫃深度規劃為 350 ～ 400mm，以便擺放 A4 大小的檔案盒

配線空間的維修門裝設於寢室內，以方便配線及維修

「裡應外合」 設計：DESIGN LIFE STUDIO 攝影：石田篤

2 嵌合電視牆與後方房間收納，空間視覺更顯清爽

倘若選擇壁掛式電視，就能將收納影音設備的電視櫃與配線嵌入牆面，提升視覺上的清爽。不過，單純為了嵌入式收納而增厚牆壁反而浪費空間，因此建議把掛電視的牆壁設計為隔間牆，讓兩側牆面都能設置收納空間，同時也能有效規劃嵌入式收納，方便隱藏配線。

3 電視櫃橫向延伸，融入空間

放置長度超過七公尺，從客廳延伸至餐廳牆面的大型電視櫃。如此一來，電視櫃不再是電視專用的家具，而是融入客廳，成為整體空間的一部分。

相信許多設計師會因為電視與電視櫃很突兀而感到頭痛。讓電視融入環境的一項作法是：將電視櫃大膽延伸，做成橫向的大型收納家具，讓電視櫃除了擺放電視外，能身兼客廳・餐廳與廚房的雜物收納空間，提升視覺感受同時又能發揮更多功能。

電視櫃加上補強的五金，就能作為長椅使用

採用壁掛式電視時，可規劃配線穿伸至牆內，讓牆面保持清爽。配線空間的開口只要保留長寬100mm，就能方便配線

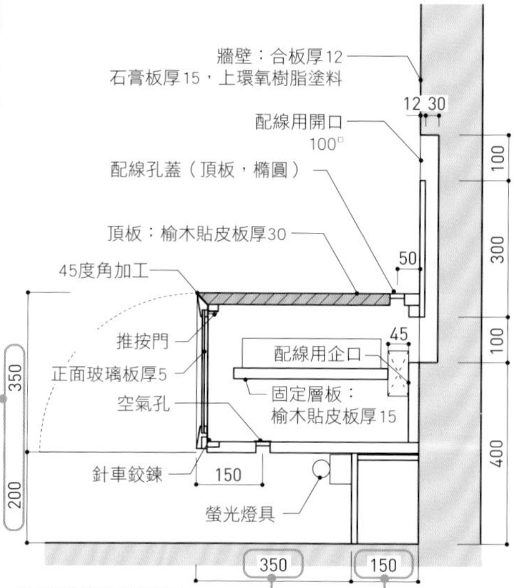
牆壁：合板厚12
石膏板厚15，上環氧樹脂塗料
12 30
配線用開口
100□
配線孔蓋（頂板，橢圓）
頂板：榆木貼皮板厚30
50
45度角加工
推按門
正面玻璃板厚5
空氣孔
配線用企口
45
固定層板：
榆木貼皮板厚15
針車鉸鍊
150
螢光燈具
350
200
100
300
100
400
350
150

電視收納櫃剖面圖
[S=1:20]

電視櫃要收納影音設備、傳真機、印表機、文件和書籍，深度至少需要500mm

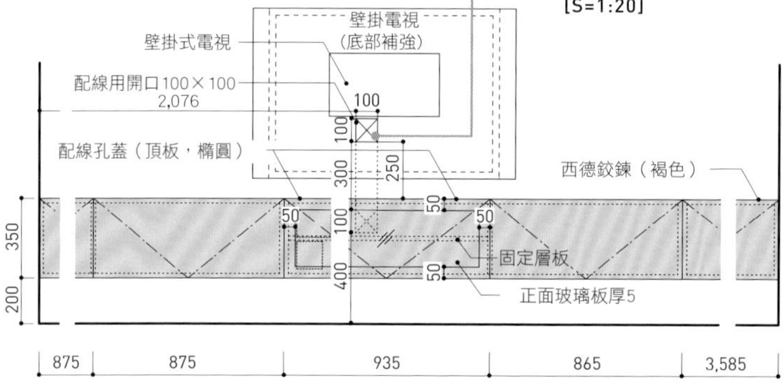
壁掛電視
(底部補強)
壁掛式電視
配線用開口100×100
2,076
100
配線孔蓋（頂板，橢圓）
西德鉸鍊（褐色）
100
300
250
50
50
100
50
固定層板
400
50
正面玻璃板厚5
350
200
875
875
935
865
3,585

電視收納櫃立面圖[S=1:40]

「大井町之家」
設計：LEVEL Architects
攝影：LEVEL Architects

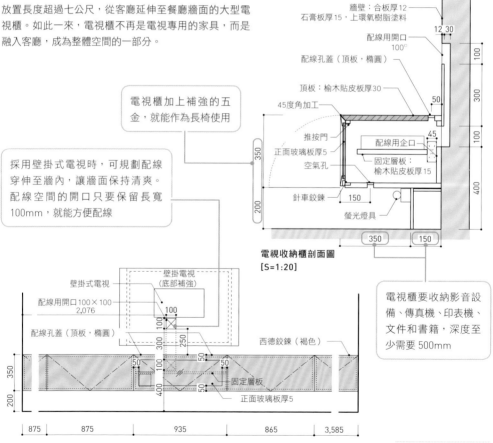

4 電視櫃後方是孩子的學習區

許多家長會要求將子女的學習區規劃在客廳．餐廳與廚房附近，理由是方便照看孩子；若孩子在功課上有問題也能馬上向父母提問。然而客廳．餐廳與廚房同時也是家人團聚休閒的空間，可能會影響孩子的學習注意力，因此最好稍作區隔。若能在電視櫃後方加上書櫃、作為學習區，利用電視櫃當隔間，就能與客廳．餐廳與廚房保持適怡的距離。

電視櫃的高度設定為 1600mm。坐著看電視時，視線也不會穿越電視櫃，讓學習區能有一定程度的圍塑性，保持隱密感

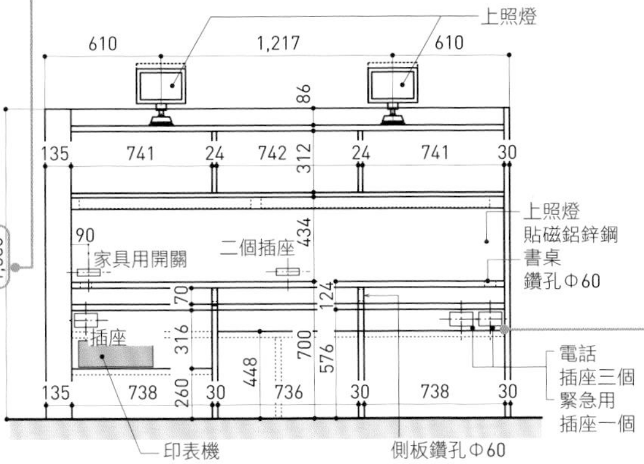

學習區展開圖[S=1:50]

學習區和廚房比鄰，位於同一條直線上，方便家長與子女溝通。學習區的另一側是客廳。

學習區的收納櫃可以規劃多個插座，提升使用上的便利性

客廳側的收納櫃下方用來放置手提收納盒的部分，在學習區側會形成突出平台，只要事前鑽好配線孔，就能作為印表機架使用

電視櫃下方的收納空間規劃為上下二層，上層是擺放藍光播放設備等小型層架，下層用來收納DVD，而「聚丙烯手提收納盒（無印良品）」恰好能置入此層做收納之用

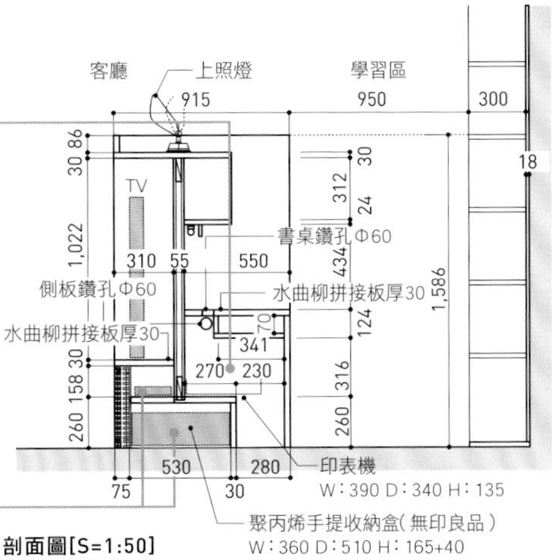

電視櫃剖面圖[S=1:50]

「集庭之家」
設計：Kashiwagi Sui Associates
攝影：上田宏

上：從客廳望向沙發與牆面收納，後方是書櫃。
下：木作沙發底部施作抽屜，活用深度來收納孩子的玩具或是毛毯等占空間的物品。抽屜施作滑軌、提升施工精準度，使用起來就更為順暢。

5 牆面收納分為展示型和隱藏式

客廳是生活的中心，適合將整面牆都作成收納空間。其中，可以再細分為展示型和隱藏式：經常使用的面紙等物品收在較淺的層板櫃中，一看就知道在哪裡，方便使用。至於不用時想收起來的玩具等物品，可以搭配木作沙發，在其下方增加收納用抽屜。

廚房附近施作開放式層架，把食譜和面紙等物品放在伸手可及之處。由於是在客廳角落，做成開放式也不會覺得凌亂。架子上面刻意留白、不施作收納空間，避免造成壓迫感

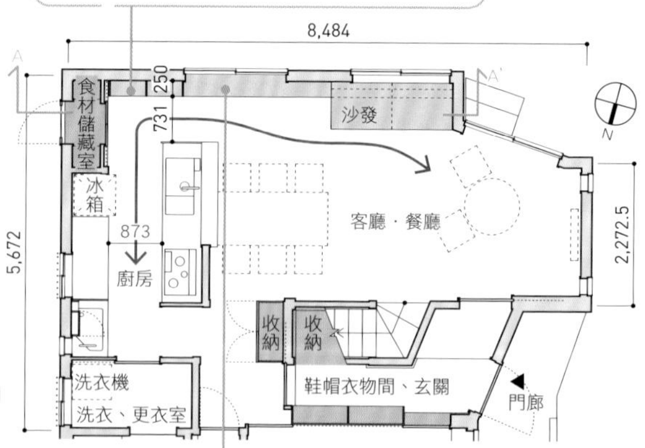

8,484
A
A'
250
731
食材儲藏室
沙發
N
冰箱
873
廚房
客廳．餐廳
5,672
2,272.5
收納
收納
洗衣機
洗衣、更衣室
鞋帽衣物間、玄關
門廊

1樓平面圖
[S=1:150]

整面牆都作成收納櫃，一眼就能確認、掌握所有物品；從廚房走過去也方便

窗戶下方施作擺放小東西的層架

沙發旁邊保留較大的空間，以放置垃圾桶或茶几等家具

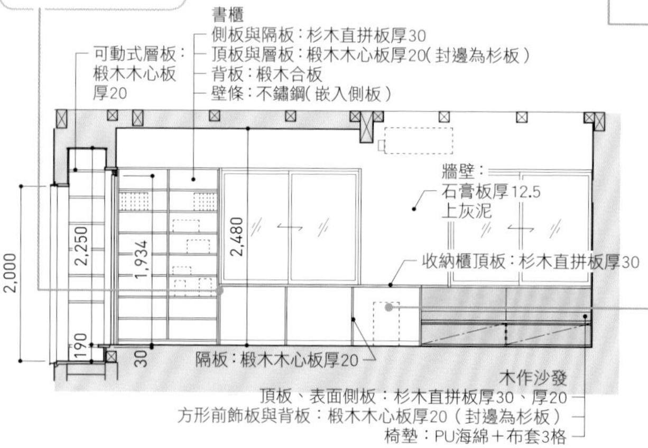

書櫃
側板與隔板：杉木直拼板厚30
頂板與層板：椴木木心板厚20（封邊為杉板）
背板：椴木合板
壁條：不鏽鋼（嵌入側板）
可動式層板：椴木木心板厚20
牆壁：石膏板厚12.5 上灰泥
收納櫃頂板：杉木直拼板厚30
2,000
2,250
1,934
2,480
190
30
隔板：椴木木心板厚20
木作沙發
頂板、表面側板：杉木直拼板厚30、厚20
方形前飾板與背板：椴木木心板厚20（封邊為杉板）
椅墊：PU海綿＋布套3格

A-A' 剖面圖[S=1:100]

「OM家」
設計：ATELIER NOOK建築師事務所
攝影：渡邊慎一

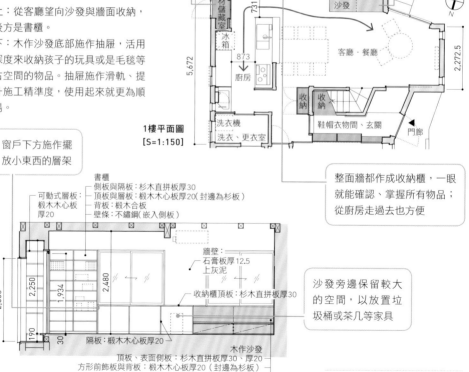

利用牆面收納隱藏結構體，打造只有收納櫃與物品的外觀，美觀清爽。收納櫃同時也分割客廳與寢室、兼有隔間牆功能

門片

採用木框鑲玻璃的門片。如此一來，從窗戶照進來的自然光也能反射入客廳，讓空間自然明亮

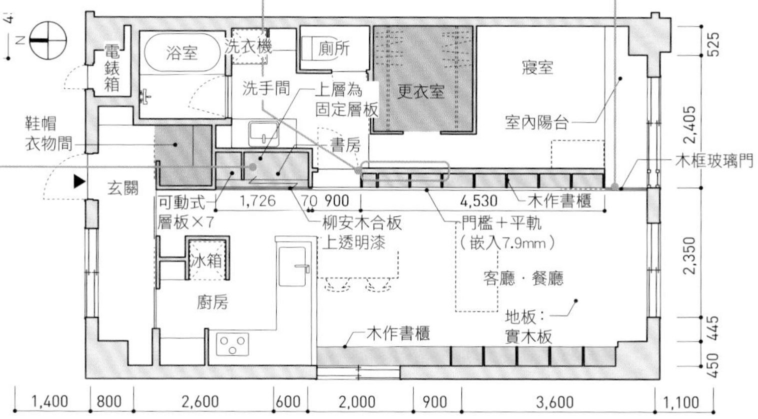
電錶箱
浴室
洗衣機
廁所
更衣室
寢室
洗手間
上層為固定層板
鞋帽衣物間
書房
室內陽台
木框玻璃門
玄關
可動式層板×7
1,726
70
900
4,530
木作書櫃
柳安木合板上透明漆
門檻＋平軌（嵌入7.9mm）
冰箱
客廳・餐廳
廚房
地板：實木板
木作書櫃
525
2,405
2,350
445
450
1,400
800
2,600
600
2,000
900
3,600
1,100

平面圖[S=1:150]

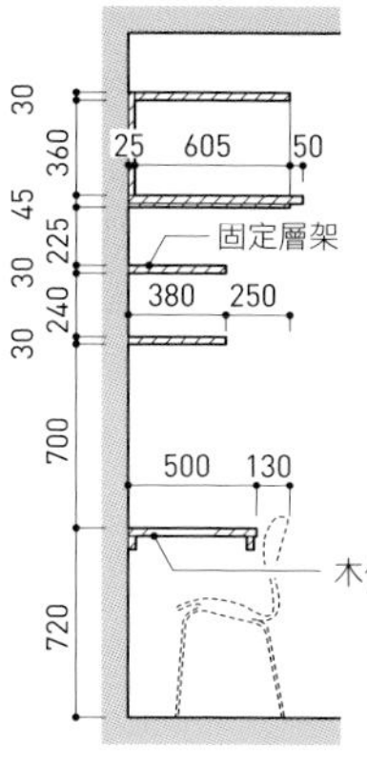
30
360
45
225
30
240
30
700
720
25
605
50
固定層架
380
250
500
130
木作書桌

書房規劃於廚房附近，桌椅都能一併藏在拉門後方，因此桌子凌亂也無所謂，不用擔心被客人看到

書房剖面圖
[S=1:60]

6 利用牆面收納遮蔽結構體，清爽高雅

書籍和雜貨等東西多的家庭，建議將客廳的整面牆都作成「展示型收納」；特別是改建老公寓的案子，更可以藉此包藏鋼筋混凝土梁柱。讓牆面看起來只有收納櫃與收納其中的物品，客廳就顯得清爽俐落。

「S・Y邸」設計：Blue Studio　攝影：高木亮

餐廳

關鍵是打造連餐具都能一併收納的L型收納櫃

基本範例

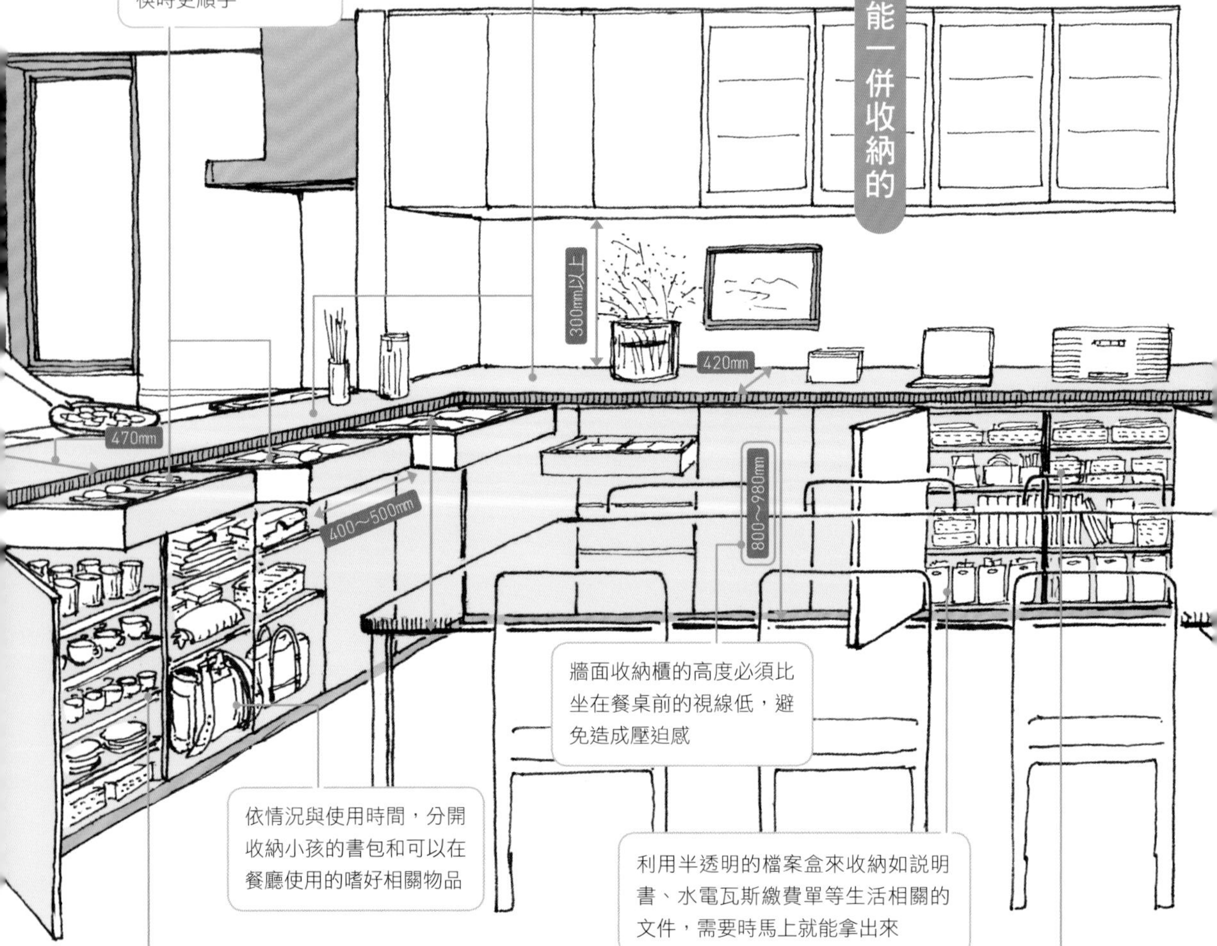
300mm以上
420mm
470mm
400～500mm
800～980mm

廚房與餐廳之間的牆面設置L型吧檯，只要運用木作或市售家具來統一風格，就能讓空間井然又整齊一致

廚房前吧檯最上層的收納可採用抽屜，以收納常用的餐具和小碟子，讓備餐擺放碗筷時更順手

牆面收納櫃的高度必須比坐在餐桌前的視線低，避免造成壓迫感

依情況與使用時間，分開收納小孩的書包和可以在餐廳使用的嗜好相關物品

利用半透明的檔案盒來收納如說明書、水電瓦斯繳費單等生活相關的文件，需要時馬上就能拿出來

廚房吧檯收納櫃的下方加裝門片，以收納餐桌上使用的碗盤和杯子等餐具

文具等零碎物品用收納籃分類。收納籃提升空間使用效率，拿進拿出也方便

主要收納於餐廳的物品

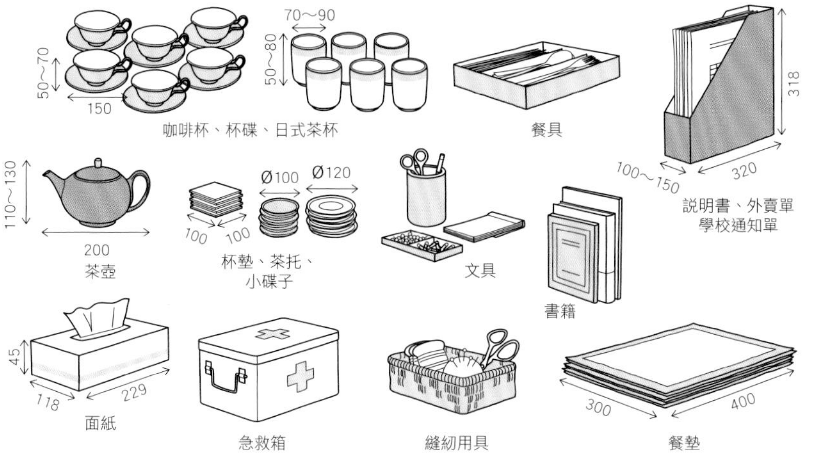

50〜70
150
70〜90
50〜80
咖啡杯、杯碟、日式茶杯
餐具
318
100〜150
320
說明書、外賣單
學校通知單
110〜130
200
茶壺
Ø100
Ø120
100
100
杯墊、茶托、
小碟子
文具
書籍
45
118
229
面紙
急救箱
縫紉用具
300
400
餐墊

在廚房前方、或利用餐廳牆面設置吧檯，就能在下方收納餐具、文具、住宅相關文件和裁縫用具等，十分方便。一般人習慣把餐具收在廚房裡，但是餐桌上常用的小碟子和刀叉碗筷，與其收在廚房，不如放在餐廳，使用起來更順手。若收納在餐椅附近，就能方便請家人幫忙擺放碗筷，用餐時需要取用也就不必再走到廚房。

餐桌也是經常使用電腦進行作業或是寫字的地方，建議在餐廳設計出收納這些物品的空間。孩子還小時，多半會在餐桌上寫功課，這段期間在餐廳設計出放置書包與課本等物品的空間就很重要。規劃餐廳收納時，必須思考在這裡進行的行為會需要哪些物品，以及這些物品的使用地點與收納地點是否接近。

若要在牆面加裝吧檯來增加收納，要注意高度必須低於坐在餐桌時的視線，才不會造成壓迫感。當廚房側與牆面側的收納櫃高度不同時，將空間稍讓給廚房側，就能消弭死角，也便於清潔。

［水越美枝子／atelier Sala］

1 有效利用隱藏式收納與展示型收納

挑選餐廳的餐具櫃時，必須考慮是要「展示」還是「隱藏」餐具。展示用的餐具櫃可以選擇上掀式門片，較為美觀。另外，考量端菜上桌的動線時，建議把小碟子、杯子、筷子與餐墊等餐桌上使用的物品收納於餐廳；同時也應視需要，規劃出收納文具和筆記型電腦的空間。

餐廳除了收納筷子與湯匙等餐具之外，也必須有收納文具等零碎物品的空間。

展示用收納櫃建議使用上掀式門片，從正面看不見鉸鍊，給人俐落乾淨的印象

將展示型收納櫃的層板間隔高度統一，就能提升視覺效果

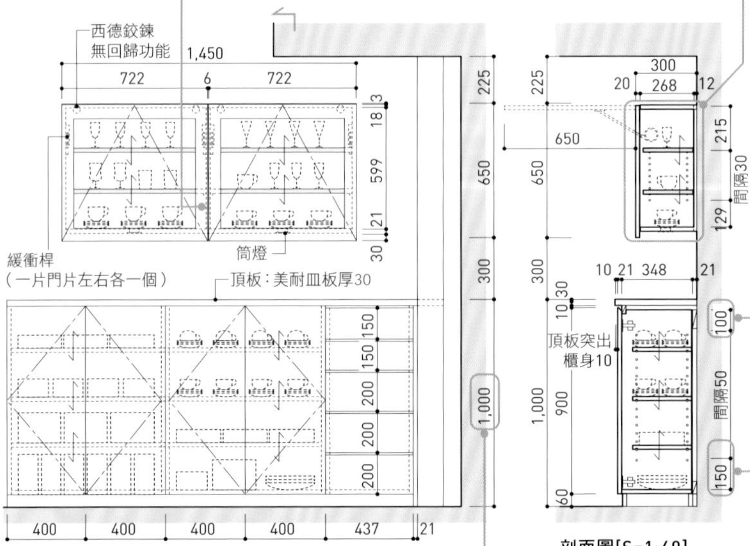

餐具櫃立面圖[S=1:40]

剖面圖[S=1:40]

餐廳的收納櫃高度以坐姿時的視線高度為基準，一般是850mm。希望增加收納容量者可提高至1,000mm，但不建議高於1,000mm，避免產生壓迫感

層架釘孔規劃為上端100mm、下端150mm以盡可能增加收納容量

「沼尻家」設計：atelier Sala　攝影：永野佳世

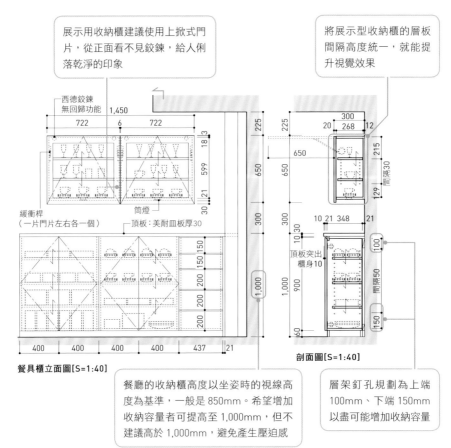

下半部的「隱藏式收納」和右側的廚房下方櫥櫃採用相同面材；上半部的「展示型收納」則使用和牆面相同的白色，如此可減輕吊櫃的壓迫感，也能襯托櫃中物品。

2 小房子尤其更要精準規劃收納空間

想要保持空間井井有條，必須制定精準的收納計畫；特別是小房子更需要妥善規劃。本頁的案例在廚房與餐廳之間設置吧檯，吧檯兩側底部分別規劃適合該側空間的收納櫃。注意規劃前必須事先確認要收納的物品尺寸，細心調整，以免浪費任何可以用於收納的空間。

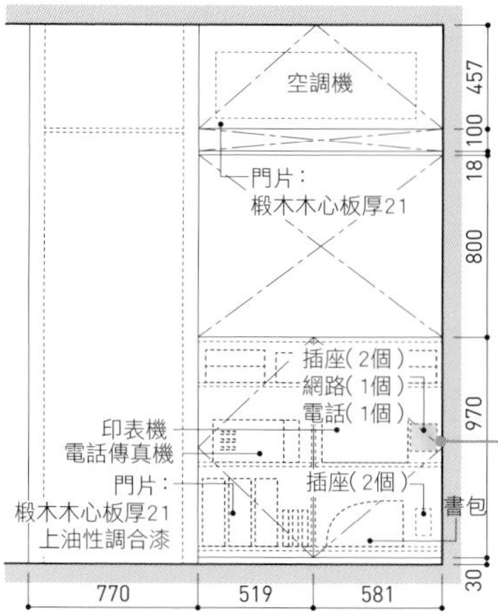

餐廳側立面圖[S=1:50]

除了電源插座與電話插座，也要特別留意網路線的開口

廚房吧檯與四周牆面漆成一樣的顏色，吧檯因此自然融入空間，給人清爽的印象。空調機安裝於吧檯上方，利用下掀式門片隱藏起來。

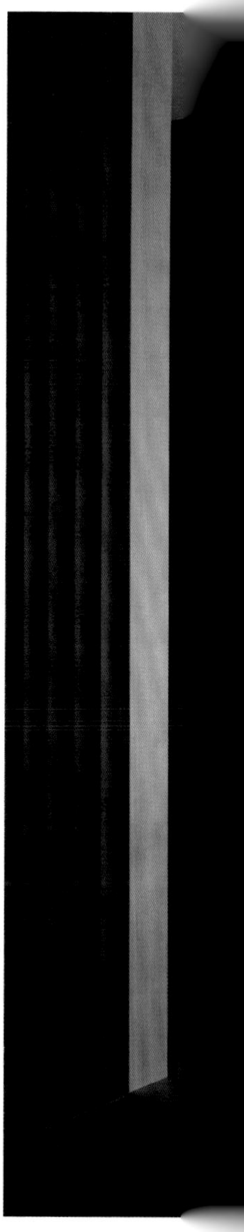

無須天天操作的路由器和數據機等機器，可放置於冰箱上頭

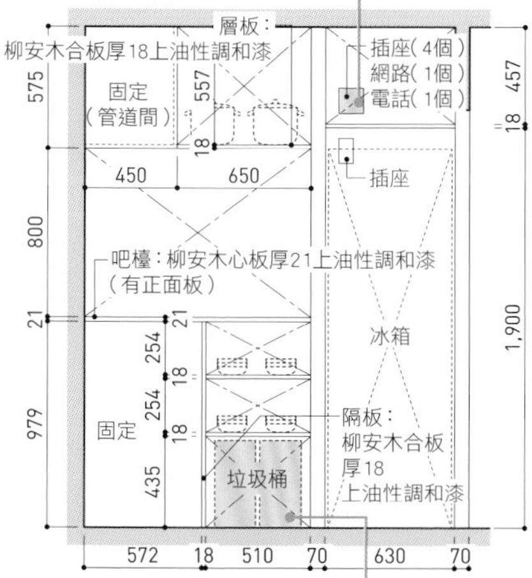

廚房側立面圖[S=1:50]

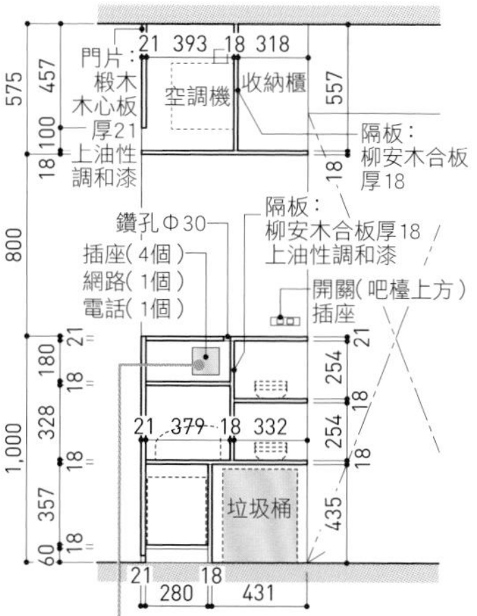

剖面圖[S=1:50]

廚房裡一定要規劃放垃圾桶的位置。垃圾桶的大小請向屋主確認後決定

若打算在吧檯處設置電腦或電視機，可在頂板鑽孔、把電線收納於吧檯下方，保持外觀整齊

「光之居處」設計：DESIGN LIFE STUDIO　攝影：石田篤

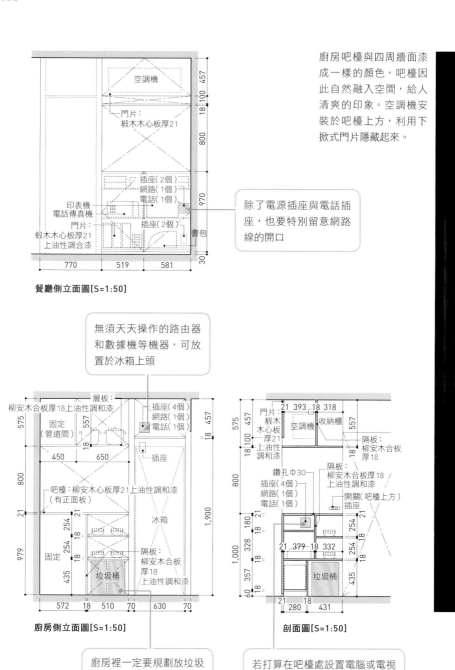

廚房

把物品全都收納在伸手可及之處

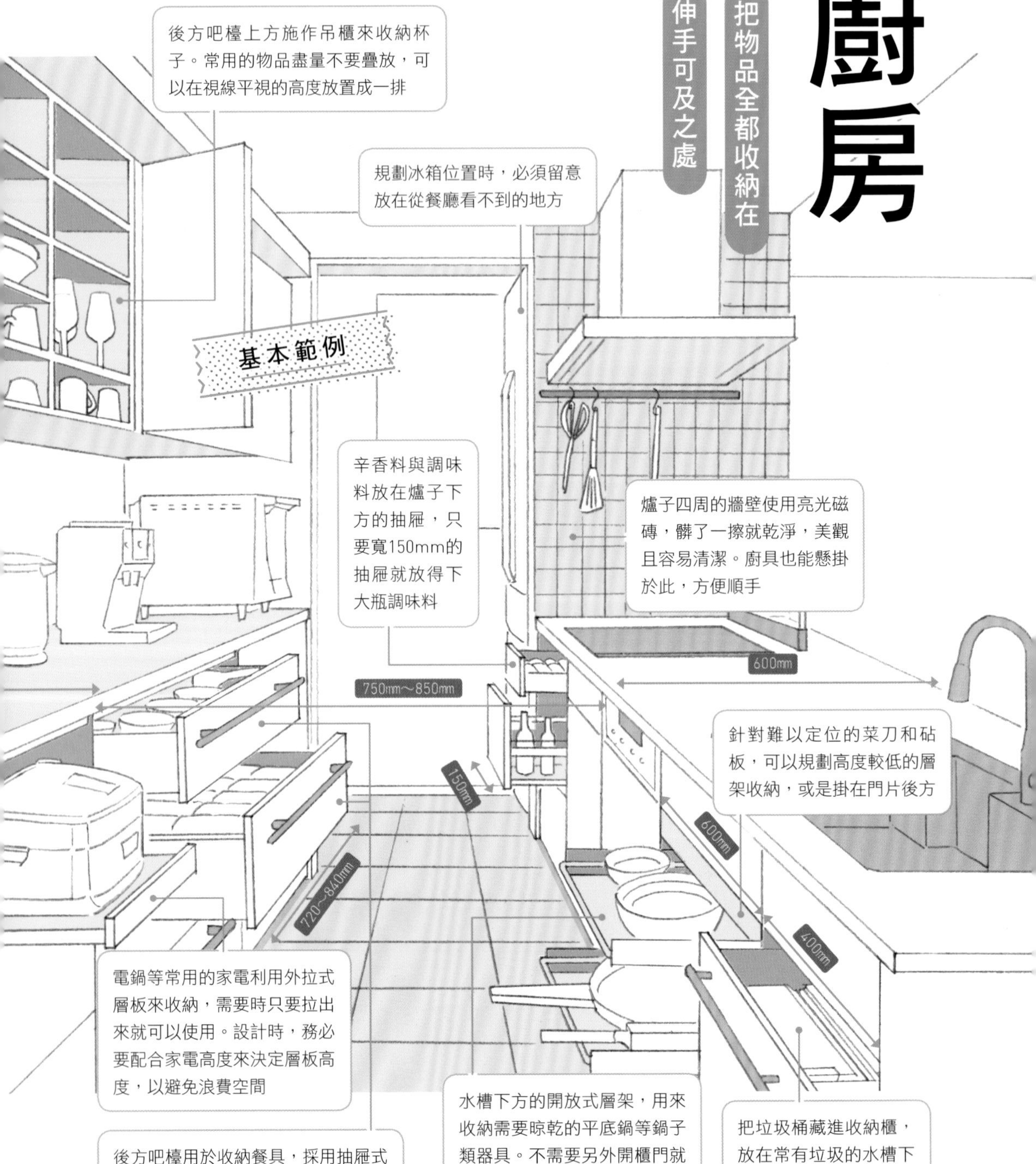
基本範例
後方吧檯上方施作吊櫃來收納杯子。常用的物品盡量不要疊放，可以在視線平視的高度放置成一排
規劃冰箱位置時，必須留意放在從餐廳看不到的地方
辛香料與調味料放在爐子下方的抽屜，只要寬150mm的抽屜就放得下大瓶調味料
爐子四周的牆壁使用亮光磁磚，髒了一擦就乾淨，美觀且容易清潔。廚具也能懸掛於此，方便順手
600mm
750mm～850mm
150mm
針對難以定位的菜刀和砧板，可以規劃高度較低的層架收納，或是掛在門片後方
600mm
720～840mm
400mm
電鍋等常用的家電利用外拉式層板來收納，需要時只要拉出來就可以使用。設計時，務必要配合家電高度來決定層板高度，以避免浪費空間
水槽下方的開放式層架，用來收納需要晾乾的平底鍋等鍋子類器具。不需要另外開櫃門就能取出，也能提升烹飪的效率
把垃圾桶藏進收納櫃，放在常有垃圾的水槽下方是最理想的位置
後方吧檯用於收納餐具，採用抽屜式收納，一目了然，也很容易確認。常用的餐盤盡量放上層

主要收納於廚房的物品

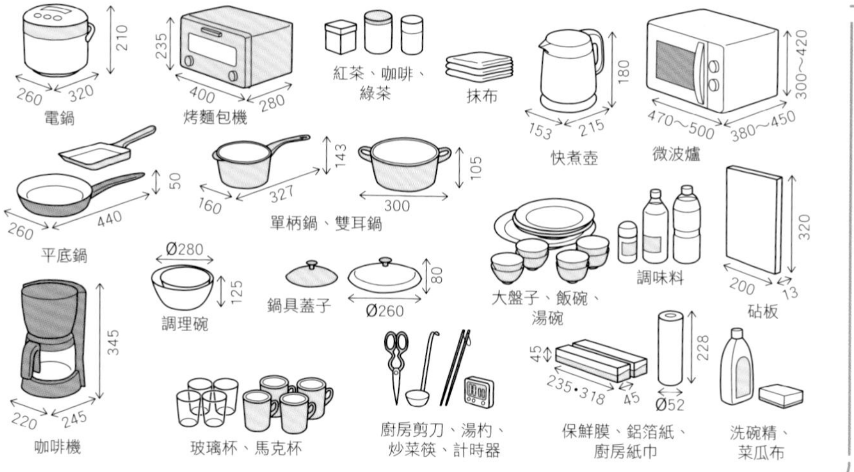
210
260 320
電鍋
235
400 280
烤麵包機
紅茶、咖啡、
綠茶
抹布
180
153 215
快煮壺
300～420
470～500 380～450
微波爐
50
260 440
平底鍋
143
160 327
105
300
單柄鍋、雙耳鍋
Ø280
125
調理碗
鍋具蓋子
80
Ø260
大盤子、飯碗、
湯碗
調味料
320
200 13
砧板
345
220 245
咖啡機
玻璃杯、馬克杯
廚房剪刀、湯杓、
炒菜筷、計時器
45
235•318 45
228
Ø52
保鮮膜、鋁箔紙、
廚房紙巾
洗碗精、
菜瓜布

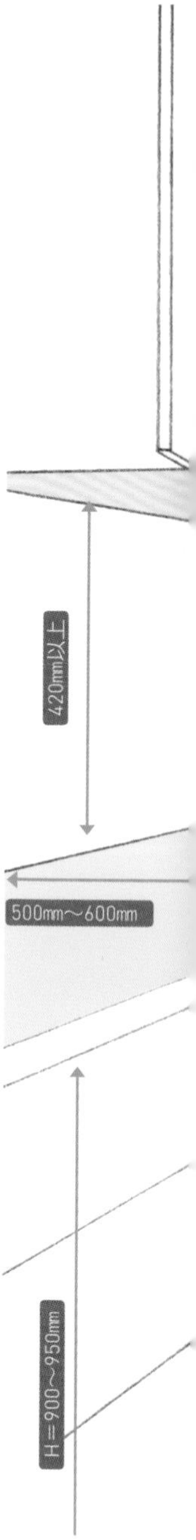
420mm以上
500mm～600mm
H＝900～950mm

廚房收納的基本原則，是物品使用地點和收納位置越近越好，以及把同一場合中使用的物品盡量收納在一起。像是從流理台到微波爐的距離，各類作業的動線最好能在〇～二步內結束。為此，廚房的形式建議可以設計為面對餐廳的半開放式廚房，後方靠牆側設置吧檯型收納。

廚房前方與後方吧檯的距離設置窄一些，方便轉身就能作業。倘若廚房經常只有一個人作業，則通道僅需保留750～800mm，後方的人能勉強通過即可；若平常多是二人作業的情況，也僅需850mm，轉身一步就能拿到後方吧檯的物品。

水槽下方可設置開放式層架，方便取放調理碗和平底鍋，提升效率。後方吧檯深度若有600mm，也能當作工作台或出菜處。

餐具類的物品最好收納在吧檯上層抽屜，拉開俯視便能一目了然，拿取也方便。後方吧檯放置廚房家電，吊櫃底部的高度在不碰到家電用品的情況下盡量貼低，就能增加收納容量。

[水越美枝子／atelier Sala]

1 理想的廚房收納就有如飛機駕駛艙一般

飛機駕駛艙的特色在於無須起身，只需要伸手或是轉身就能操縱所有功能；而廚房收納的最高指導原則就是如此，目標是無需移動便能拿到所有物品。後方牆面採用抽屜式收納櫃，方便取出裝菜所需的碗盤；熱水瓶和茶杯等配套使用的物品收納在一起，就能提升家事動線的效率。

拉門

從地面直達天花板的拉門關起來後，視覺上十分清爽。

廚房前的拉門拉開的模樣。門片可收在冰箱旁。

進行記帳等家務的電腦區可以設置在廚房旁邊，方便隨時使用。另外，增設側牆就能阻擋來自客廳的視線

使用開放式廚房時，有時還是不希望冰箱或家電放在客人視線所及之處，本頁案例的解決方式是在冰箱前裝設拉門。需要時可以遮蔽視線，平常使用時可將拉門收於食材儲藏室一側，就不礙事。裝設時必須預先規劃好拉門寬度，推開單扇拉門就能開關冰箱

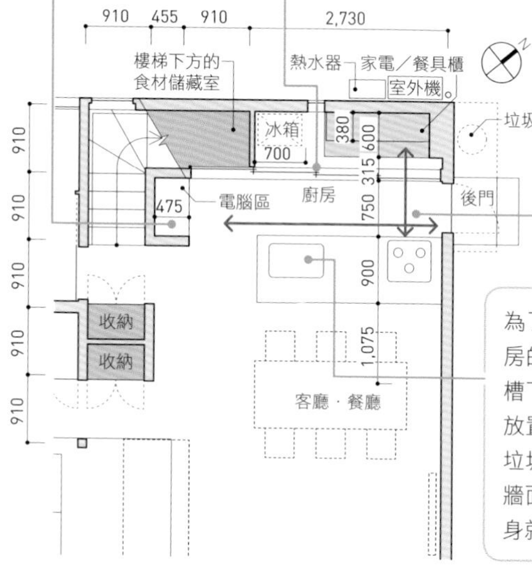
910
455
910
2,730
樓梯下方的
食材儲藏室
熱水器
家電／餐具櫃
室外機
N
垃圾場
冰箱
700
380
600
315
750
900
1,075
475
電腦區
廚房
後門
收納
收納
客廳・餐廳
910
910
910
910
910

二步內結束動線

為了確保動線順暢，廚房的垃圾桶建議放在水槽下方。若是使用無法放置於水槽下方的市售垃圾桶，建議放在後方牆面收納空間中，一轉身就能丟垃圾

1樓平面圖[S=1:120]

「片山家」設計：atelier Sala　攝影：永野佳世

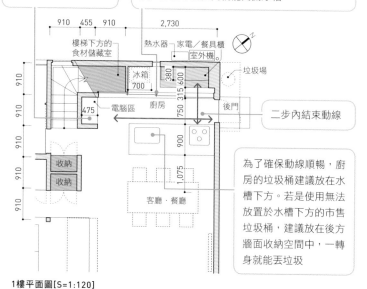

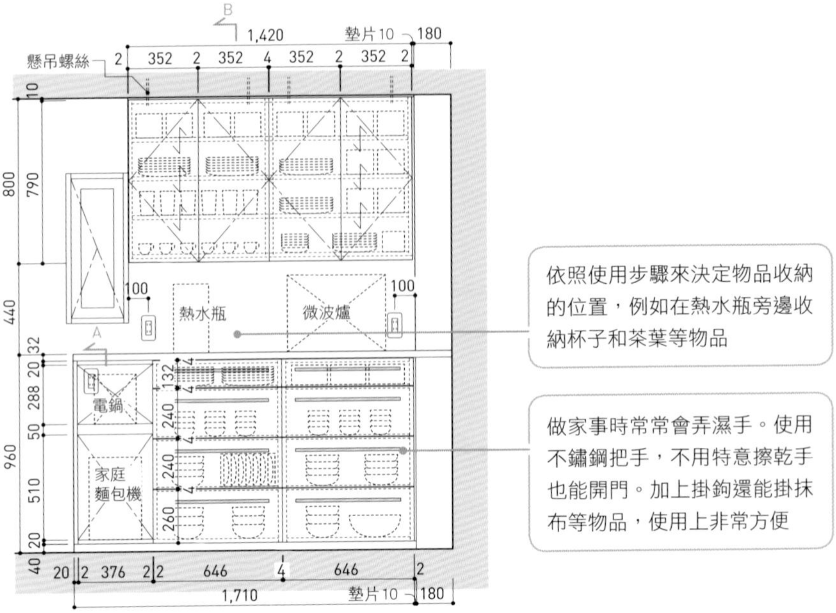
懸吊螺絲
1,420
墊片10
180
2 352 2 352 4 352 2 352 2
10
800
790
440
32
20
288
50
960
510
20
40
100
熱水瓶
微波爐
100
電鍋
家庭
麵包機
132
240
240
260
20 2 376 2 2 646 4 646 2
1,710
墊片10
180
依照使用步驟來決定物品收納的位置，例如在熱水瓶旁邊收納杯子和茶葉等物品
做家事時常常會弄濕手。使用不鏽鋼把手，不用特意擦乾手也能開門。加上掛鉤還能掛抹布等物品，使用上非常方便

餐具櫃剖面圖[S=1:40]

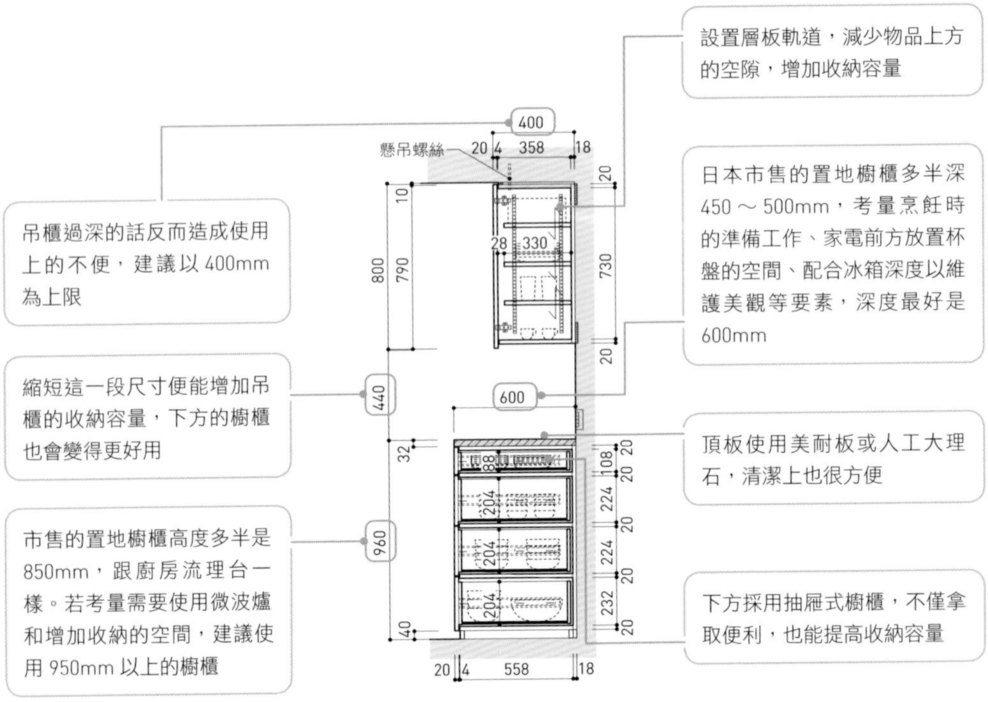
設置層板軌道，減少物品上方的空隙，增加收納容量
400
懸吊螺絲
20 4 358 18
吊櫃過深的話反而造成使用上的不便，建議以400mm為上限
日本市售的置地櫥櫃多半深450～500mm，考量烹飪時的準備工作、家電前方放置杯盤的空間、配合冰箱深度以維護美觀等要素，深度最好是600mm
10
800
790
28 330
730
20
20
縮短這一段尺寸便能增加吊櫃的收納容量，下方的櫥櫃也會變得更好用
440
600
頂板使用美耐板或人工大理石，清潔上也很方便
32
88
108
204
224
市售的置地櫥櫃高度多半是850mm，跟廚房流理台一樣。若考量需要使用微波爐和增加收納的空間，建議使用950mm以上的櫥櫃
960
204
224
204
232
下方採用抽屜式櫥櫃，不僅拿取便利，也能提高收納容量
40
20 4 558 18

後方收納櫃剖面圖[S=1:40]

使用外拉式層板收納，家電用品只有使用時才拉出來。

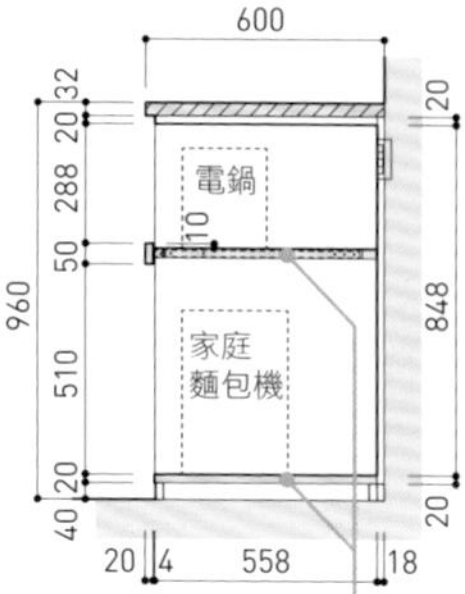
600
32
20
288
50
510
20
40
960
20
848
20
10
電鍋
家庭
麵包機
20
4
558
18

吧檯收納剖面圖
[S=1:40]

收納家電用品的外拉式層板只有使用時拉出來，平常收起來

從廚房往家事房的方向看。吊櫃中使用市售的收納盒，就能簡單收拾整齊。

「片山家」
設計：atelier Sala
攝影：永野佳世

抽屜打開的模樣。本案例中採用400mm和600mm的商品，最下層是高度135mm的深抽屜，上面三層的高度是80mm。每個抽屜的載重限制都是25公斤。

② 活用IKEA商品，打造大量小型收納空間

廚房多是零碎的小東西，比起一個大型收納櫃，更需要許多小型收納空間。使用IKEA的「RATIONELL全開式抽屜 」比訂製抽屜更省錢，既是不鏽鋼製又節省空間，能有效提升小型廚房的收納容量。

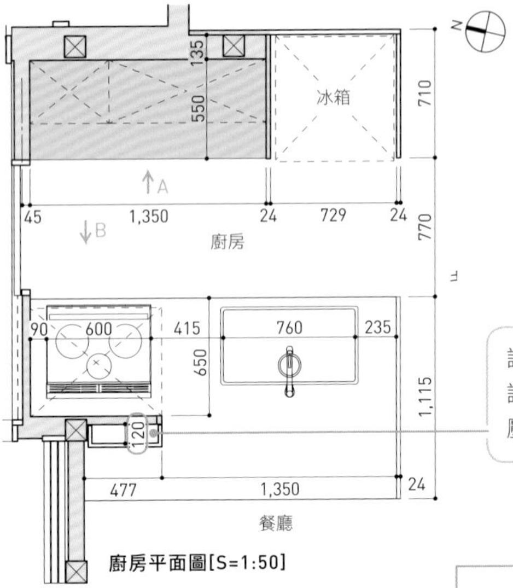

135
550
冰箱
710
A
45
1,350
24
729
24
770
B
廚房
90
600
415
760
235
650
1,115
120
477
1,350
24
餐廳

廚房平面圖[S=1:50]

調味料架的深度規劃，以能收納一整套調味品為原則。考慮到不要對餐廳造成壓迫感，採用最小收納櫃尺寸120mm

懸臂樑下方施作投射照明，能依據手邊作業處調整方向來照亮水槽或爐側

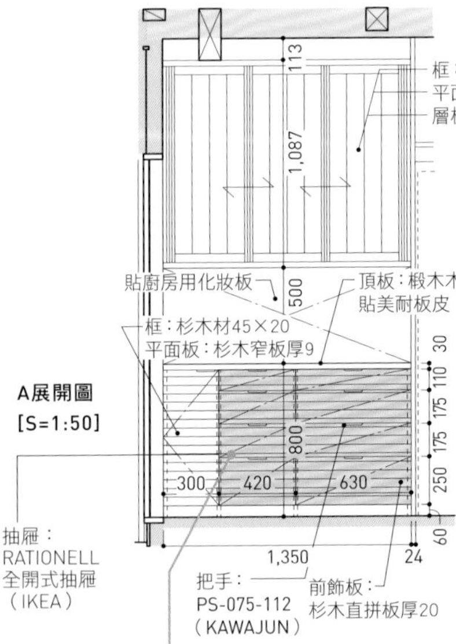

113
框：杉木材45×20
平面板：杉木窄板厚9
層板：椴木木心板厚20
1,087
貼廚房用化妝板
500
頂板：椴木木心板厚30
貼美耐板皮
框：杉木材45×20
平面板：杉木窄板厚9
30
110
175
175
800
250
300
420
630
60
1,350
24
抽屜：
RATIONELL
全開式抽屜
（IKEA）
把手：
PS-075-112
（KAWAJUN）
前飾板：
杉木直拼板厚20

A展開圖
[S=1:50]

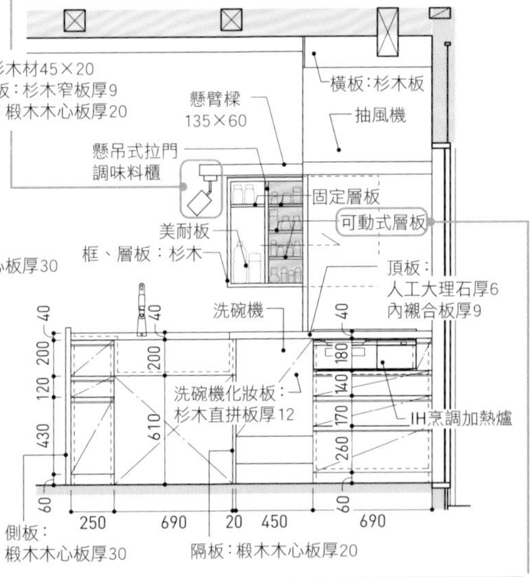

橫板：杉木板
懸臂樑
135×60
抽風機
懸吊式拉門
調味料櫃
固定層板
可動式層板
美耐板
框、層板：杉木
頂板：
人工大理石厚6
內襯合板厚9
洗碗機
40
40
40
200
200
180
120
140
洗碗機化妝板：
杉木直拼板厚12
610
170
IH烹調加熱爐
430
260
60
60
250
690
20
450
690
側板：
椴木木心板厚30
隔板：椴木木心板厚20

B展開圖[S=1:50]

安裝懸吊式拉門的收納櫃用來裝調味料，部分層板為可動式，可配合調味料的高度調整

底板、側板和滑軌都是IKEA的商品，正面加上前飾板與把手。比起木作抽屜，一個抽屜平均多出20mm的空間可用

「HW家」設計：ATELIER NOOK建築師事務所　攝影：渡邊慎一

從餐廳望向廚房。廚房上方並未施作挑空，形成具有包覆感的空間。冰箱與側邊收納櫃正面齊平，線條俐落。

③ 在廚房後側花點心思，讓冰箱位置恰到好處

將冰箱和收納櫃設計在廚房後方時，一般合適的收納櫃深度是450mm，冰箱的深度卻多半為650mm以上，兩者會形成不平整的進出面。因此，建議在廚房後方施作食材儲藏室，透過調整冰箱後方的收納櫃深度，來消除廚房側的進出面。

冰箱後方的淺（深度僅 155mm）收納櫃可以用來收納保存期限較長的瓶罐。由於一目了然，就不用擔心收到深處看不到而忘了使用

預設冰箱的寬度與深度皆為 700mm，兩側保留 40mm 的空間以散熱，因此設置冰箱的空間寬 785mm

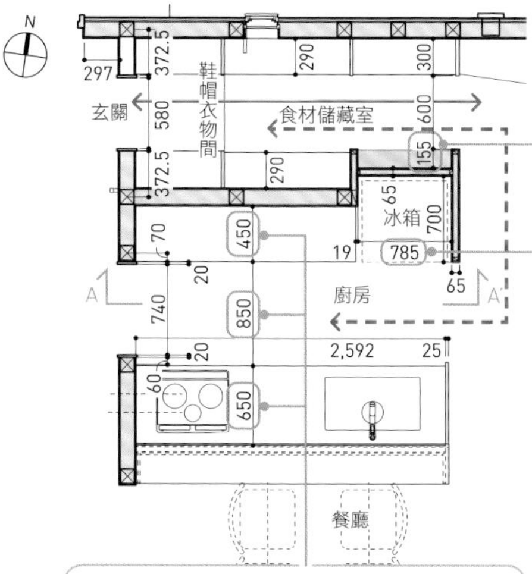
N
297
372.5
鞋帽衣物間
290
300
玄關
580
食材儲藏室
600
155
372.5
290
65
冰箱
700
70
450
19
785
20
A
740
850
廚房
65
A'
20
2,592
25
60
650
餐廳

冰箱的高度為 1,800mm。插座規劃在搬入冰箱後依然能使用、但從正面卻又不會看到線路的位置

①流理台的深度、②後方收納櫃的深度與③兩者之間的工作空間寬度分別規劃為①650mm、②450mm與③850mm。這是考量到作業方便與收納物品所決定的尺寸

廚房平面圖[S=1:50]

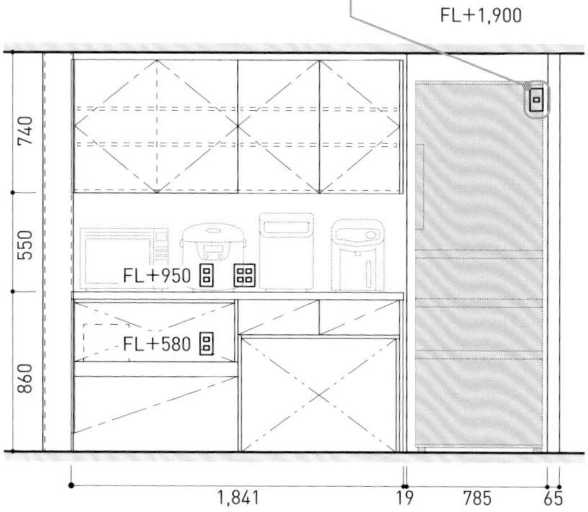
FL+1,900
740
550
FL+950
FL+580
860
1,841
19
785
65

A-A' 展開圖[S=1:80]

「家事樂之家」設計：翌檜建築工房　攝影：Miho Urushido

4 活用抽屜搭配拉門，符合多種廚房收納需求

廚房需要收納的物品尺寸與形狀經常各不相同，只要稍微改變各層抽屜的高度，分類和整理都會變得更容易。配合收納的位置選擇採用抽屜或拉門，就能有效活用廚房的有限空間，方便作業同時提升安全性，也能讓收納物品一覽無遺。

從客廳望向廚房。吧檯頂板統一採用亂紋加工的不鏽鋼材，兩面都施作收納櫃：客廳側使用平開門，廚房側使用抽屜。只要收納空間充足，吧檯上就不容易堆積雜物。

規劃出客廳、餐廳、廚房、食材儲藏室到玄關入口的迴遊動線，提升家事效率

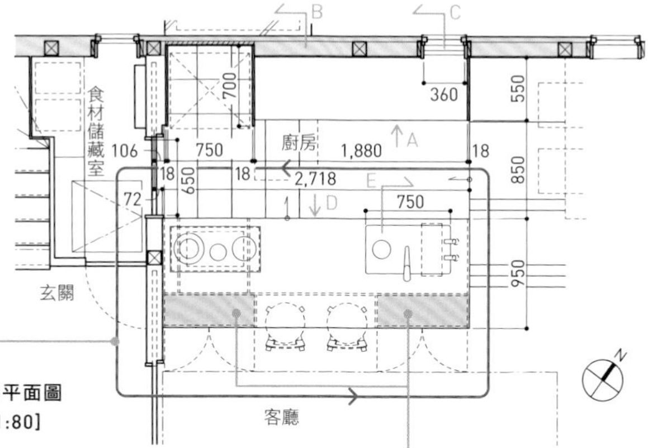

B
C
700
360
550
食材儲藏室
106
750
廚房
1,880
A
18
18
650
18
2,718
E
850
72
D
750
950
玄關
客廳
N

廚房平面圖
[S=1:80]

二片拉門的費用比四片門更經濟實惠，櫃子裡的情況只要一個動作便能一目了然。一片拉門寬至 90cm 並不影響使用

廚房吧檯靠客廳側在左右兩邊設置平開門收納櫃，中間讓空以方便入坐。

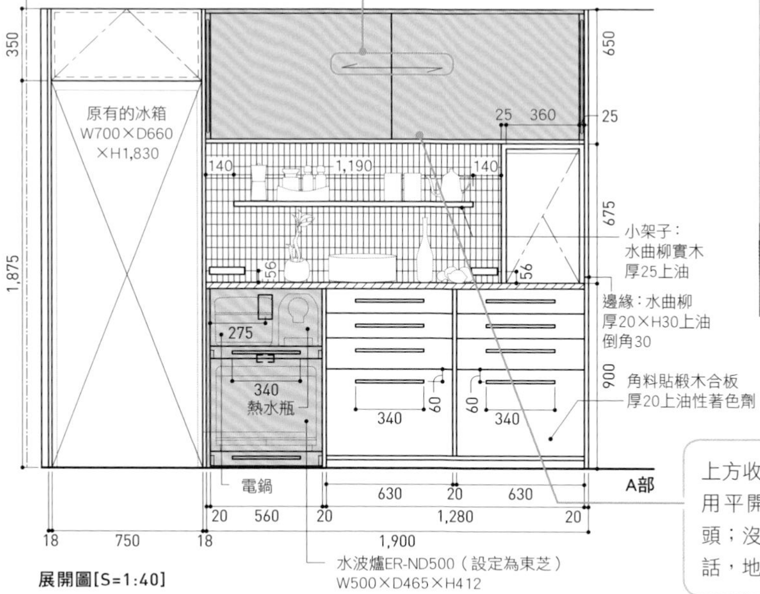

350
650
原有的冰箱
W700×D660
×H1,830
25
360
25
140
1,190
140
1,875
675
小架子：
水曲柳實木
厚25上油
56
56
邊緣：水曲柳
厚20×H30上油
倒角30
275
900
340
熱水瓶
60
60
角料貼椴木合板
厚20上油性著色劑
340
340
電鍋
A部
630
20
630
20
560
20
1,280
20
18
750
18
1,900
水波爐ER-ND500（設定為東芝）
W500×D465×H412

展開圖[S=1:40]

上方收納使用拉門，因為使用平開門開關時容易撞到頭；沒有安裝地震防落器的話，地震時也容易被震開

「曉之家」設計：RIOTADESIGN　攝影：新澤一平

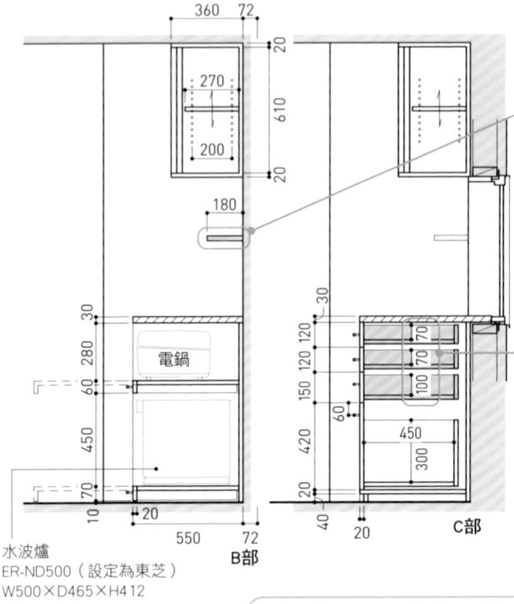
360
72
20
270
610
200
20
180
30
280
電鍋
60
450
70
10
20
550
72
B部
120
120
150
60
420
20
40
20
70
70
100
450
300
C部
水波爐
ER-ND500（設定為東芝）
W500×D465×H412

展開圖[S=1:40]

大型家電收納於置地櫥櫃，多出來的空間就能施作小架子，放咖啡磨豆機和茶壺等大小類似的物品

置地櫥櫃最適合的型態是抽屜。就算有一定深度，拉出來也能一目了然。最下方使用高度較高的抽屜疊放鍋子等大型廚具，上面三層的抽屜高相差30mm（上面二層為70mm，第三層為100mm），便於分類零碎用品

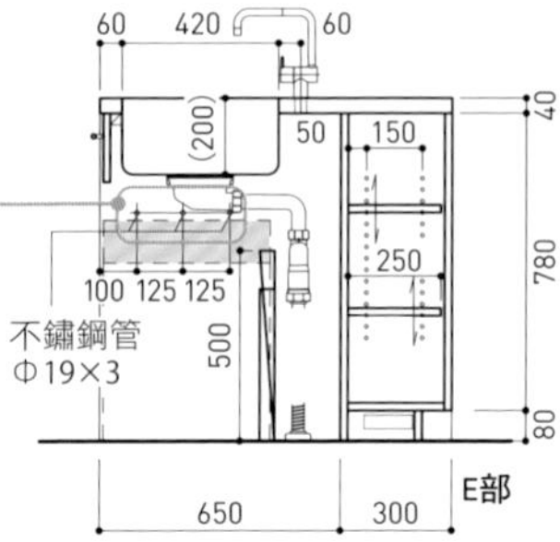
60
420
60
40
(200)
50
150
250
780
100 125 125
不鏽鋼管
Φ19×3
500
80
650
300
E部

剖面圖[S=1:40]

水槽下方放置垃圾桶，在垃圾桶上側安裝三隻不鏽鋼管，就能用來掛晾毛巾或暫時放置砧板等長型物品。管子不同於板子，不會影響水槽配管，也能透氣

由於外國製的IH爐下方沒有烤架，多出來的空間可以放置滑動式的鐵力士架，收納平底鍋等會在爐子上使用的廚具

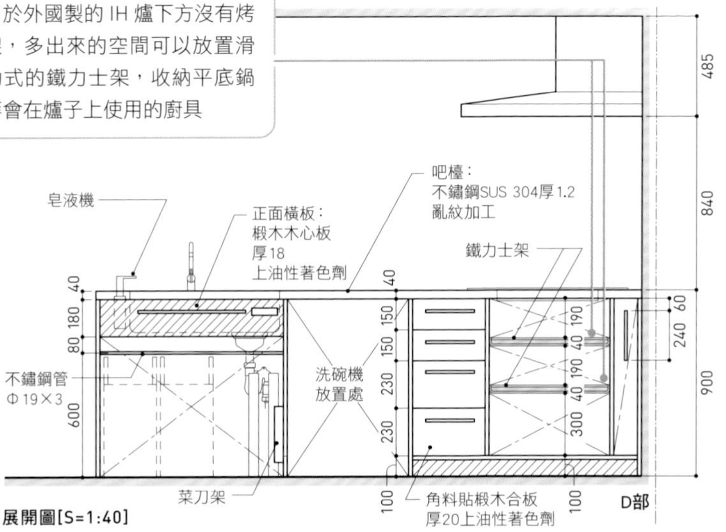
皂液機
正面橫板：
椴木木心板
厚18
上油性著色劑
吧檯：
不鏽鋼SUS 304厚1.2
亂紋加工
鐵力士架
485
840
900
40
180
80
600
不鏽鋼管
Φ19×3
洗碗機
放置處
40
150
150
230
230
190
40
190
40
300
60
240
菜刀架
100
角料貼椴木合板
厚20上油性著色劑
100
D部

展開圖[S=1:40]

「曉之家」設計：RIOTADESIGN　攝影：新澤一平

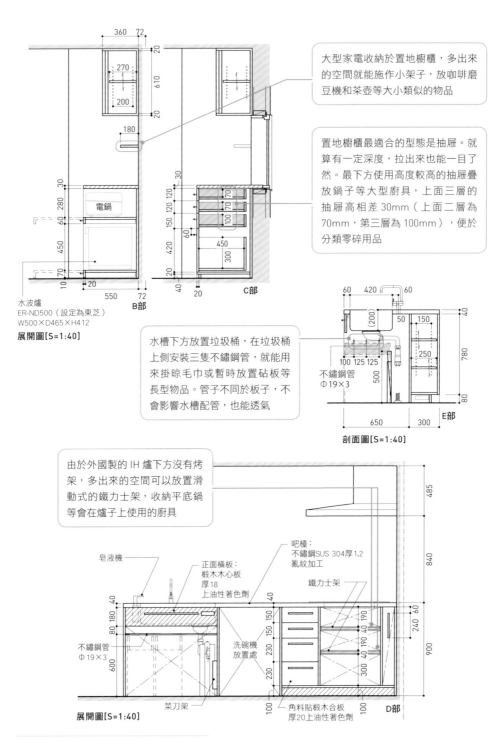

從廚房望向餐廳。廚房除了展示型收納，還設有多個抽屜，有效利用吧檯深度。半開放式廚房多半是把餐桌規劃在廚房前方，本頁案例則是規劃在廚房旁側，這種安排可以讓擺放餐具時的作業動線更流暢，站在廚房做家事的家人和其他人的互動也能更為親密。

食材儲藏室

保留連結廚房與室外的雙動線

基本範例

規劃出通往庭院與陽台等室外的動線，方便收納室外需要用的各種雜物
生活用品的備品囤放在平常看不到的地方
230mm
320～350mm
在庭院使用或是要搬到室外的物品放在靠玄關落塵區的架子裡
MoChi
350mm
300～400mm
330mm
150～200mm
最近流行的家電是碾米機，收納空間需要300～400mm 的深度
食材與調味料放在前面，方便拿取
280～375mm
部分地坪施作成落塵區，用來放置髒污和濡濕的物品
安裝大容量層板以便收納大型廚具
利用宅配服務時，就能成為搬重物的出入口

主要收納於儲藏室的物品

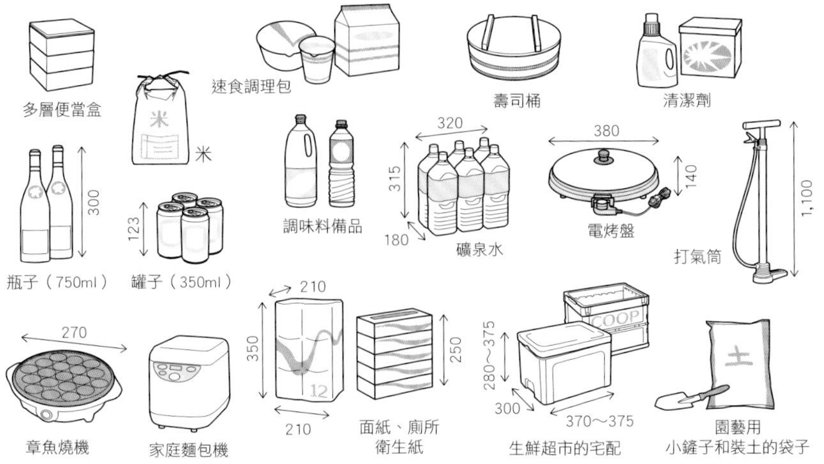
多層便當盒
米
米
速食調理包
壽司桶
清潔劑
瓶子（750ml）
300
罐子（350ml）
123
調味料備品
320
315
180
礦泉水
380
140
電烤盤
1,100
打氣筒
270
章魚燒機
家庭麵包機
210
350
210
面紙、廁所
衛生紙
250
280～375
300
370～375
COOP
生鮮超市的宅配
土
園藝用
小鏟子和裝土的袋子

廚房經常有物品進進出出，食材儲藏室就等於是支援廚房的後台。因此除了前往廚房的動線外，若能再加上通往室外的動線，活用的範圍就更廣泛了。

比如，把後門開在食材儲藏室，就能作為廚具與食材之外的物品進出管道，把生鮮超市的宅配商品直接從後門搬進食材儲藏室、或是把園藝用具收納在靠近庭院的一側等。食材儲藏室的部分地坪可以施作成落塵區，沾了泥土的蔬菜和垃圾暫時放置在這裡，也不用擔心地板沾水或是髒污。

規劃出有深有淺的收納架，就能方便拿取食材備品與生活用品，同時一併收納大型廚具；收納大盤、大鍋、電烤盤與壽司桶等大型用具時就利用較深的層板，偶爾才派上用場的廚具也能收在這裡。

倘若食材儲藏室設置於二樓廚房旁，建議規劃出小而美的後陽台，就可以暫時放置垃圾或是用來晾抹布、擦拭巾，讓食材儲藏室用起來更加方便。

［勝見紀子／ATELIER NOOK建築師事務所］

❶ 食材儲藏室只要半坪大就夠用

一般人容易有收納空間越多越好的迷思，食材儲藏室其實並不需要那麼大的空間；只要半坪大，就足以放置冰箱與微波爐等電器，還能保有一定的收納空間。例如在本頁案例中，半坪大的食材儲藏室裡頭擺放了冰箱、飲水機與可動式層架。不過，規劃將冰箱放置於食材儲藏室的時候，必須留意電源與冰箱的搬運動線。

考量安裝的機種尺寸，預先規劃搬運冰箱的動線。尤其樓梯轉彎處和食材儲藏室的入口是特別容易卡住的地方，必須多加注意。本頁案例的食材儲藏室採用雙軌拉門，只要拆下門扇便能順暢搬入

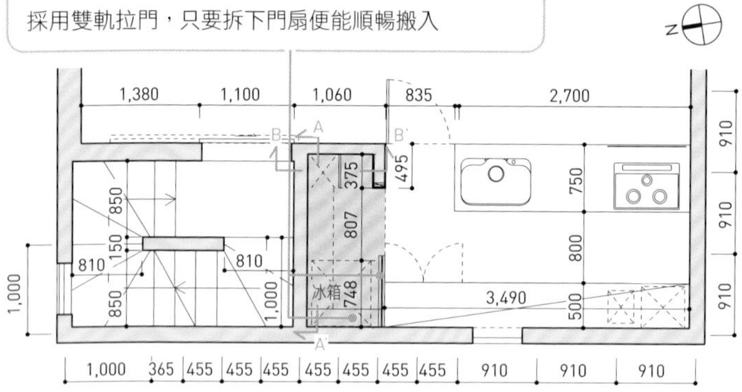

廚房平面圖[S=1:100]

雖然稍微高一點的地方不便拿取，但預先設置層板的話便能用來增加收納容量，使用起來更順手。這裡可以用來儲存避難用的緊急糧食等。

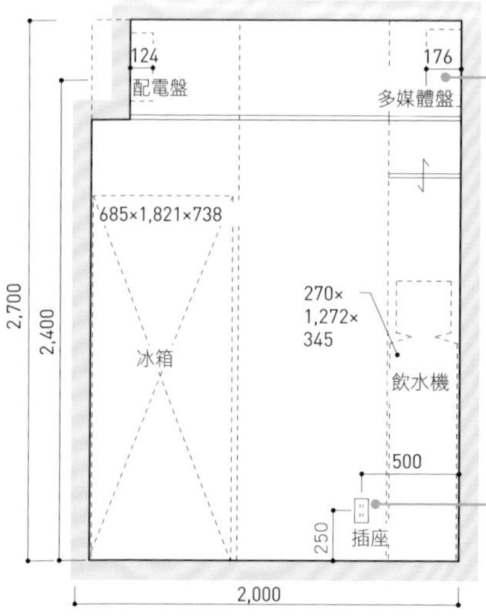

A-A' 廚房展開圖[S=1:50]

配電盤和多媒體盤等不想讓人看見的設備，就可以安裝在食材儲藏室

食材儲藏室可以收納冰箱以外的廚房家電，因此最好至少設置六個插座。本案例是三面牆各設置二個插座[※]

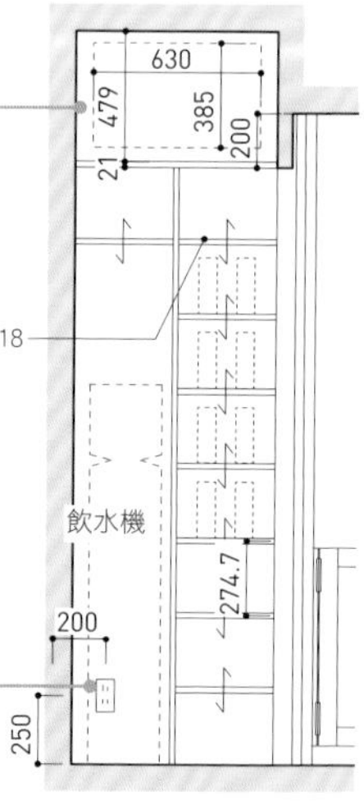

B-B' 廚房展開圖[S=1:50]

「足立之住宅」設計：LEVEL Architects　攝影：LEVEL Architects
※圖中並未畫出的剩餘二個插座設置於冰箱後方牆面。

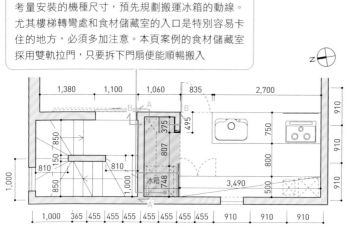

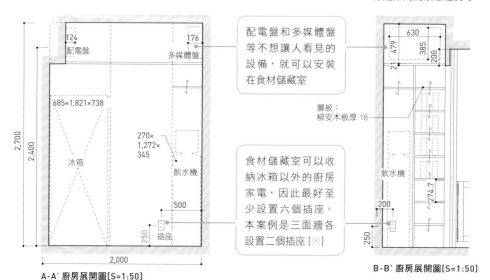

2 一坪大的食材儲藏室一分為二，提升便利性

食材儲藏室若有約一坪大小，不僅收納容量增加，也能讓前往冰箱時的動線更方便。不過如果直接在食物儲藏室與廚房之間設置門扇、把冰箱收納其中，會因為家人頻繁進出取拿冰箱裡的物品而失去分割空間的作用。因此，當食材儲藏室有一坪大小時，不妨模仿本頁案例把門扇設在儲藏室內將空間一分為二，將冰箱放置在前半部的開放區塊，就能方便家人使用。

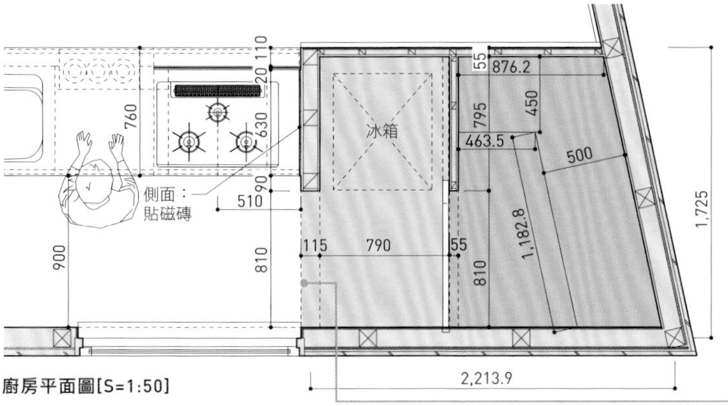

廚房平面圖[S=1:50]

一坪大的食材儲藏室一分為二：廚房與食材儲藏室前半部之間不施作門扇區隔，將冰箱放置於前半部開放區塊；食材等雜物則收納於以門扇隔開的後半部收納區，視覺上就不顯雜亂

從餐廳望向食材儲藏室。前半部是開放式儲藏室；後半部以拉門隔開，就能遮蔽掉儲藏室裡凌亂的模樣。

收納櫃下方的空間建議規劃為放置垃圾桶等大型或較重的物品

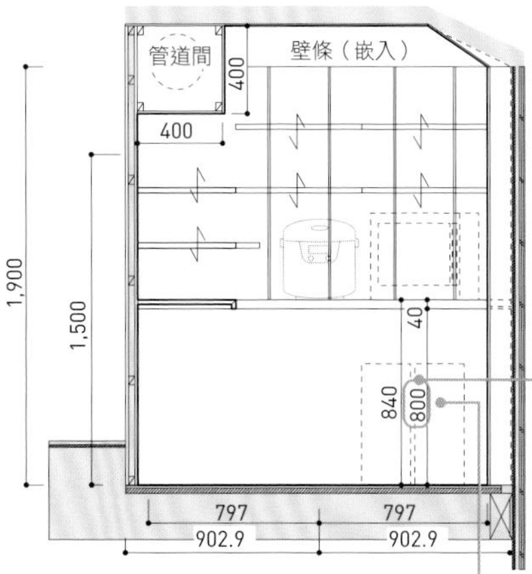

廚房展開圖[S=1:50]

收納櫃的位置比腰部高，不用蹲下便能輕鬆拿取物品。該案例是在800mm 以上處設置可動式層板

「目黑之住宅」設計：LEVEL Architects　攝影：LEVEL Architects

家事房

目標是打造靈活機動的家務辦公室

基本範例

半開放式
獨立型
設置小型書櫃，就能快速收納常用的食譜和文件檔案
書桌的隔板牆上貼布告欄，把容易四散的待處理文件彙整於此處，從一旁看起來就不會雜亂
半開放式的家事房，可以設置半個人高的隔板，外界看不到書桌上的情況，上頭放了東西也不會顯得家中凌亂
書桌上放鏡子就可以變成梳妝台
家事房規劃於客廳、餐廳、廚房、浴廁附近，就能在家事房作業同時進行其他家事
設置拉門當隔間，使用起來更方便
250mm以上
700mm
1,800mm
600mm
750mm
500mm
620mm
400mm
設置書桌，除了可以書寫紀錄、整裡小孩學校的通知單之外，容易一直擱在客廳的筆記型電腦也可以收置在這裡

主要收納於家事房的物品

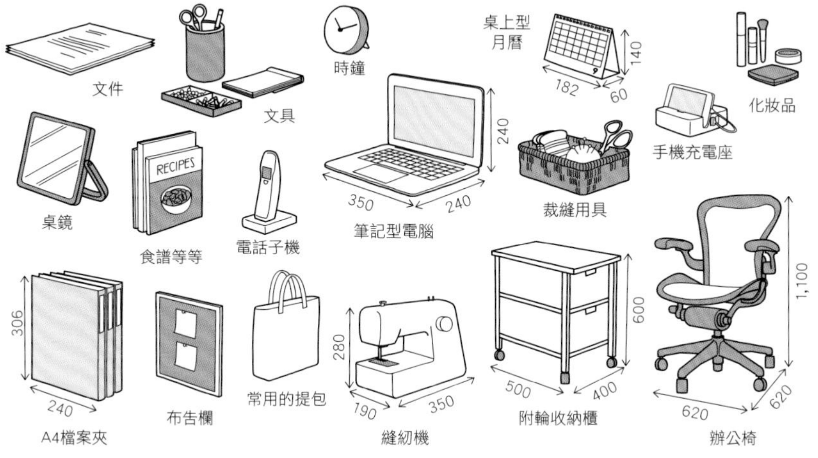
文件
文具
時鐘
桌上型
月曆
140
182
60
化妝品
手機充電座
桌鏡
RECIPES
食譜等等
電話子機
240
350
240
筆記型電腦
裁縫用具
306
240
A4檔案夾
布告欄
常用的提包
280
190
350
縫紉機
600
500
400
附輪收納櫃
1,100
620
620
辦公椅

所謂的家事房，就等於家務辦公室，在這邊可以思考三餐菜色、記帳、處理小孩從學校帶回來的通知單等各式各樣的作業，以及收納這些作業所需的用品。在平面面積有限的案子中，規劃上容易犧牲家事房，但其實設置家事房可以讓居家環境不容易雜亂，也能大幅提升做家事的效率。

家事房的大小原則上只需要〇・七坪到一・五坪就夠用，可以放置桌椅、小書櫃和布告欄。布告欄是整理待處理文件的好幫手，椅子建議使用工作用的辦公椅為佳，而非簡便的鐵管椅。

倘若家事房設置於客廳・餐廳一角，建議使用相對低調的設計手法，以免破壞空間氣氛。比如，採用不容易看到桌上亂七八糟的半開放式書桌，利用隔板遮擋視線、或利用較低的書櫃當隔間。空間上不適合半開放式書桌時，也可以在書櫃或書桌下方加設門片，用完後隨手關上，就能讓視覺上保持清爽。

［勝見紀子／ATELIER NOOK建築師事務所］

1 以腰牆環繞家事房，打造半開放空間

家事房是用來記帳、處理文件等作業的重要空間。但如果只是在客廳・餐廳的一角施作嵌在牆面上的書桌來權充家事房，不免會發生桌面凌亂礙眼的問題。想要打造不破壞空間氣氛的家事房，建議可以設置在廚房與洗衣機之間的動線上，加上腰牆圍塑，就可以兼具隱蔽性又能有效提升家事效率。

立板表面加工成可以當布告欄使用，更為方便

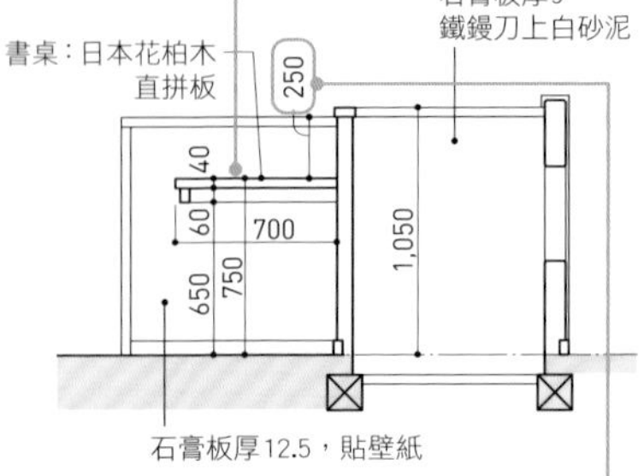

石膏板厚9
鐵鏝刀上白砂泥
書桌：日本花柏木直拼板
250
40
60
700
650
750
1,050
石膏板厚12.5，貼壁紙

家事房展開圖[S=1:60]

最好設置高出書桌頂板 200～250mm 的立板，以免桌上的零碎物品盡入眼簾

家事房主要是進行文書性作業，大小約 0.7～1 坪（1,820×1,820mm）即可

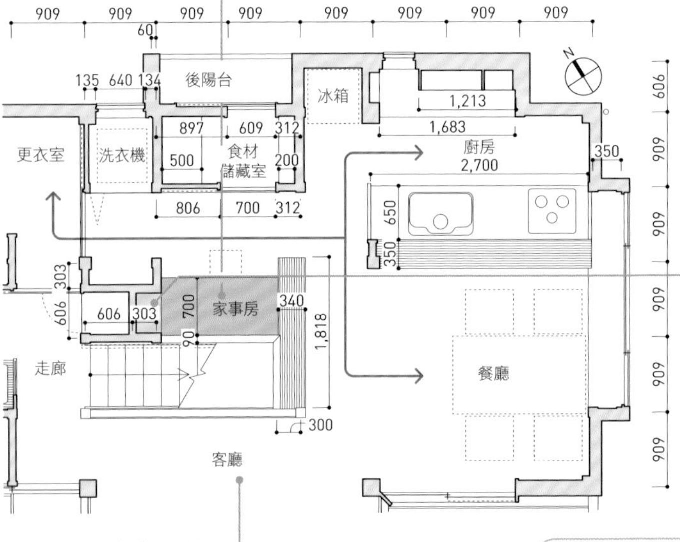

909
60
135
640
134
後陽台
冰箱
1,213
1,683
606
897
609
312
更衣室
洗衣機
500
食材儲藏室
200
廚房
2,700
350
806
700
312
650
350
303
606
303
700
家事房
340
1,818
90
走廊
餐廳
300
客廳
N

設置深度 300mm 的書櫃，用以收納 A4 大小的書籍與文件

客廳・餐廳與廚房平面圖[S=1:100]

家事房的規劃最好在坐著就能環視客廳・餐廳這類方便與家人溝通的位置

「OK家」設計：ATELIER NOOK建築師事務所　攝影：新井聰

2 家事房規劃為迴遊動線的一部分，提升家事效率

在洗衣與烹飪等家事區打造迴遊動線，便能大幅提升做家事的效率。因此設計上建議把家事房規劃在家事迴遊動線上，也能便於處理記帳、確認小孩學校發的通知單等家務事。若能在洗衣、烹飪等作業空間設置各自所需的收納櫃，並把儲藏室與衣櫥也配合規劃於迴遊動線可達之處，就更顯便利。

家事房隔壁的洗衣間裡必須收納洗衣粉和毛巾等繁多備品，最好在此施作木作收納櫃

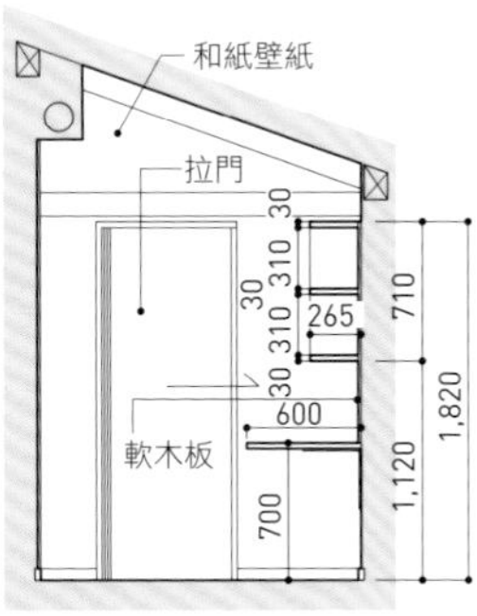

家事房剖面圖[S=1:80]

家事房裡施作拉門，只要拉上就能成為密閉空間；同時也可以設置吊櫃來收納家計簿等物品，避免桌面散亂。吊櫃與桌子之間張貼軟木板，可以用來釘便條

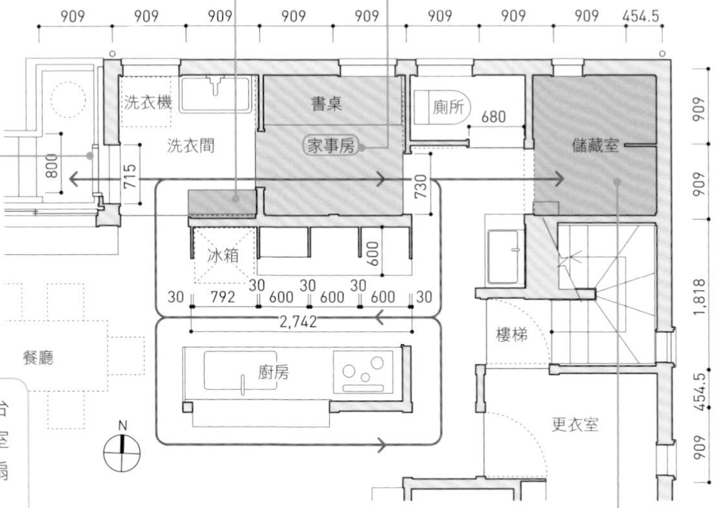

因為樓梯平台狹窄，面對室外樓梯的門扇採用拉門

2樓平面圖[S=1:100]

儲藏室位於迴遊動線可達之處，由於通往廚房很方便，因此也能用來儲藏食材

「TM家」
設計：ATELIER NOOK建築師事務所
攝影：渡邊慎一

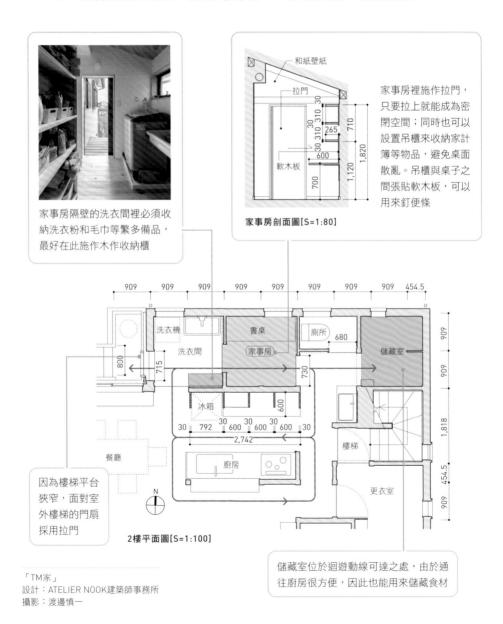

晾衣場

室內外晾衣場都是必備空間

基本範例

挑高空間溫度較高、空氣較為流通，能讓衣物容易乾，因此也可利用此處作為室內晾衣場

天花板安裝晾衣桿時，必須補強天花板骨架

在柱與柱之間架設晾衣桿時，若長度超過2,000mm 以上，必須在中間施作支撐，以免晾衣桿撓曲變形

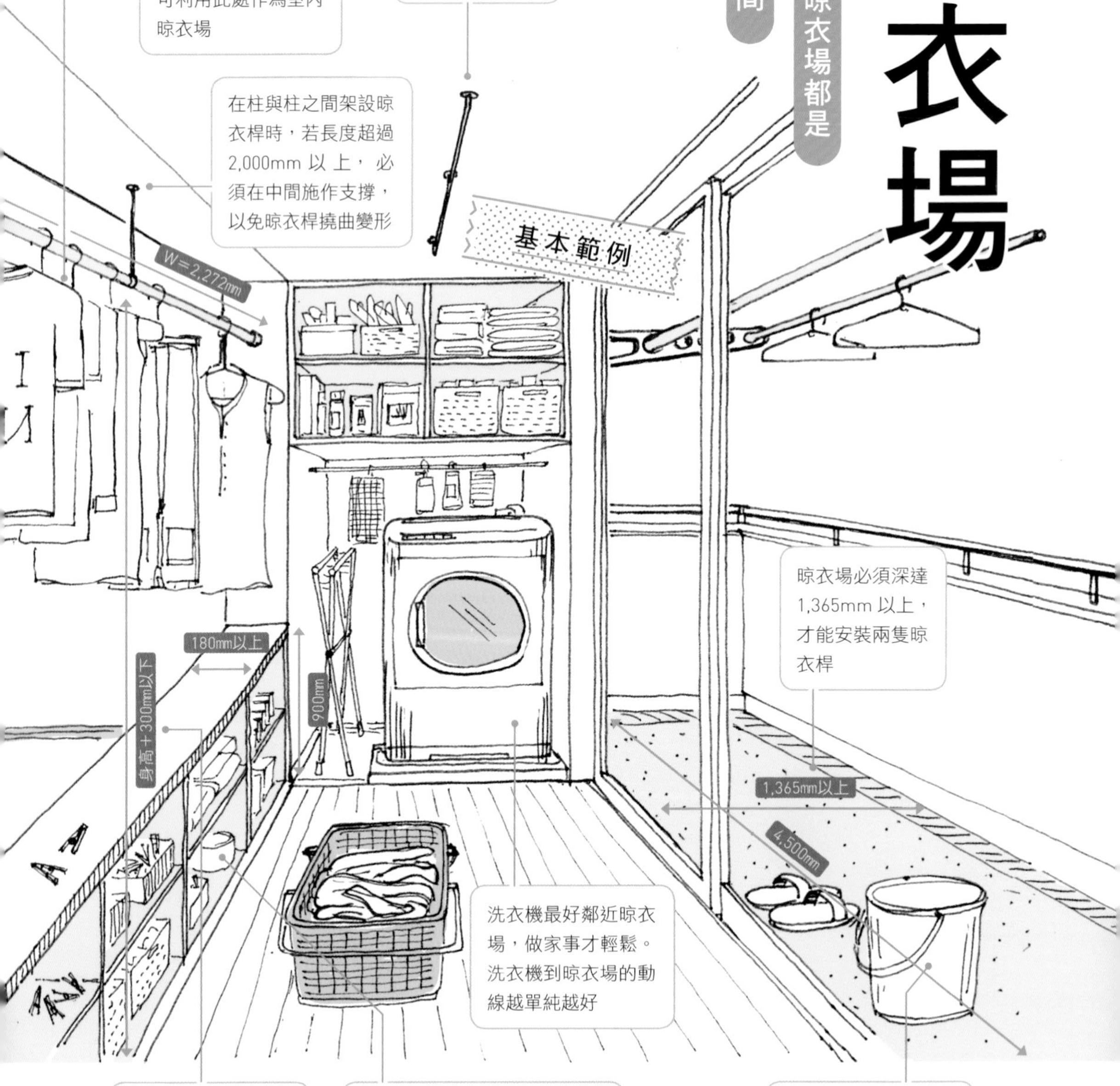

晾衣場必須深達1,365mm 以上，才能安裝兩隻晾衣桿

洗衣機最好鄰近晾衣場，做家事才輕鬆。洗衣機到晾衣場的動線越單純越好

高度規劃於身高＋300mm 以下，方能輕鬆懸掛衣物

規劃時別忘了晾衣用品的收納空間。除了洗手間，亦可設置於走廊的牆面

一根晾衣桿的長度至少是 4,500mm，晾衣場的長度以此為標準

主要收納於晾衣場的物品

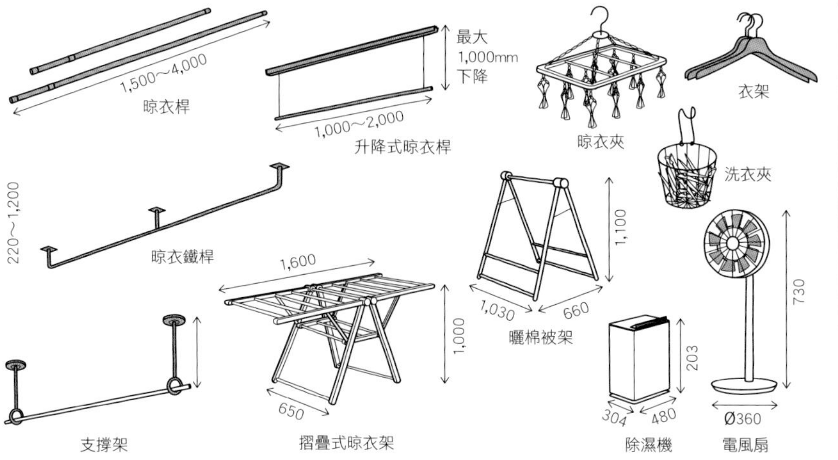
1,500～4,000
晾衣桿
最大
1,000mm
下降
1,000～2,000
升降式晾衣桿
晾衣夾
衣架
洗衣夾
220～1,200
晾衣鐵桿
1,100
1,030
660
曬棉被架
1,600
1,000
650
摺疊式晾衣架
支撐架
203
304
480
除濕機
730
Ø360
電風扇

近年來室內晾衣場越來越受歡迎，多數的屋主都希望家中能有一個。這麼一來，就可以晚上洗好衣服晾在室內，白天再拿到室外；若遇到下雨天，晾在室外的衣服也不容易乾，不如晾在家裡；花粉四散的季節，把衣服晾在室內也能預防花粉症。室內晾衣一方面能有效滿足現代人的生活型態需求，還能避免洗好衣物無處可去而四處散落。

挑高的空間就算照不到太陽，溫度還是比較高，空氣也容易流通，衣物晾在這裡自然容易乾。只要把晾衣桿高度設計在身高加上300mm處，掛衣服就很順手；若使用升降式晾衣桿，也能有效利用晾衣桿下方的空間。另外，許多人會利用電風扇或除濕機加速乾燥的速度，因此也必須規劃放置這些輔助家電用品的空間，以免影響通行。

規劃時，建議一併安排室內與室外晾衣場，讓洗衣機與室內外晾衣場的動線順暢，提升洗衣、晾衣與收衣的效率。

[勝見紀子／ATELIER NOOK建築師事務所]

1 「洗・晾・疊・收」，所有動作在一個空間就能完成

夫婦兩人都在工作的雙薪家庭，因為在家時間有限，往往希望盡可能減少花費在家事上的時間，因此本頁案例中把所有洗衣相關的作業彙整於同一條動線上，以提升效率。換句話說，就是讓「洗・晾・疊・收」的作業空間相互比鄰，省下不必要的移動。設計時若能預先規劃通風良好的室內環境，不管是外出還是睡覺時都能在室內晾衣服。

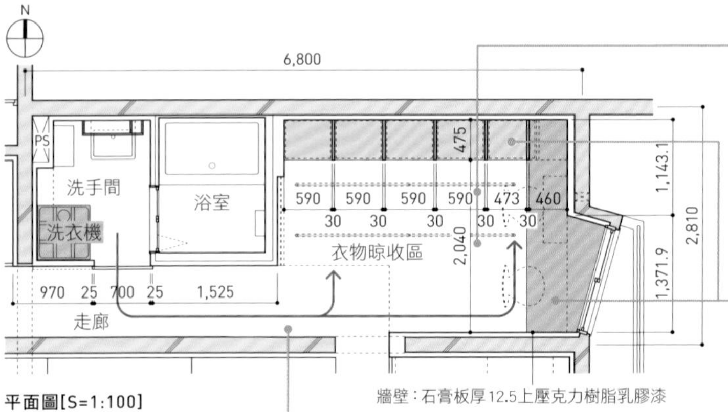

N
6,800
PS
洗手間
洗衣機
浴室
475
590
590
590
590
473
460
30
30
30
30
30
衣物晾收區
2,040
1,143.1
2,810
1,371.9
970
25
700
25
1,525
走廊
牆壁：石膏板厚12.5上壓克力樹脂乳膠漆

平面圖[S=1:100]

原本就預定在室內晾衣，因此在室內安裝晾衣桿。晾衣桿長度約 2,700mm，不需摺疊的衣物也可以一直掛在上面

晾衣桿附近設置工作台，可以熨燙晾乾的衣服、之後摺疊好直接收進牆面的收納櫃

把洗衣間、晾衣桿（室內晾衣兼臨時收納）、工作台與收納櫃規劃於同一處，消除不必要的移動，提升家事效率

由於鄰近窗戶，因此空氣十分流通。只要在這裡安裝空調機，外出時關上門窗也能徹底乾燥衣物。

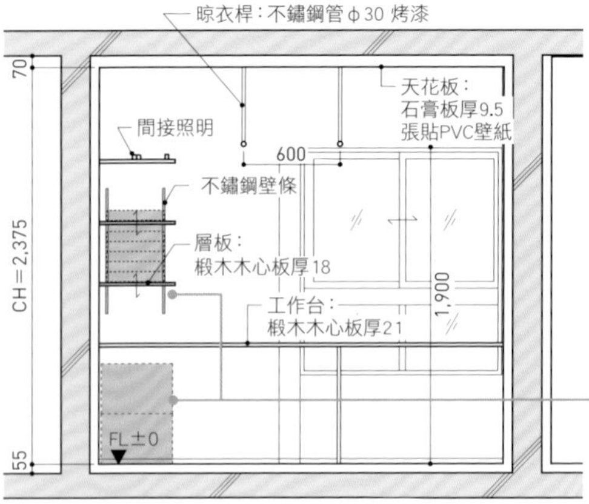

晾衣桿：不鏽鋼管ϕ30 烤漆
天花板：
石膏板厚9.5
張貼PVC壁紙
間接照明
600
不鏽鋼壁條
層板：
椴木木心板厚18
工作台：
椴木木心板厚21
1,900
70
CH=2,375
55
FL±0

牆面上方設置工作櫃，以便摺疊衣物；下方設置收納箱以便收納毛毯等大型物品

剖面圖[S=1:60]

「晝之光　夜之明」設計：DESIGN LIFE STUDIO　攝影：石田篤

2 附天窗的室內晾衣場，是雙薪家庭的好幫手

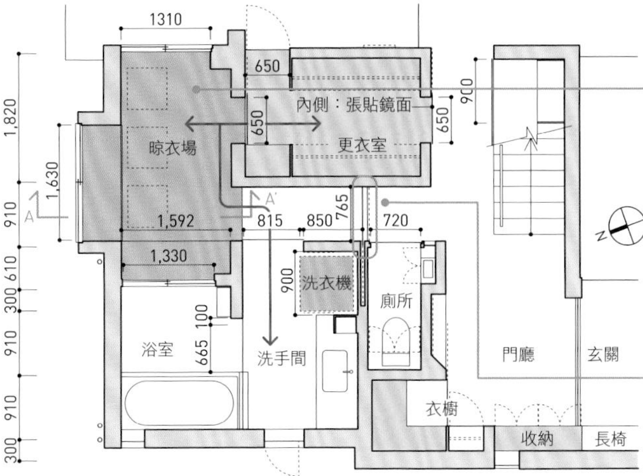
1310
650
內側：張貼鏡面
650
650
900
晾衣場
更衣室
1,820
1,630
910
1,592
815
850
765
720
1,330
610
300
900
洗衣機
廁所
100
910
浴室
665
洗手間
門廳
玄關
910
衣櫥
300
收納
長椅

1樓平面圖[S=1:120]

規劃從晾衣場直通洗手間和更衣室的動線，和洗衣相關的家事全部都在鄰近的空間完成

一樓的家事房位於玄關門廳隔壁，以門扇相隔就不擔心客人看見

室內晾衣場的優點，在於不在家也不需要擔心下雨來不及收，對雙薪家庭來說是十分重要的幫手。室內晾衣場需要充足的光線與通風，最好使用可以調整濕度的室內建材。本頁案例中的室內晾衣場，設置了三扇面向不同方向的窗戶，打造出讓空氣充分流通的環境。天花板也安裝了三扇天窗，即使是位在北側的晾衣場，依舊能光線充足，加快衣物乾燥的速度。

為晾衣場引進充足的自然光。本案例將晾衣場規劃在家中北側，加上天窗就能提升乾燥效果〔※〕

連結浴室出入口和凸窗的膳板有一定深度，可以作為暫時放置待洗的衣物等工作台

晾衣場的牆面建議使用具備調節濕度機能的建材，例如本案例使用的是驪住 LIXIL 的「伊奈健康壁磚」

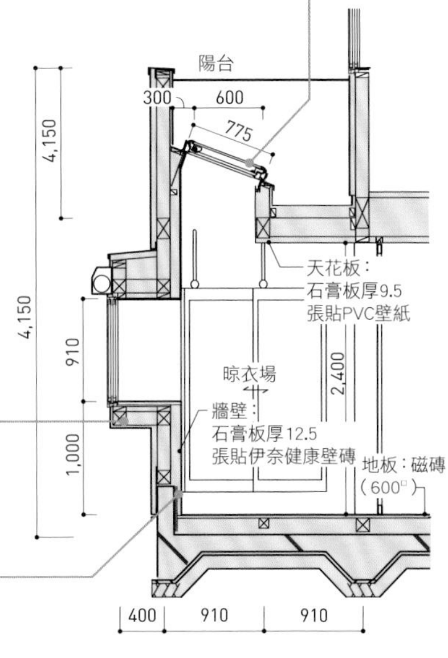
陽台
300
600
775
4,150
4,150
天花板：
石膏板厚9.5
張貼PVC壁紙
910
晾衣場
2,400
牆壁：
石膏板厚12.5
張貼伊奈健康壁磚
地板：磁磚
（600□）
1,000
400
910
910

A-A' 晾衣場剖面圖[S=1:80]

「欒之家」設計：Kashiwagi Sui Associates　攝影：上田宏

※ 冬天時需要啟動一台乾燥機。

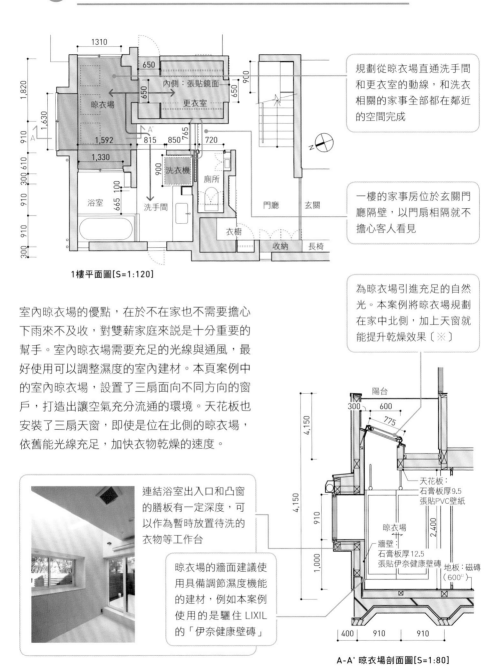

基本範例

洗手間

以大容量塔式收納搭配「個人收納籃」

300mm
600mm
200mm
1,800mm以上
150mm
165mm
535mm

洗手間適合使用大容量的塔式收納，建議規劃 300mm 深的淺櫃子以便一眼就能直接確認。層板間隔設定為 200mm，增加層板數量

上方安裝採光用的固定高窗引進自然光，這樣就能在不易出現陰影的明亮環境下化妝

收納櫃裡若能設置吹風機、電動牙刷等家電使用的插座，就能讓洗手台四周更顯清爽

洗衣機上方安裝吊櫃或是層板來增加收納空間

吊櫃下方安裝掛衣桿，就能掛衣架或毛巾，增加便利性

洗手台的長度必須要在 1,800mm 以上（二個洗手盆寬度），以便放置個人收納籃

使用個人收納籃，讓家裡每個人都能整理屬於自己的物品

收納櫃保留部分空間，以因應未來孩子成長和物品隨時間增加的情況

開放式的洗手台下方可施作氣窗

洗手台和塔式收納並排需要一定大小的空間，施作成垂直排列以節省空間

在洗手台下方施作一層開放式層板，以收納籃收納吹風機等常用物品，放置於此。下方則放置垃圾桶、洗衣籃與寵物廁所等

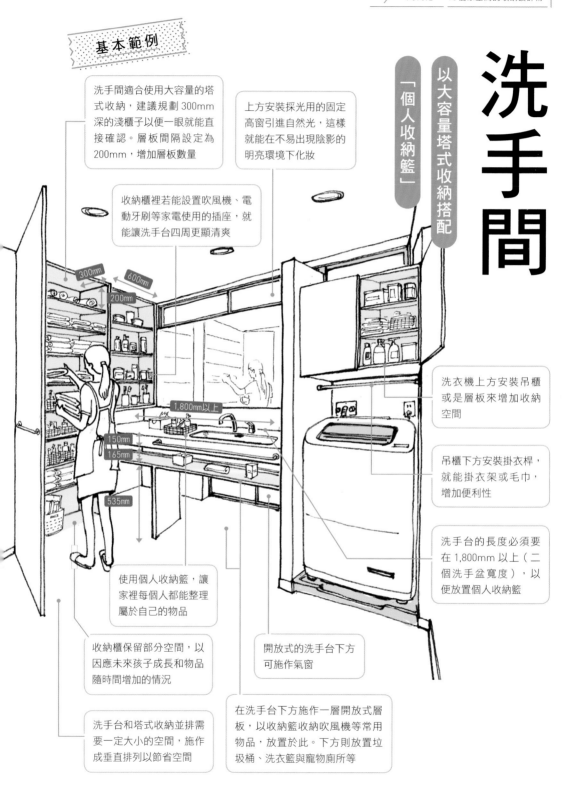

主要收納於洗手間的物品

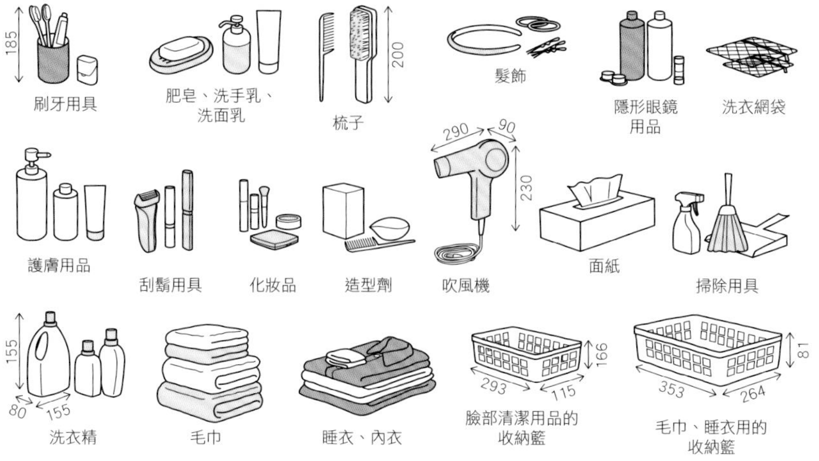
185
刷牙用具
肥皂、洗手乳、洗面乳
梳子
200
髮飾
隱形眼鏡用品
洗衣網袋
護膚用品
刮鬍用具
化妝品
造型劑
290
90
230
吹風機
面紙
掃除用具
155
80
155
洗衣精
毛巾
睡衣、內衣
293
115
166
臉部清潔用品的收納籃
353
264
81
毛巾、睡衣用的收納籃

洗手間是全家每個人每天都要用上好幾次的地方，同時使用的目的、不盡相同，若是個人要用的東西全都直接擺在洗手台上，馬上就變得一團混亂。為了整理所有人的物品，可以在洗手台下方或三面鏡後方設置大容量的塔式收納。

倘若空間狹窄、不便施作塔式收納櫃時，也可以在洗手台下方施作多個層架或抽屜這類高密度收納空間，或是在附近的走廊施作收納空間。

洗手間的物品，建議利用個人收納籃（家中所有人分別各自使用的收納籃）來加以收納，使用時把整個收納籃拿到洗手台上，使用完畢後再把整個收納籃收回原本的位置。這麼一來，就算收納籃中凌亂不堪，東西也不會散落到其他地方。在充滿清潔感的白色收納籃貼上標籤，就能方便掌握籃中的物品。

孩子還小的家庭最好保留一定的收納空間，以因應未來隨著孩子成長而增加的生活用品收納需求。

［水越美枝子／atelier Sala］

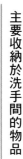

1 利用塔式收納與收納籃整理洗手間雜物，營造清爽視覺效果

牙刷、牙膏、化妝品、清潔劑、吹風機以及毛巾等等各類零碎物品，都會出現於洗手間，因此建議從地板到天花板都規劃成塔式收納，就能活用所有空間。只要根據使用者與類別，把這些瑣碎雜物分門別類裝進市售的「個人收納籃」，就能方便拿取，又能保持整齊美觀。

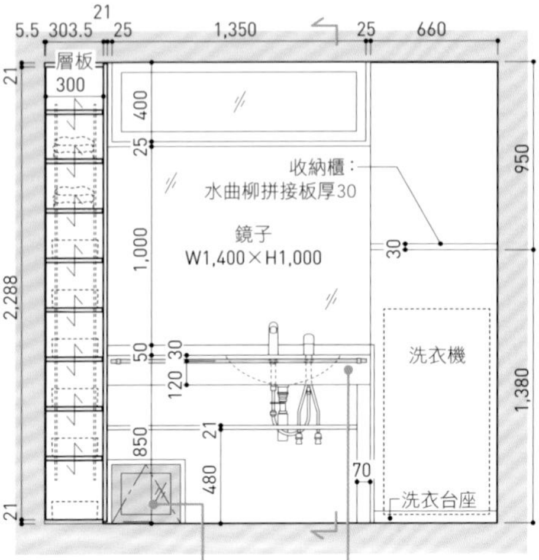

正面圖[S=1:50]

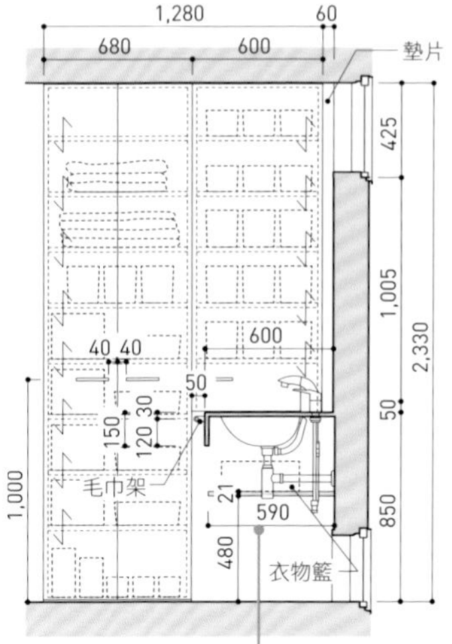

剖面圖[S=1:50]

洗手台下方施作氣窗，即使把寵物廁所設置於此，也能讓臭味排向室外

因為塔式收納可能占用掉所有牆面，毛巾架可以安裝在洗手台檯面下包處，最好使用不鏽鋼等不易髒污的材質

層板的正確高度與深度會根據收納物品而有所不同，規劃時必須事先決定所收納的物品

左：牆面下方安裝吊桿，用於收納晾衣用的衣架。晾衣服需要許多零碎的用品，活用牆面空間以收納晾衣相關的眾多雜物。
右：擴大鏡面、設置高窗，促使光線擴散至室內與收納櫃中，讓洗手間更顯明亮。

「南家」設計：atelier Sala　攝影：永野佳世

把洗手間的一整面牆都設計成收納櫃，使用可動式層板就能隨時因應收納籃跟物品大小調整。利用規格相同的市售收納籃來整理，即使東西多也不顯凌亂，又能方便拿取。為讓收納空間永保井然有序，建議交屋前就把收納籃一併提供給業主，建立使用習慣。

只要使用和牆面相同顏色的門片，即使是從地板直通天花板的塔式收納櫃，一關上門也就成為牆面的一部分，營造空間整體性，顯得清爽俐落。

「南家」設計：atelier Sala　攝影：永野佳世

2 木框搭配市售收納櫃展現訂製家具的效果

市售鏡櫃是節省成本的幫手，卻不免予人和牆面「不搭」的感覺；若為鏡櫃加上一圈木框，就能營造出訂製家具的感覺。洗手台頂板與木框採用相同樹種與加工方式，就能讓風格統一。木框內的空格用來擺放照片和雜貨等裝飾品，單調無趣的廁所也能變成舒適的空間。

地板、牆面與天花板皆為素色的空間，搭配柔和的木紋，營造溫柔的空間印象。木框內的另一側收納櫃是運用小物來裝飾的空間。

洗手台的頂板與木框採用相同樹種與加工方式，營造一體感

延長洗手台加強空間深度。上廁所時只要掀開頂板即可使用

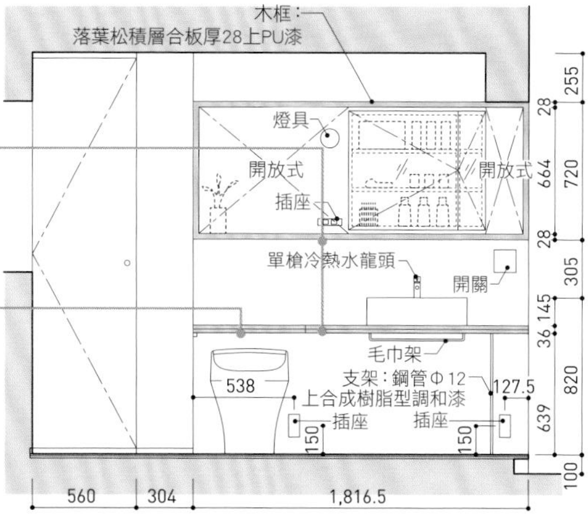
木框：
落葉松積層合板厚28上PU漆
燈具
開放式
插座
開放式
單槍冷熱水龍頭
開關
毛巾架
支架：鋼管Φ12
上合成樹脂型調和漆
538
127.5
插座
插座
150
150
255
28
664
720
28
305
145
36
820
639
100
560
304
1,816.5

正面圖[S=1:50]

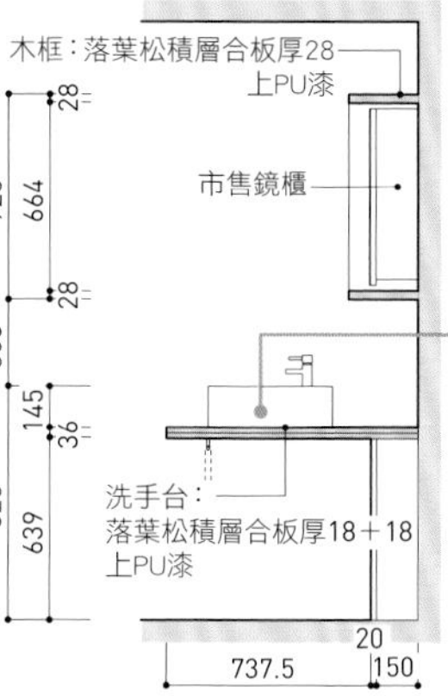
木框：落葉松積層合板厚28
上PU漆
市售鏡櫃
洗手台：
落葉松積層合板厚18＋18
上PU漆
28
664
720
28
305
145
36
820
639
20
737.5
150

剖面圖[S=1:50]

面盆不嵌入洗手台，而是放置於洗手台上方，顯得輕盈

木框比市售鏡櫃深 74mm，藉以強調木框，降低市售鏡櫃的印象

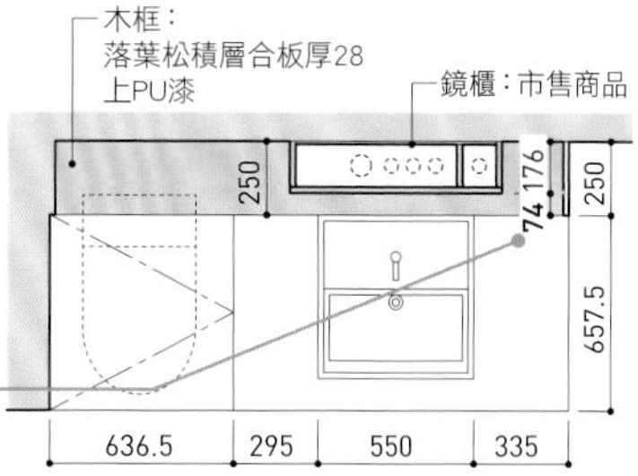
木框：
落葉松積層合板厚28
上PU漆
鏡櫃：市售商品
250
74
176
250
657.5
636.5
295
550
335

平面圖[S=1:50]

「區隔的形狀」設計：DESIGN LIFE STUDIO　攝影：石田篤

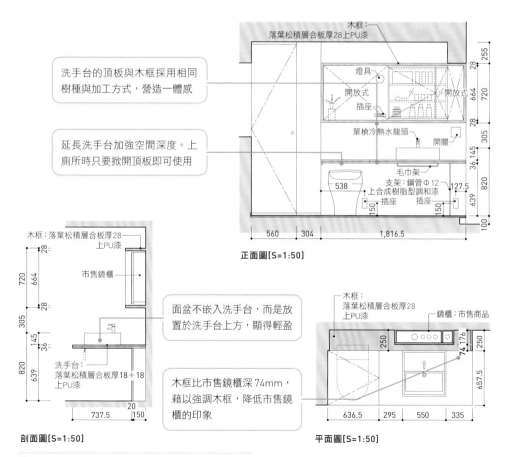

③ 放入「整面」木作收納家具，營造出如同牆面的效果

想要統一洗手間等狹窄空間的氣氛，建議把木作收納家具做成「牆面的一部分」。例如抽屜選擇內凹把手，外觀顯得清爽俐落。想要打造好用順手的收納櫃，必須把門片安裝於容易開關的高度，配合收納物品仔細設定層板的尺寸與高度等等。

收納櫃的深度基本上規劃得較淺，以便能目視確認收納了哪些物品。層板配合收納的物品，精準調整高度，使用起來更方便。置地的收納櫃用來收納孩子的書包等物品。

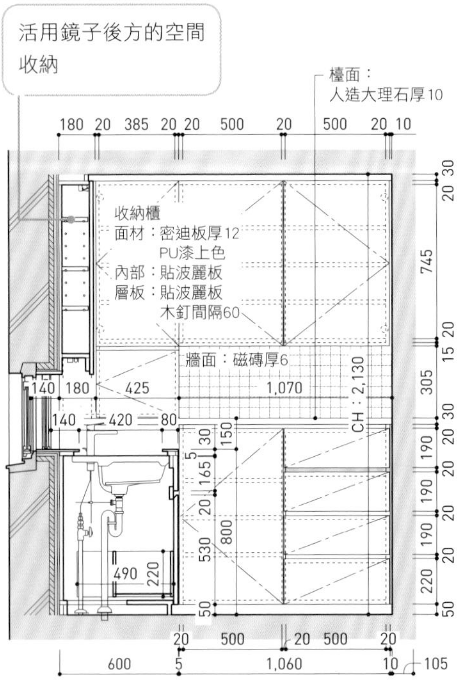
活用鏡子後方的空間收納
檯面：人造大理石厚10
收納櫃
面材：密迪板厚12
PU漆上色
內部：貼波麗板
層板：貼波麗板
木釘間隔60
牆面：磁磚厚6
CH：2,130
180 20 385 20 20 500 20 500 20 10
140 180 425 1,070
140 420 80
600 5 1,060 10 105
20 500 20 500 20

洗手間展開圖A[S=1:40]

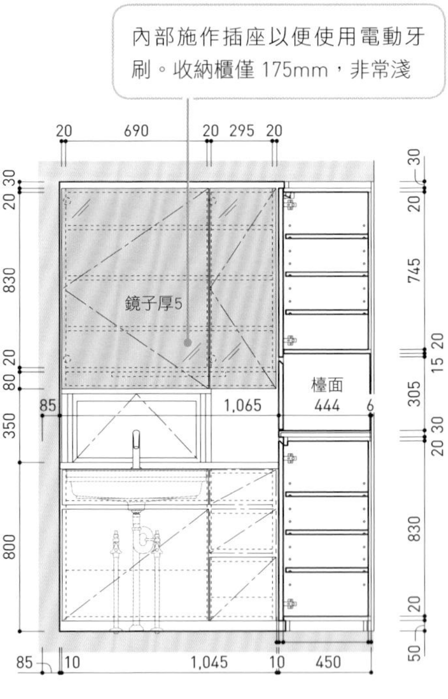
內部施作插座以便使用電動牙刷。收納櫃僅175mm，非常淺
20 690 20 295 20
鏡子厚5
檯面
444
85 1,065 6
85 10 1,045 10 450

洗手間展開圖B[S=1:40]

「山手町之家」設計：八島建築設計事務所　攝影：松村隆史

關上門和抽屜的狀態。沒有門把與抽屜把手的空間清爽俐落，白色面材呈現清潔感。

隱藏區

設計出展示區和

廁所

基本範例

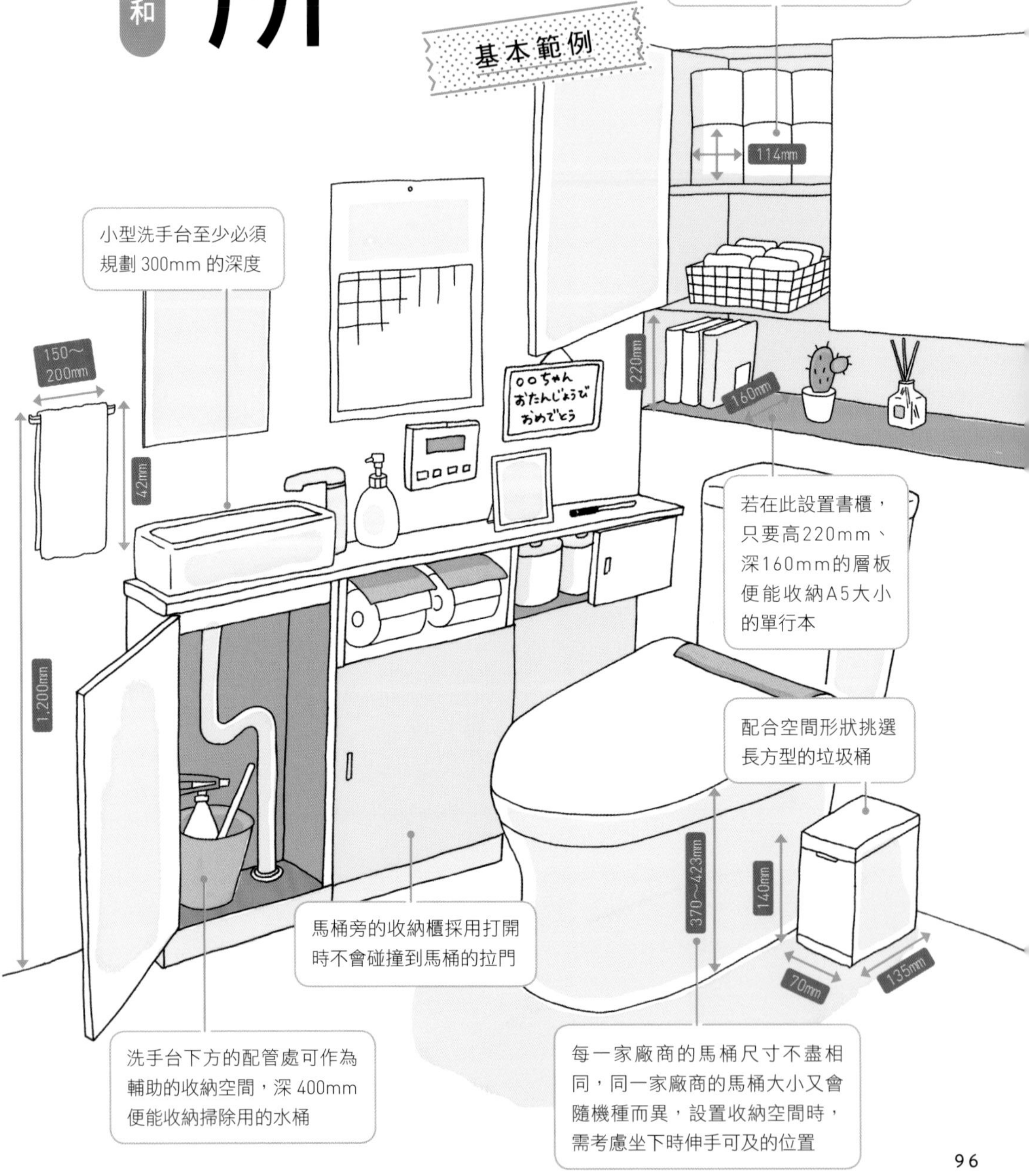
廁所衛生紙的尺寸是一捲114×114mm；12捲包裝大約需210×210×350mm的基本空間
114mm
小型洗手台至少必須規劃300mm的深度
150～200mm
42mm
1,200mm
○○ちゃん
おたんじょうび
おめでとう
220mm
160mm
若在此設置書櫃，只要高220mm、深160mm的層板便能收納A5大小的單行本
配合空間形狀挑選長方型的垃圾桶
370～423mm
140mm
70mm
135mm
馬桶旁的收納櫃採用打開時不會碰撞到馬桶的拉門
洗手台下方的配管處可作為輔助的收納空間，深400mm便能收納掃除用的水桶
每一家廠商的馬桶尺寸不盡相同，同一家廠商的馬桶大小又會隨機種而異，設置收納空間時，需考慮坐下時伸手可及的位置

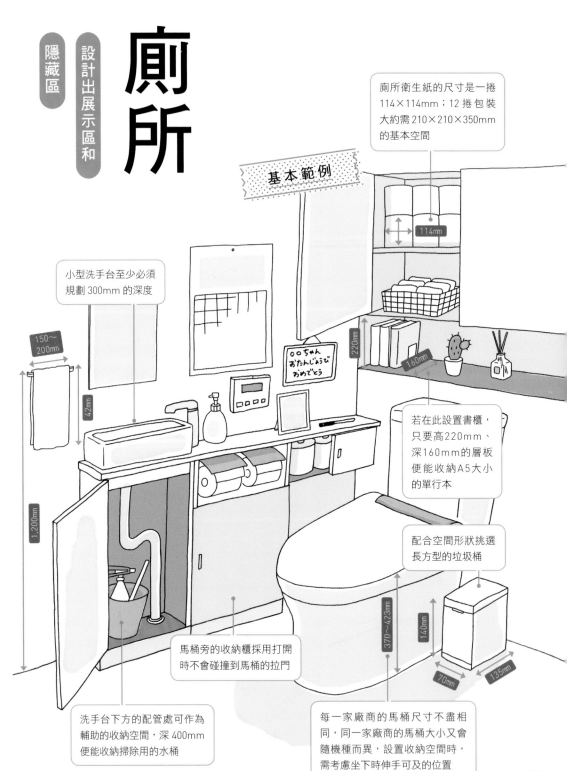

主要收納於廁所的物品

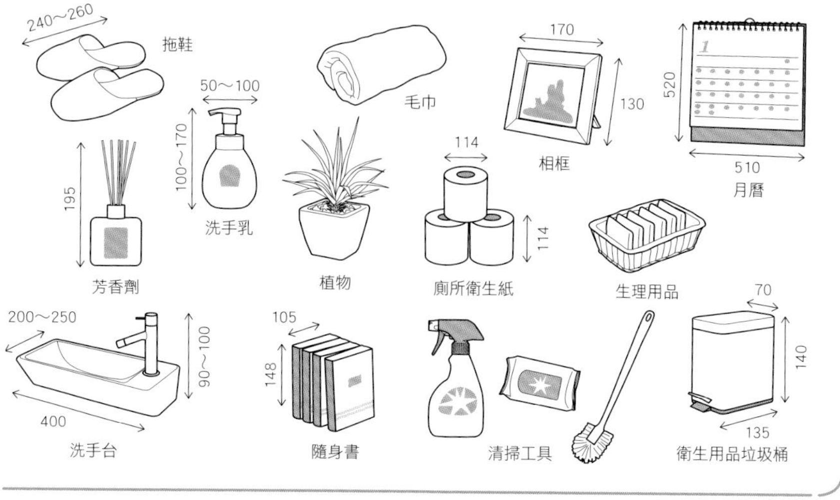
240～260
拖鞋
50～100
100～170
毛巾
170
130
相框
520
510
月曆
195
芳香劑
洗手乳
植物
114
114
廁所衛生紙
生理用品
70
140
200～250
90～100
400
洗手台
105
148
隨身書
清掃工具
135
衛生用品垃圾桶

廁所由於使用目的明確，容易維持整潔。然而需要的物品和想擺設的物品卻出乎意料地繁多。若在廁所中規劃小型收納空間，便能整理得更順手。

檯面下方建議規劃為收納廁所衛生紙的空間，如此一來坐在馬桶上也伸手可拿。倘若洗手台要安裝在檯面上，必須考慮面盆的形狀和放置毛巾、洗手乳的空間。

洗手台下方有配管，若此處收納容量不夠時，可另行安裝吊櫃。利用馬桶後方的空間設置吊櫃，建議使用深度較淺者比較方便。250mm深的層板便能收納兩排廁所衛生紙。

除了用附門收納櫃來收拾廁所衛生紙等想隱藏的物品外，若規劃開放式的展示架，就能擺設花草或是當作書架使用。

客人用的廁所需要留意隱藏式收納，位於寢室所在樓層的廁所則必須為屋主一家人設計，例如配合坐下時的視線高度，懸掛月曆或是留言板等，也能成為全家人溝通的工具。

[勝見紀子／ATELIER NOOK建築師事務所]

1 後方收納齊平，打造空間延伸感

二樓向北的廁所（衛浴間）採用白色牆面並施作天窗，以便引進光線進而在室內擴散。木作收納櫃配合牆面選擇白色，層板則保留木材質感以形成對比。洗手台正面的鏡櫃與馬桶後方的收納櫃正面齊平，營造出空間延伸之感。

廁所的天窗容易因為浴室的溼氣而結露，必須特別留意，一定要安裝結露導槽

收納櫃設置於掀開馬桶蓋也不會碰撞的高度，或是坐在馬桶上便能拿取物品的位置

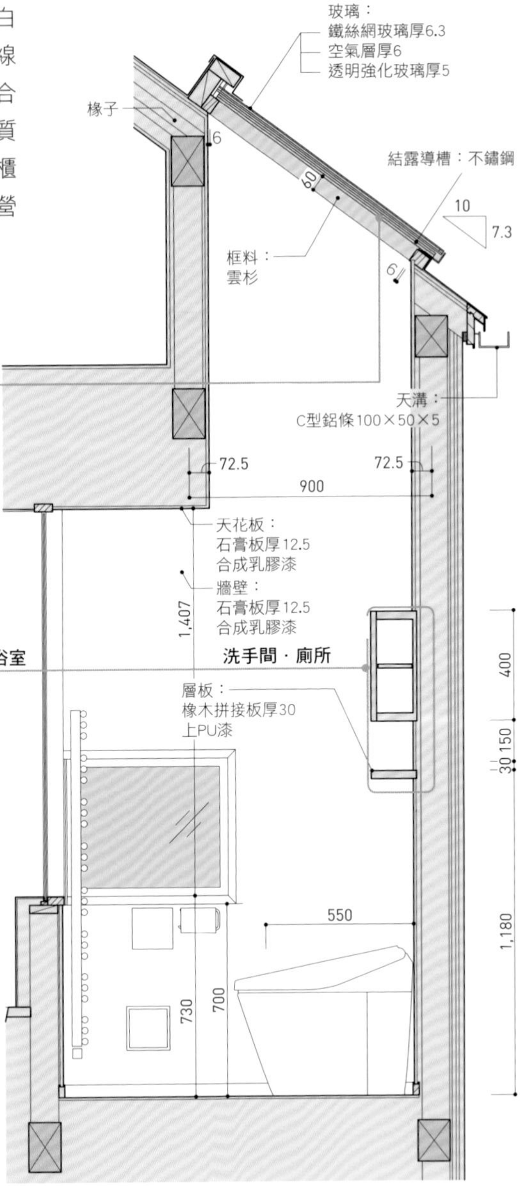
玻璃：
鐵絲網玻璃厚6.3
空氣層厚6
透明強化玻璃厚5
椽子
結露導槽：不鏽鋼
10
7.3
框料：
雲杉
天溝：
C型鋁條100×50×5
72.5
72.5
900
天花板：
石膏板厚12.5
合成乳膠漆
牆壁：
石膏板厚12.5
合成乳膠漆
1,407
浴室
洗手間．廁所
層板：
橡木拼接板厚30
上PU漆
400
150
30
550
1,180
730
700

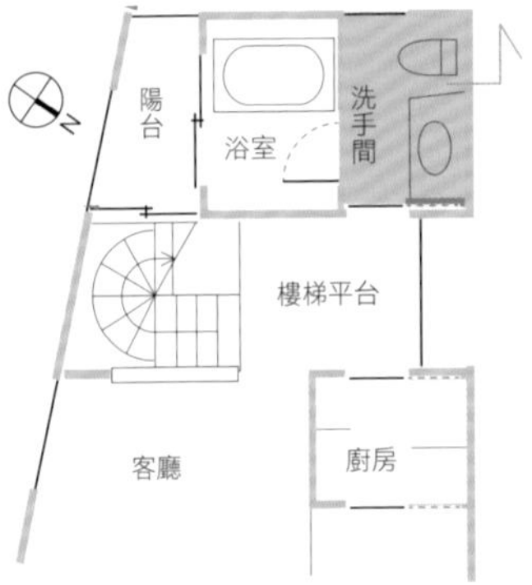
陽台
浴室
洗手間
樓梯平台
客廳
廚房

平面圖[S=1:150]

剖面詳圖[S=1:30]

「經堂之家」設計：bleistift　攝影：富田治

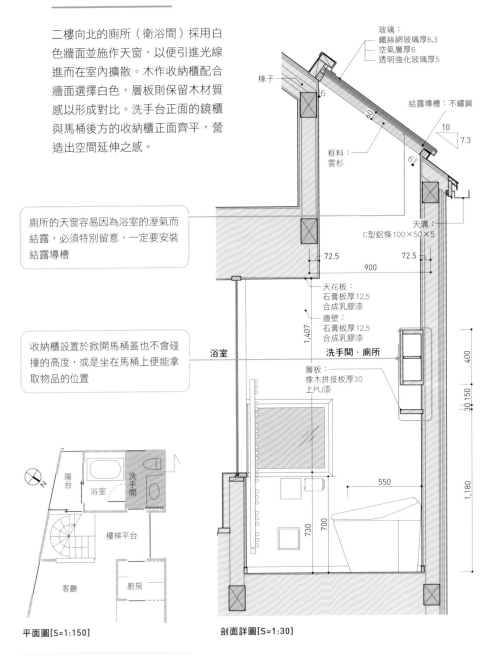

從北側天窗採入柔和光線的衛
浴間。透過充滿清潔感的白色
牆面反射，形成間接照明，營
造出沉穩不刺激的亮度。

兒童房

具備能配合成長、隨時調整的靈活度

基本範例

把全家人的書都彙集在客廳，當作家中的圖書館
600mm
700mm
不需要房間的幼兒時期，可以把客廳的一角打造為全家人皆可使用的學習空間

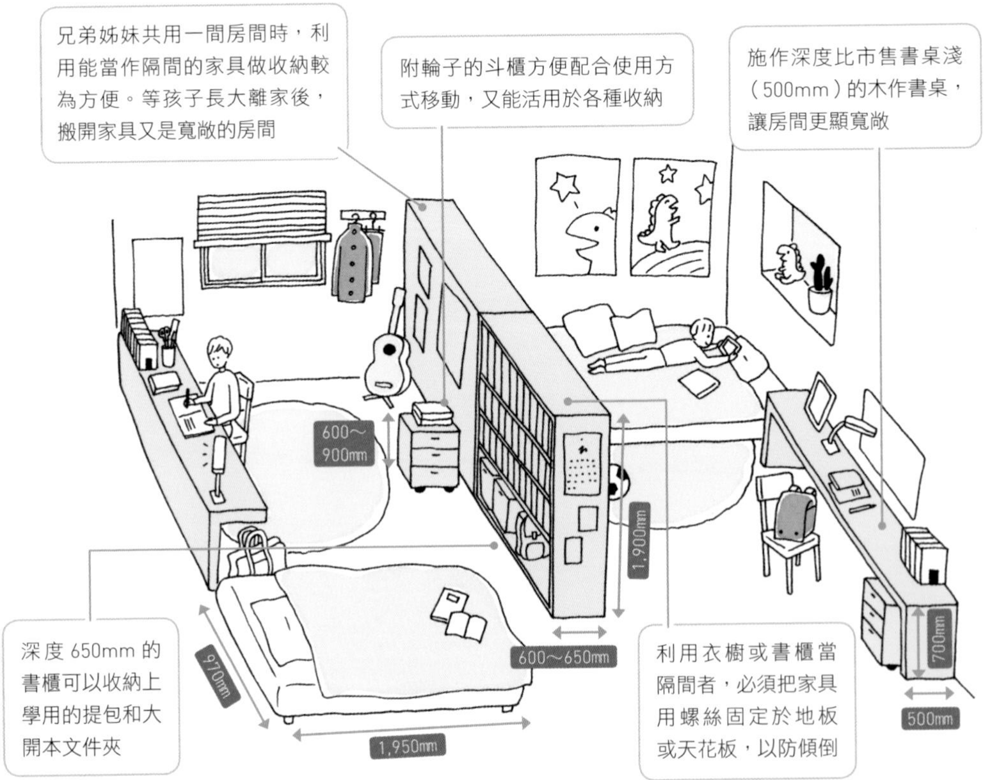
兄弟姊妹共用一間房間時，利用能當作隔間的家具做收納較為方便。等孩子長大離家後，搬開家具又是寬敞的房間
附輪子的斗櫃方便配合使用方式移動，又能活用於各種收納
施作深度比市售書桌淺（500mm）的木作書桌，讓房間更顯寬敞
600～900mm
1,900mm
600～650mm
700mm
500mm
970mm
1,950mm
深度650mm的書櫃可以收納上學用的提包和大開本文件夾
利用衣櫥或書櫃當隔間者，必須把家具用螺絲固定於地板或天花板，以防傾倒

主要收納於兒童房的物品

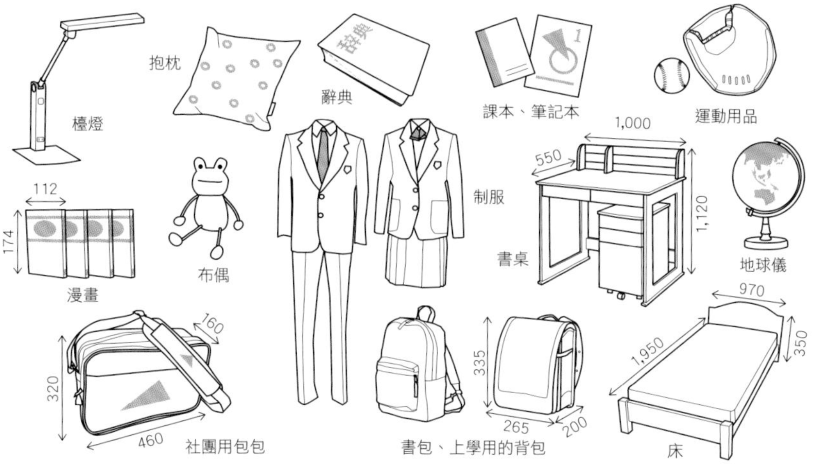
抱枕
辭典
課本、筆記本
運動用品
檯燈
1,000
550
1,120
制服
112
174
漫畫
布偶
書桌
地球儀
970
160
1,950
350
320
335
265
200
460
社團用包包
書包、上學用的背包
床

孩子總有一天會離家獨立，因此設計兒童房時，建議施作可動式隔間，就可以因應未來變化靈活運用空間。兒童房的收納重點在於如何利用有限空間，配合成長階段彈性運用，例如打造共用的空間，而非設置個人房等等。

孩子還小時不需要自己的房間，可以把客廳一角打造為寬敞的學習區，兼作收納繪本等兒童用品的區域。在學習區念繪本給孩子聽，或是全家一起在此嬉戲，就不用擔心蠟筆弄髒了餐桌。

兒童房只需要二坪左右就能放置市售家具，空間不夠時可利用木作來配置深度較淺的書桌；選用附輪子的斗櫃等家具，就能配合生活型態調整家具的排列方式。

倘若兄弟姊妹需分房，建議可以使用大型書櫃或衣櫥作為隔間，子女長大離家後就能再度恢復成一個房間。在不加設隔間牆或隔間板的情況下，只要在原有牆面施作有淺有寬的收納櫃，就能將遊戲光碟和漫畫也收拾得整整齊齊。

[勝見紀子／ATELIER NOOK建築師事務所]

❶ 利用可動式收納箱體，自由調整隔間

兒童房的隔間需要配合成長階段作自由調整，這麼一來孩子離家之後要另作他用也很便利。本頁案例中利用大型收納箱體加上輪子作為可動式隔間牆，輕鬆完成可因應子女年齡、個性而自由調整的空間。

狹長的兒童房約四坪大。配合屋主有三個小孩，利用四個可動式收納箱體作為隔間，將兒童房一分為三，在未來也可配合孩子們的成長，自由改變隔間方式。

用二個不同方向開口的箱體便能隔出一間房間，使房間兩側都有相同大小的收納空間

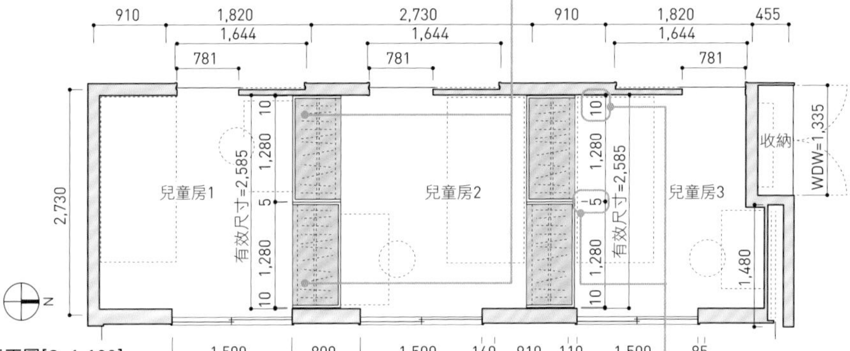

910
1,820
2,730
910
1,820
455
1,644
1,644
1,644
781
781
781
2,730
兒童房1
有效尺寸=2,585
1,280
5
10
兒童房2
兒童房3
收納
WDW=1,335
1,480
N
1,500
800
1,500
160
910
110
1,500
85

兒童房平面圖[S=1:100]

箱體與箱體、牆壁之間必須各保留5～10mm的縫隙，並據此標準決定箱體的寬度。若沒有縫隙會容易造成箱體彼此碰撞或摩擦牆面造成損耗

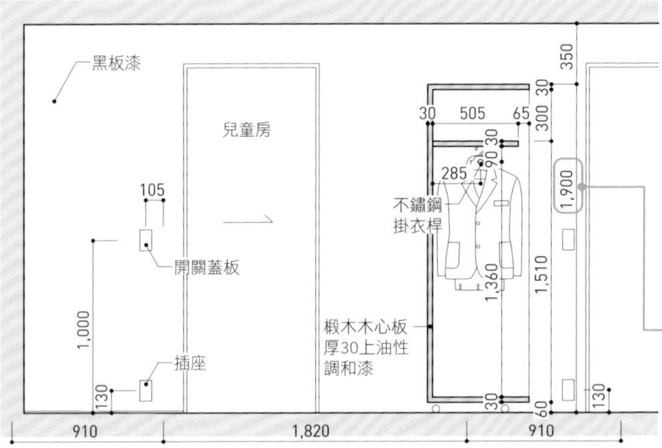

黑板漆
兒童房
105
開關蓋板
1,000
插座
130
30
505
65
300
30
350
285
不鏽鋼掛衣桿
1,900
1,360
1,510
椴木木心板厚30上油性調和漆
60
910
1,820
910

箱體的高度若從地面起算為1,900mm，不至於完全阻礙視線，卻又能確保個人隱私。希望打造完整的密室時，只要在箱體上方增加高達天花板的櫃子即可

兒童房1展開圖[S=1:50]

「集庭之家」設計：Kashiwagi Sui Associates　攝影：上田宏

② 衣櫥與書桌 不一定要放在兒童房

對小孩子來說，「書桌」、「床」以及「寬1,800mm的衣物收納空間」都是必要的家具，但全部放進房間裡的話，光是這些家具最少就要佔掉一．五坪左右。因此，這些必備的家具不一定要全放在房內，若能將書桌跟衣櫃規劃在房間以外的地方，也能減少施工成本，同時讓兒童房變得更寬敞。

兒童房內增設閣樓以擴大收納容量，也能更有效活用空間。

面對挑空空間配置學習區時，應設置防止物品掉落的立板

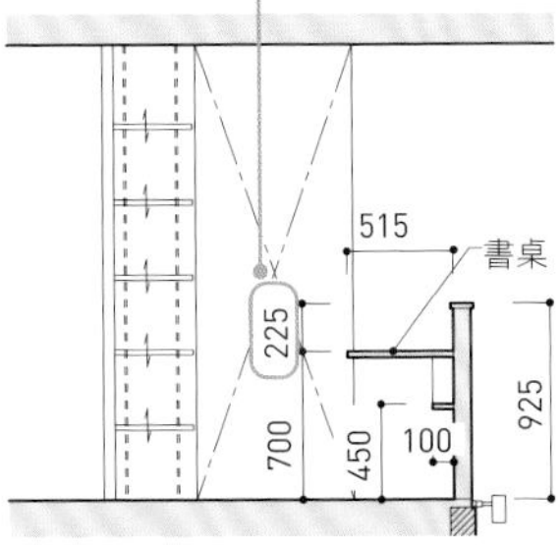
515
書桌
225
925
700
450
100

A-A' 學習區剖面圖[S=1:100]

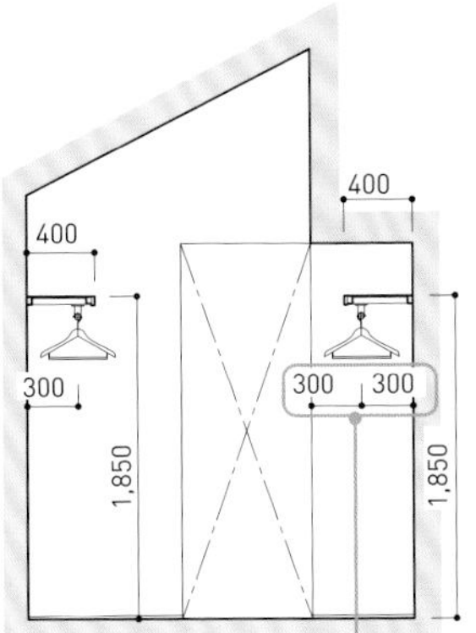
400
400
300
300 300
1,850
1,850

A-A' 衣櫥剖面圖
[S=1:100]

只要深度 600mm 的衣櫃便足以收納掛衣桿上的衣物

衣櫥與學習空間設置在房間外的走廊上，兒童房裡只放床，就變得十分寬敞。同時，把各房間所需衣物都彙整在同一個收納櫃中，也能提升家事的效率

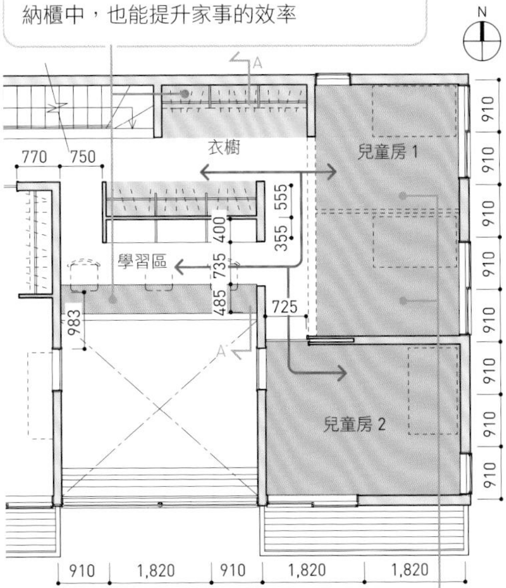
N
A
衣櫥
兒童房 1
770
750
555
355
400
學習區
735
485
725
983
A'
兒童房 2
910
910
910
910
910
910
910
910
910
1,820
910
1,820
1,820

2樓平面圖
[S=1:150]

本案例的設定是給三名孩童使用的兒童房。把原來配置的兒童房分割成二個單元使用，單一房間的平均面積就有 1.75 坪

「床座之家」設計：翌檜建築工房
攝影：Miho Urushido

和室

兼顧和室氣氛與收納容量

基本範例

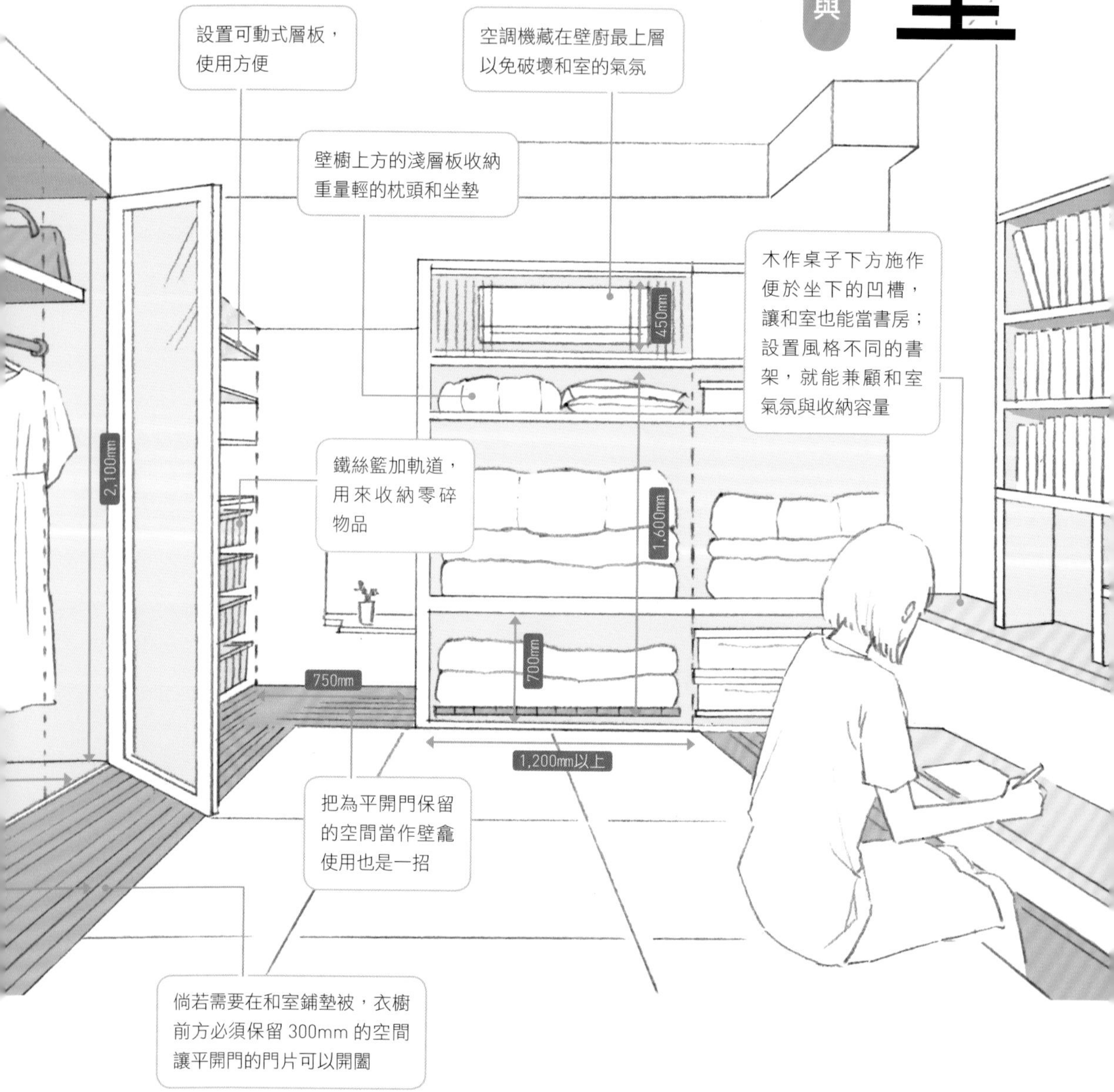
設置可動式層板，
使用方便
空調機藏在壁廚最上層
以免破壞和室的氣氛
壁櫥上方的淺層板收納
重量輕的枕頭和坐墊
木作桌子下方施作
便於坐下的凹槽，
讓和室也能當書房；
設置風格不同的書
架，就能兼顧和室
氣氛與收納容量
450mm
2,100mm
鐵絲籃加軌道，
用來收納零碎
物品
1,600mm
700mm
750mm
1,200mm以上
把為平開門保留
的空間當作壁龕
使用也是一招
倘若需要在和室鋪墊被，衣櫥
前方必須保留 300mm 的空間
讓平開門的門片可以開闔

主要收納於和室的物品

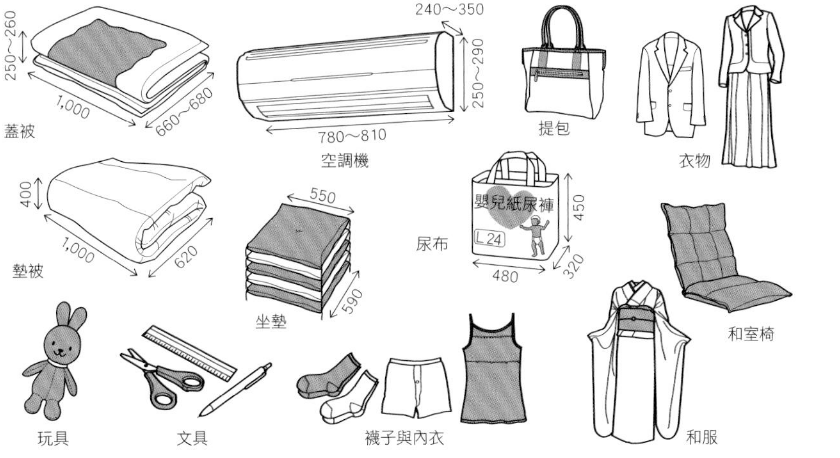
250～260
1,000
660～680
蓋被
240～350
250～290
780～810
空調機
提包
衣物
400
1,000
620
墊被
550
590
坐墊
嬰兒紙尿褲
L 24
450
480
320
尿布
和室椅
玩具
文具
襪子與內衣
和服

規劃和室的收納空間時，關鍵在於沿襲和室傳統設計，並同時兼顧現代生活需求。有不少屋主會將和室當作客房或興趣房使用，本節以當作寢室為例，說明和室收納的基本知識。

第一步是規劃壁櫥的位置：最好的配置是讓原本鋪用的墊被一摺好就能直接搬進壁櫥，無須轉動身體。特別注意壁櫥拉門推開後的寬度必須在1200mm以上，才方便收棉被。高度可以壓縮在1600mm左右，空調機則能裝在嵌了木格柵〔※〕的壁櫥最上層。與壁櫥垂直的牆面可以設置衣櫥；若打算將一整面牆都規劃為收納櫃，建議施作不需要退縮的平開門。有小孩的家庭會把和室當作小孩午睡或玩耍的地方，因此規劃衣櫥時不僅是衣物，還必須考慮收納尿布與玩具的空間。

傳統和室通常設有壁龕，就算是簡單的壁龕也能為和室增添莊重感。右頁是將壁櫥與衣櫥之間鋪設木地板，利用窗戶和裝飾架設置簡單的壁龕。衣櫥前方也保留300mm的空間鋪設木地板，避免三條墊被鋪在地上時衣櫥門就不好開。

[本間至／bleistift]

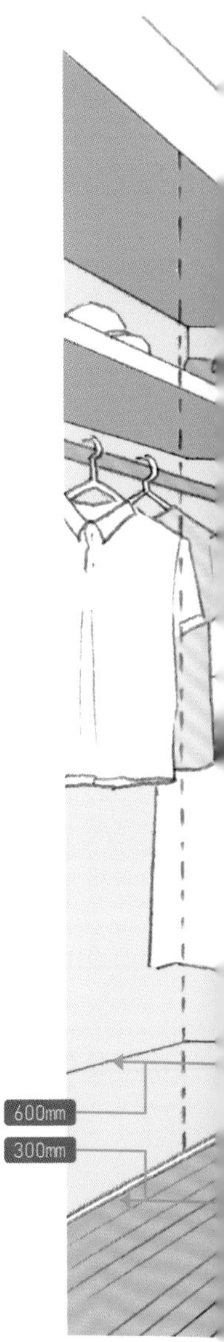
600mm
300mm

※木格柵間隔太密會導致空調機短路，設計時必須留意。

1 和室壁櫥的寬度與高度由「棉被的收法」決定

把和室當作寢室使用的話，棉被就得每天搬進搬出；這麼麻煩的事情當然是能省則省。特別需要留意的是收納棉被用的壁櫥寬度與中間層板的高度。打開拉門時不夠寬或是中間層板位置過低，都會增加收棉被時的麻煩。只要確保拉門打開時有效寬度為1,200mm、中間層板安裝於700mm高處，就能輕鬆搬運棉被。

壁櫥中間層板的高度以700mm為標準。本案例中因為下方放置了原有的衣物櫃，因此改為900mm

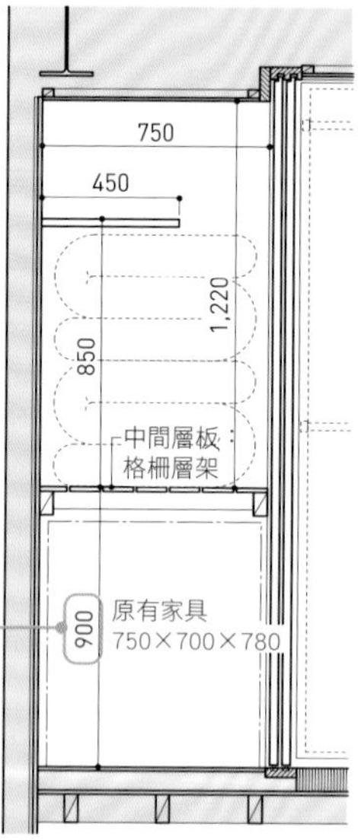
750
450
1,220
850
中間層板：格柵層架
原有家具
750×700×780
900

A區壁櫥剖面圖[S=1:40]

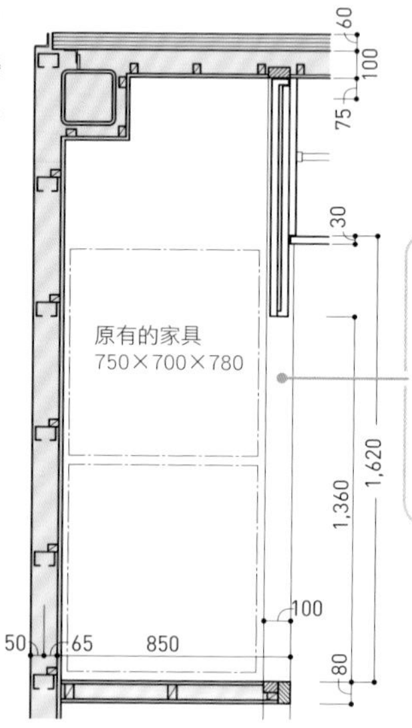
60
100
75
30
原有的家具
750×700×780
1,620
1,360
100
50
65
850
80

A區壁櫥平面圖[S=1:40]

壁櫥打開時的有效寬度至少必須是1,200mm。本案例使用可收進牆裡的二扇拉門，因此拉開寬度是1,360mm

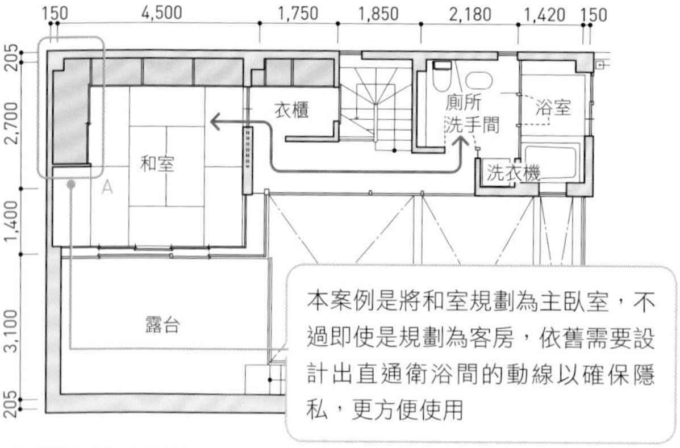
150
4,500
1,750
1,850
2,180
1,420
150
205
2,700
1,400
3,100
205
衣櫃
廁所
洗手間
浴室
和室
A
洗衣機
露台

本案例是將和室規劃為主臥室，不過即使是規劃為客房，依舊需要設計出直通衛浴間的動線以確保隱私，更方便使用

3樓平面圖[S=1:200]

儘量配合屋主要求，增加收納容量。走廊有多餘空間時可將和室的收納櫃延伸至走廊。這麼一來，就算收納櫃稍微突出房間，也會因為使用便利而毫不在意。

「久原之家」設計：bleistift 攝影：富田治

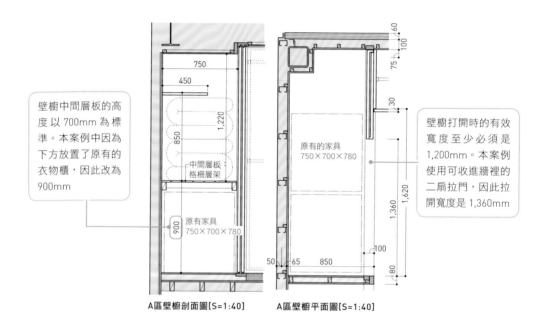

2 不落地的和室收納，使壁龕顯得更寬敞

在和室通往室內後陽台的出入口規劃壁龕，便能有效採光並確保動線。這樣的情況下，將壁龕的收納櫃稍稍浮起，讓地坪延伸至壁龕下方，就能打造寬敞方便的壁龕空間。挑選壁龕建材時稍微帶點玩心，就能提高設計感。本案例使用的是木紋整齊的柳安木合板。

望向和室壁龕。收納櫃底部不落地以增加地板面積，加上打開拉門能延伸視線，讓空間感覺寬敞。

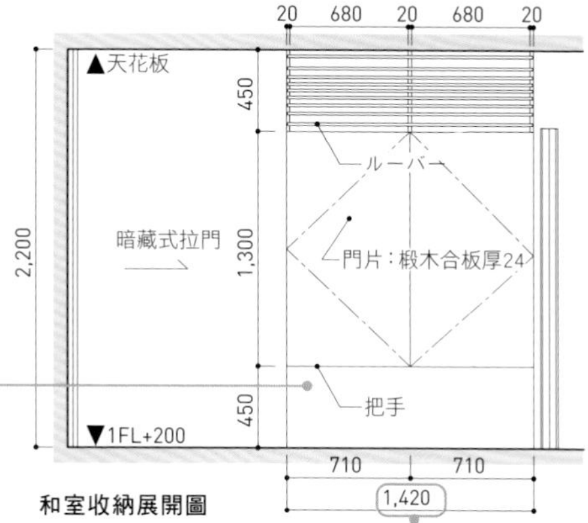

20 680 20 680 20
▲天花板
450
ルーバー
暗藏式拉門
2,200
1,300
門片：椴木合板厚24
把手
450
▼1FL+200
710 710
1,420

和室收納展開圖[S=1:60]

本案例把壁龕規劃在動線上，不適合擺放裝飾品。不過，略略抬升的收納櫃不填滿整個壁龕，下方保留部分空間延長地板面積，既能保留壁龕的氣氛又能打造有效動線

收納櫃的寬度規劃為 1,420mm 以便收納棉被

把和室設計在後陽台（高爾夫球練習區）旁的規劃。除了走廊之外，也有從壁龕通往和室的動線；同時壁龕也能當作長椅坐

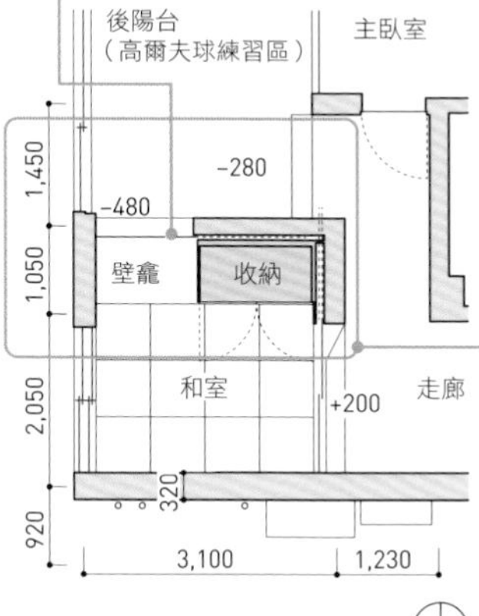

後陽台
（高爾夫球練習區）
主臥室
1,450
-280
-480
1,050
壁龕
收納
和室
+200
走廊
2,050
320
920
3,100
1,230
N

1樓平面圖[S=1:150]

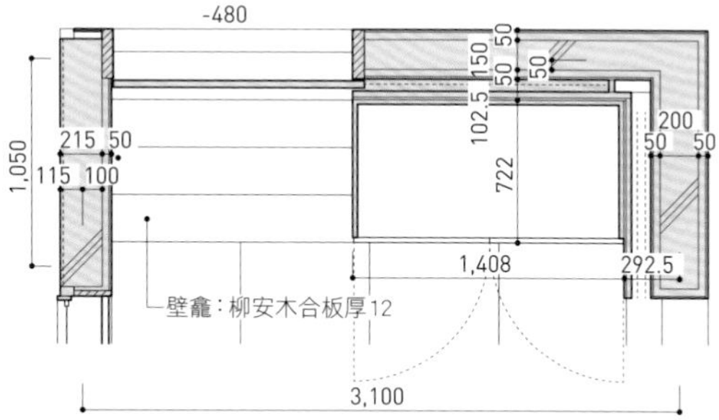

-480
50
150
50
50
102.5
215 50
115 100
1,050
722
200
50 50
1,408
292.5
壁龕：柳安木合板厚12
3,100

和室收納平面圖[S=1:60]

壁龕的拉門可隱藏於收納櫃後方。打開拉門便能從後陽台看到彷彿鑲在畫框裡的美麗和室

「富士之住宅」設計：LEVEL Architects　攝影：LEVEL Architects

興趣房

用嗜好與收藏填滿半坪大房間的架子與牆面

基本範例

興趣房需要展示櫃，可以設置在窗邊，從室外也能欣賞

開設小窗戶以便和家人互通聲息，以免一個人埋頭關在房裡

使用椴木合板等便宜壁材，既可以降低成本，也能增添粗獷的氣氛

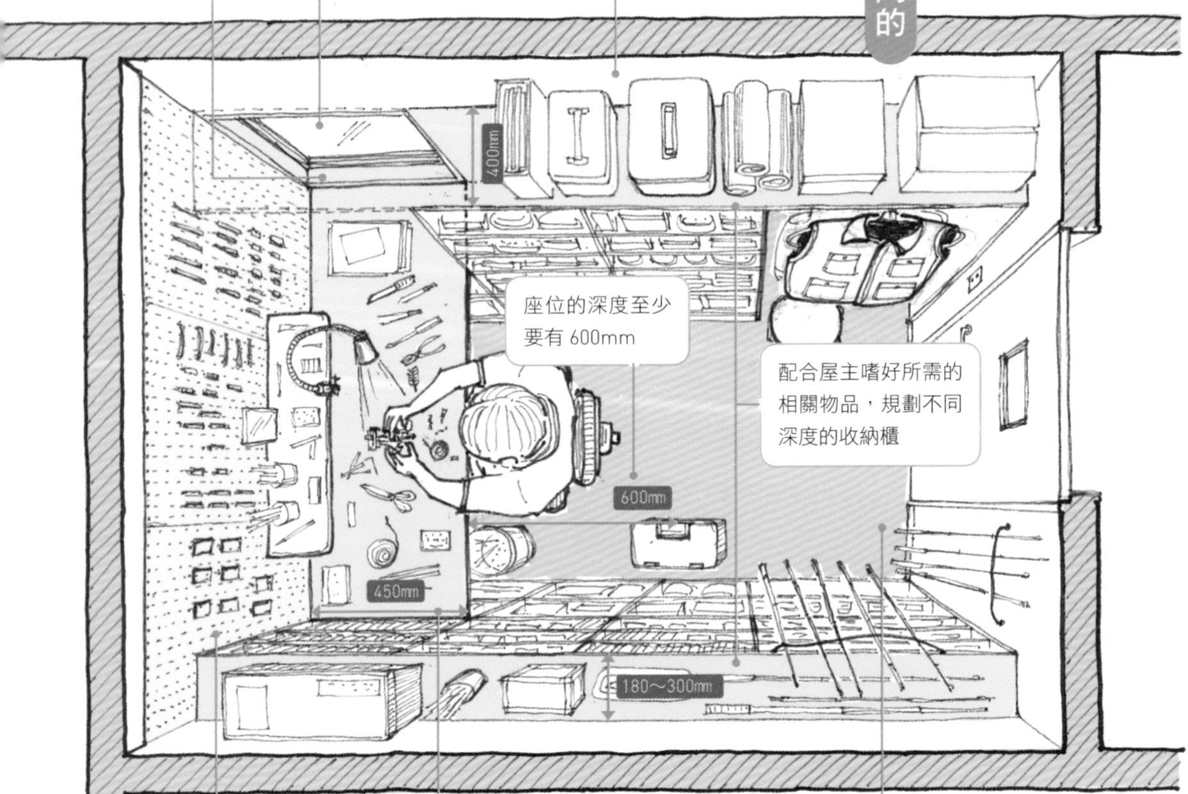
400mm
座位的深度至少要有600mm
配合屋主嗜好所需的相關物品，規劃不同深度的收納櫃
600mm
450mm
180〜300mm

洞洞板加上掛鉤，便能作為展示型收納，也能用來收納零碎的道具

桌子至少要深450mm才好組裝小東西，也才有攤開書本、筆記本的空間

房間大小視興趣而定，除非有大型物品或需要大空間來作業，否則半坪大就很夠用

主要收納於興趣房的物品

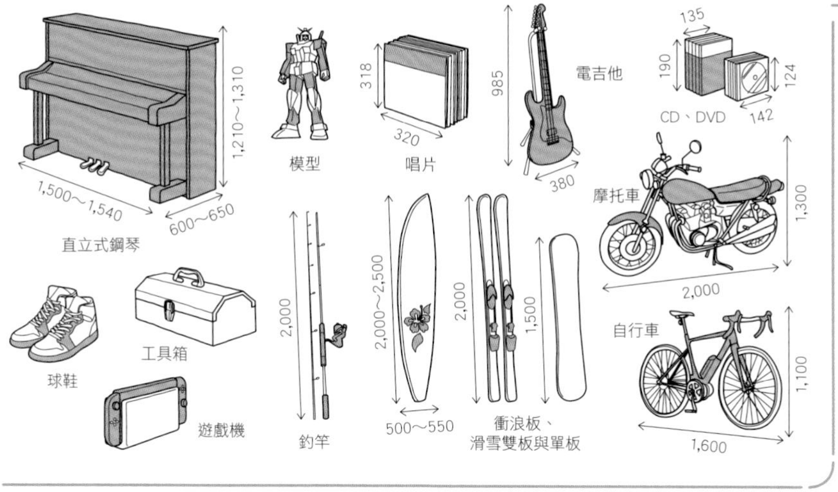
直立式鋼琴
1,210～1,310
1,500～1,540
600～650
模型
唱片
318
320
電吉他
985
380
CD、DVD
135
190
124
142
摩托車
1,300
2,000
自行車
1,100
1,600
球鞋
工具箱
遊戲機
釣竿
2,000
2,000～2,500
500～550
2,000
1,500
衝浪板、
滑雪雙板與單板

興趣房裡頭必備的家具是符合屋主需求的收納櫃和展示部分收藏的展示櫃，而規劃收納櫃大小的關鍵在於「深淺」。不過，只要400mm左右的深度便能收納大部分的物品，並不需要精細到以mm為單位來調整。倘若只需要淺櫃子，規劃180～300mm左右即可。

在興趣房開一扇面對走廊的小窗，不僅能把窗框當作展示架，從房外也能欣賞收藏。牆面釘上洞洞板再加上掛鉤，便能隨時把東西往牆上掛。

興趣房的重點在於被自己所喜愛的物品包圍，所以不需要規劃得過於寬敞。適合使用合板裝修來營造粗獷的氣氛，也可以直接規劃在儲藏室或更衣室等空間裡，一房二用。

特意設置的興趣房是家中的點綴，會提升屋主對設計的滿意度。然而聽取過多屋主的嗜好，到時候收到過多要求可就應付不來了。凡事還是有節有制最重要。

[關本龍太／RIOTADESIGN]

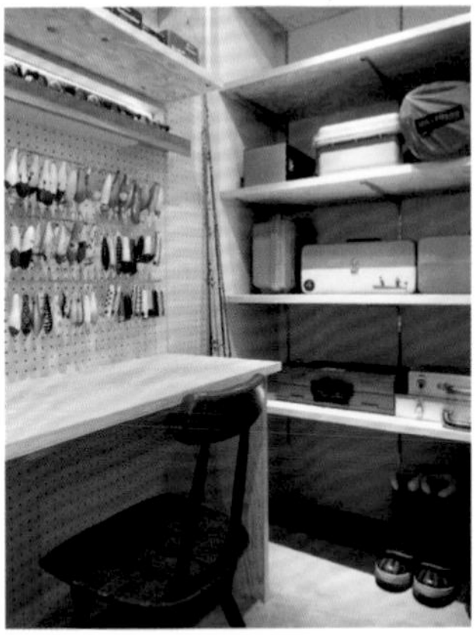

照片左側的牆面懸掛路亞擬餌和捲線器，右側牆面收納則是放置釣具的箱子。

1 將玄關旁的儲藏室打造為秘密基地

若興趣嗜好需要許多工具，就可以把整個儲藏室當作興趣房。本頁的案例是把玄關旁邊的半坪大空間規劃為儲藏室兼興趣房。由於正對著人來人往的空間，也能方便和其他人互通聲息；小空間也適合一個人沉浸於興趣中。

確認收納釣具箱子尺寸後，再決定可動式層板深度

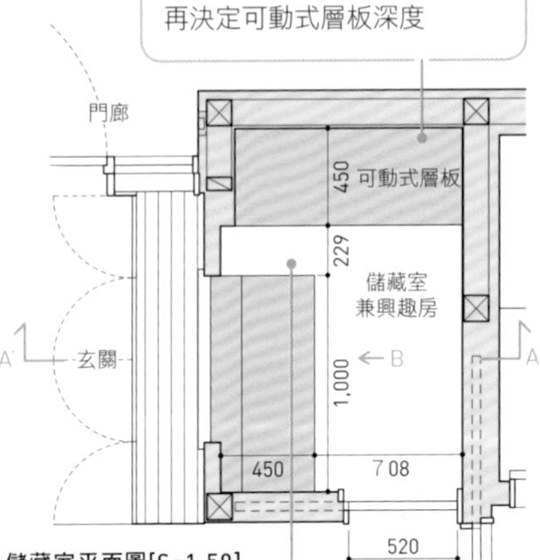

門廊
450
可動式層板
229
儲藏室
兼興趣房
A'
玄關
A
1,000
B
450
708
520

儲藏室平面圖[S=1:50]

釣魚竿可以直立收納於書櫃與工作台之間的牆面

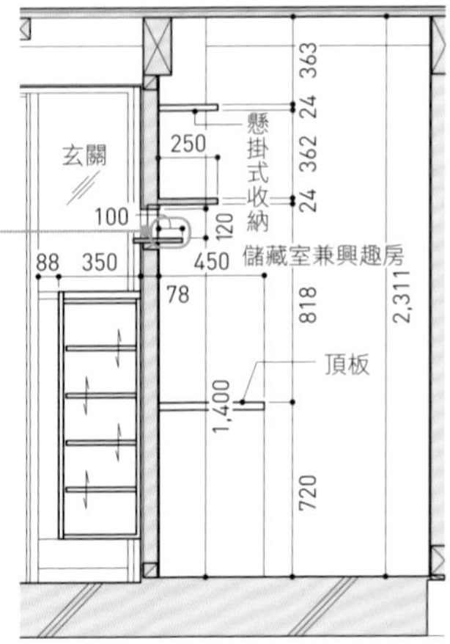

363
24
懸掛式收納
362
24
250
玄關
100
120
88
350
450
儲藏室兼興趣房
78
818
2,311
頂板
1,400
720

A-A' 剖面圖[S=1:50]

靠儲藏室側的固定窗可以用來放置捲線器。透過小窗可以看到人來人往，方便和家人適度溝通，也能向訪客展示得意的釣具

窗戶上方施作層板固定的架子，用來收納比釣具小的用品。尺寸以可收納 A4 大小雜誌來規劃

不採用遮擋門片、直接使用懸掛牆面的洞洞板來收納路亞擬餌。這種展示型收納可以讓屋主感受到被喜愛事物包圍的愉悅感，提升對設計成果的滿意度

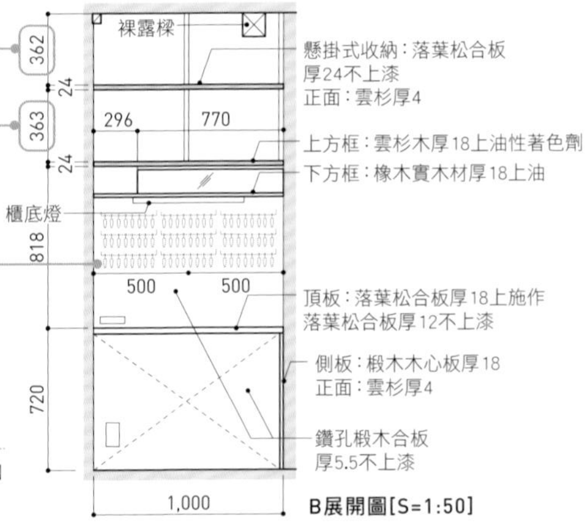

裸露樑
懸掛式收納：落葉松合板
厚24不上漆
正面：雲杉厚4
362
24
363
24
296
770
上方框：雲杉木厚18上油性著色劑
下方框：橡木實木材厚18上油
櫃底燈
818
500
500
頂板：落葉松合板厚18上施作
落葉松合板厚12不上漆
側板：椴木木心板厚18
正面：雲杉厚4
720
鑽孔椴木合板
厚5.5不上漆
1,000

B展開圖[S=1:50]

「TOPWATER」設計：RIOTADESIGN　攝影：RIOTADESIGN

2 能一次收納10台遊戲主機的配線術

興趣房會用到電視遊戲機等電器時，不僅必須規劃收納的位置，還得安排配線空間。本頁的案例把遊戲機置於可前後滑動的收納櫃中，配線穿過收納櫃背後連結電視。空調機與展示櫃也一併規劃於收納櫃裡，讓房間所有功能都集中於同一面牆。

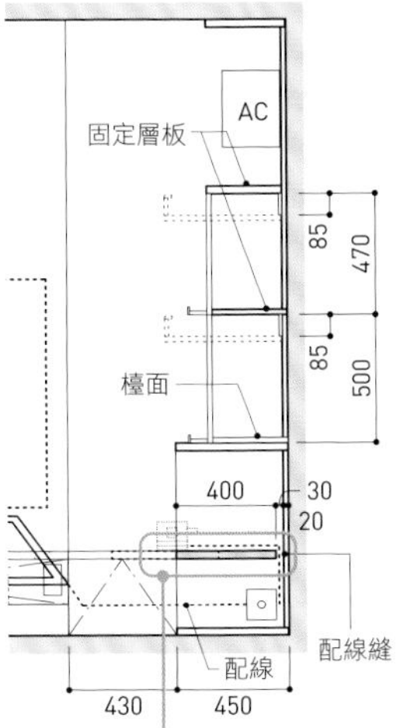
AC
固定層板
85
470
85
500
檯面
400
30
20
配線縫
配線
430
450

A-A' 剖面圖
[S=1:50]

遊戲機收納於可前後滑動的收納櫃中，既能隱藏壁掛式電視到牆面收納櫃的配線，又可自由更換 HDMI 傳輸線等纜線，維修時亦很方便

收納櫃中設置二扇窗。將收納都集中於同一牆面，以確保採光。

收納櫃保留空位施作窗戶，以確保採光與通風

展示櫃旁的空間作為桌面使用。書桌與下層的收納櫃統一深度為450mm，將牆面收納櫃與書桌設計融為一體

上方使用平開門的收納櫃放書，下方的雙軌拉門則收納日常用品。考慮到收納的物品性質，此處不施作展示型收納，而是選擇安裝門片

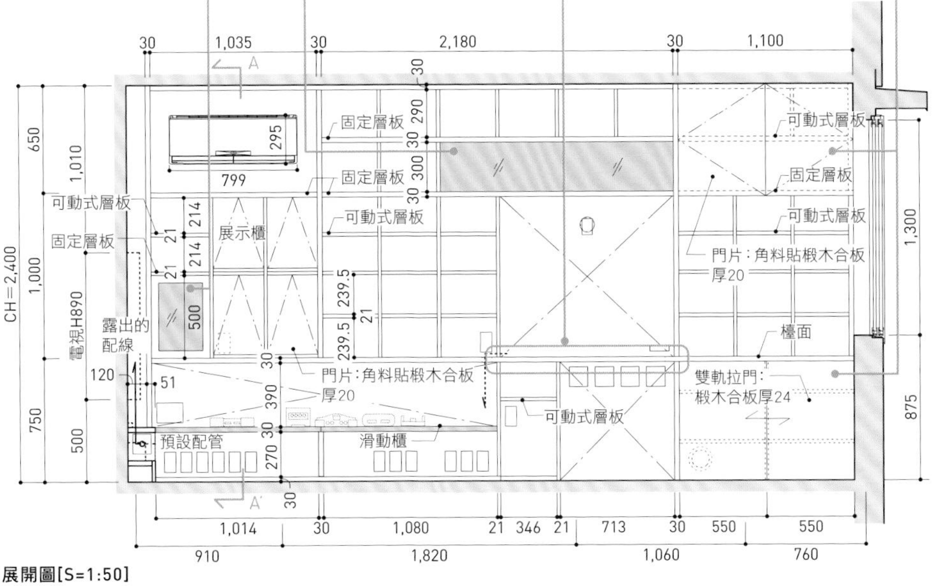
30
1,035
30
2,180
30
1,100
A
650
1,010
295
799
固定層板
290
30
300
30
可動式層板
固定層板
214
21
214
21
展示櫃
CH=2,400
1,000
電視H890
露出的配線
500
239.5
21
239.5
門片：角料貼椴木合板厚20
120
51
390
30
270
750
500
預設配管
滑動櫃
可動式層板
雙軌拉門：椴木合板厚24
檯面
門片：角料貼椴木合板厚20
1,300
875
A'
1,014
30
1,080
21
346
21
713
30
550
550
910
1,820
1,060
760

展開圖[S=1:50]

「繪廊之家」設計：Kashiwagi Sui Associates　攝影：Kashiwagi Sui Associates

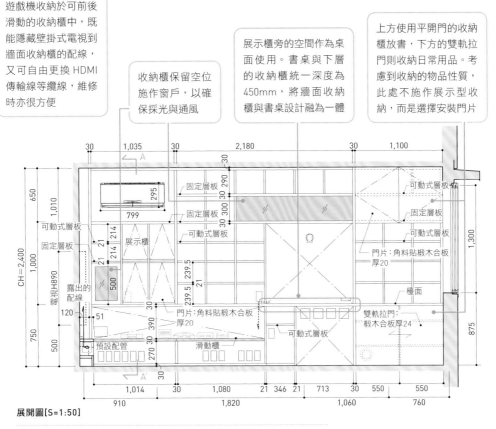

走廊

內縮牆面，打造塔式收納

基本範例

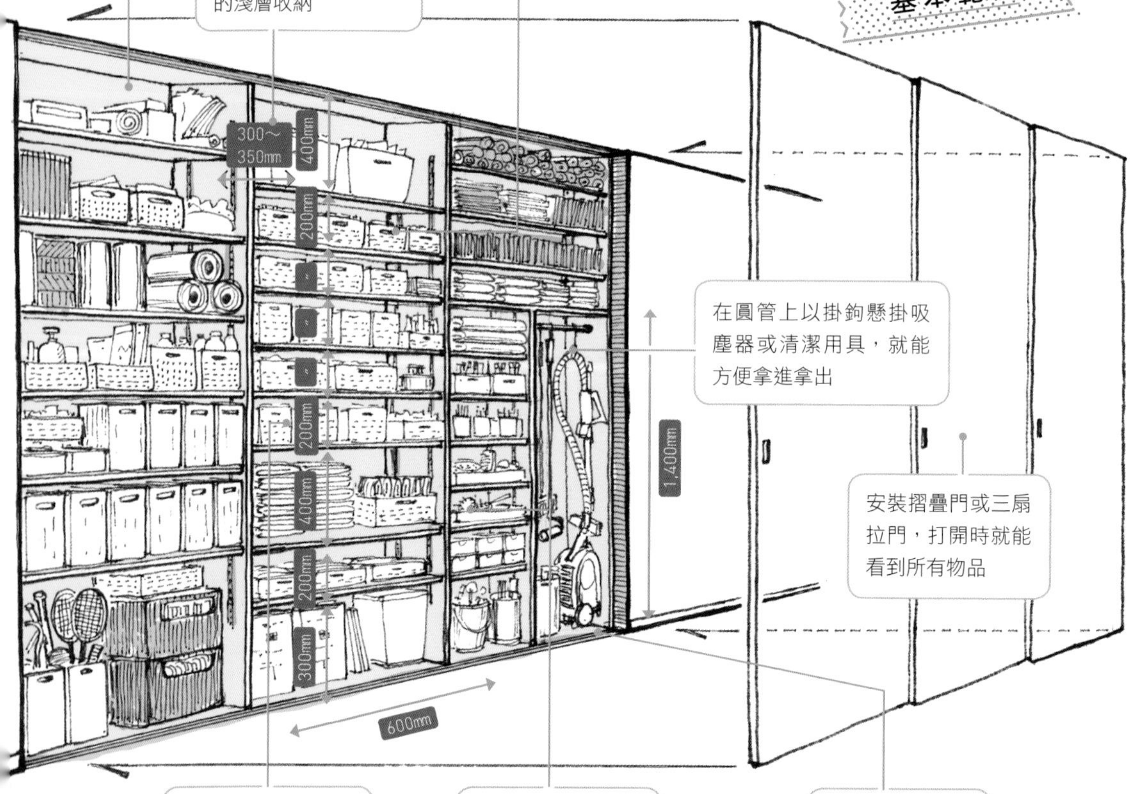
打造地板直通天花板的大容量塔式收納櫃
配合收納物品或收納籃的高度來安裝層板，避免浪費任何空間
深度為300～350mm的淺層收納
300～350mm
400mm
200mm
200mm
400mm
200mm
300mm
600mm
1,400mm
在圓管上以掛鉤懸掛吸塵器或清潔用具，就能方便拿進拿出
安裝摺疊門或三扇拉門，打開時就能看到所有物品
以間隔200mm來計算層板的必要數量
零碎物品裝進收納籃。分門別類收納就不容易散亂
走廊和收納空間的地坪同高，便於清潔與取物

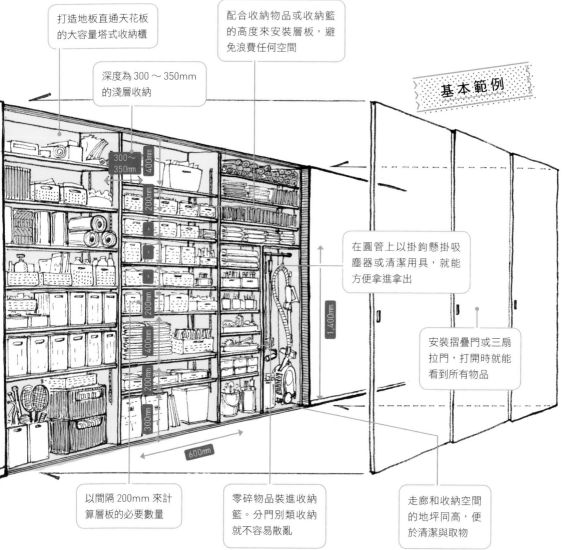

主要收納於走廊的物品

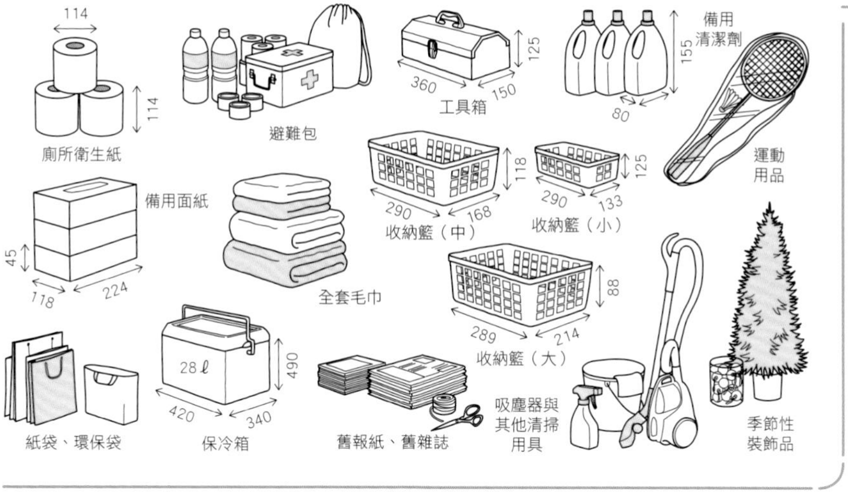
114
114
廁所衛生紙
避難包
360
150
125
工具箱
155
80
備用清潔劑
運動用品
290
168
118
收納籃（中）
290
133
125
收納籃（小）
備用面紙
45
118
224
全套毛巾
289
214
88
收納籃（大）
紙袋、環保袋
28ℓ
420
340
490
保冷箱
舊報紙、舊雜誌
吸塵器與其他清掃用具
季節性裝飾品

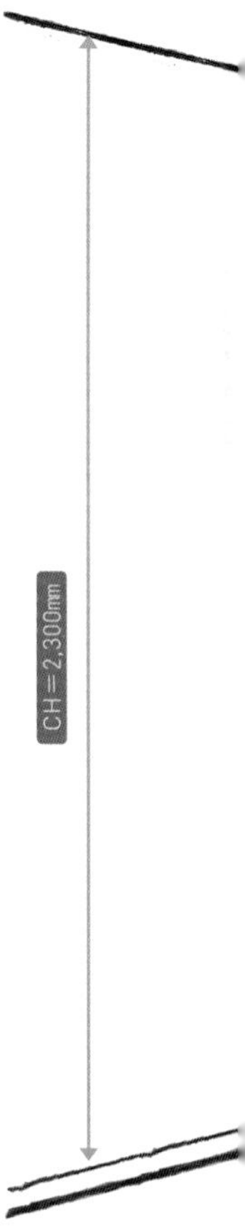
CH＝2,300mm

在家中必要的幾處施作大容量收納空間，那麼無須刻意整理自然就能井井有條，生活動線也能更為流暢。

除了在玄關與洗手間採用塔式收納外，另一個建議務必活用的空間，是用來移動的走廊。只要將牆面內縮，便能施作由地板到天花板一體化的塔式收納櫃。

走廊的收納空間最適合放置備用的生活用品、工具、避難包、室外休閒用品和季節性的裝飾品等全家都會用到的物品。玄關與洗手間放不下的物品也能收納於此，東西多、房子小的住家特別適合這種收納方式。

比起施作深層收納櫃導致物品放進去就很難拿出來、或一拿出來便懶得放進去，不如加寬並縮短收納櫃的深度，並以收納籃或是檔案夾分類物品。

選擇能夠調整高度的可動式層板，就能善用每一寸空間。收納櫃或是門片後方加上S字型掛鉤懸掛物品，亦能讓收納容量再升級。一路做到天花板的櫃門，只要選擇和牆壁相同的顏色，就算關上門也不會有壓迫感。

[水越美枝子／atelier Sala]

1 牆面內縮450mm，施作大型塔式收納

利用走廊來收納的作法最適合狹窄的住家。本頁案例中由於洗手間空間有限，因此利用鄰近的走廊施作大容量的收納櫃，並將會用到的洗手乳和毛巾等都收納於此。只要採用凹槽式把手或推按式櫃門，就能讓視覺效果更清爽俐落。

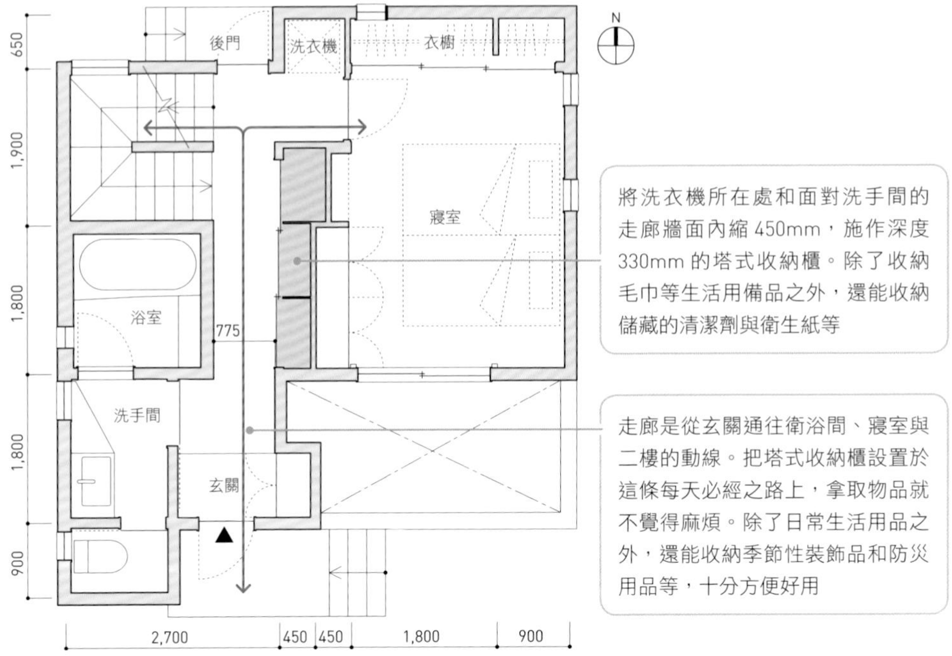

N
後門
洗衣機
衣櫥
寢室
浴室
775
洗手間
玄關
650
1,900
1,800
1,800
900
2,700
450
450
1,800
900
將洗衣機所在處和面對洗手間的走廊牆面內縮450mm，施作深度330mm的塔式收納櫃。除了收納毛巾等生活用備品之外，還能收納儲藏的清潔劑與衛生紙等
走廊是從玄關通往衛浴間、寢室與二樓的動線。把塔式收納櫃設置於這條每天必經之路上，拿取物品就不覺得麻煩。除了日常生活用品之外，還能收納季節性裝飾品和防災用品等，十分方便好用

1樓平面圖[S=1:100]

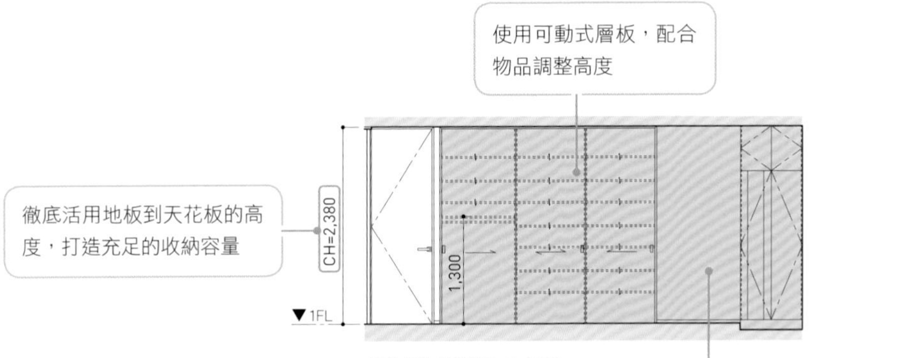

使用可動式層板，配合物品調整高度
徹底活用地板到天花板的高度，打造充足的收納容量
CH=2,380
1,300
▼1FL
建議牆面與門片統一顏色，看起來就像一整面牆

收納櫃展開圖[S=1:100]

「津賀家」
設計：atelier Sala
攝影：永野佳世

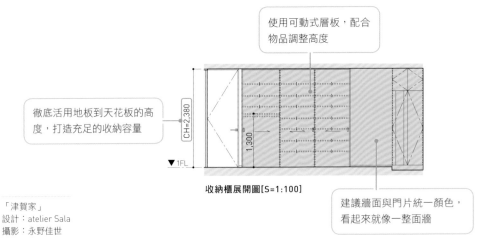

門片與牆面統一成白色，門把採用凹槽式把手，關上門時就能和牆面融為一體，讓整體空間顯得清爽。

2 利用走廊牆面規劃衣櫥

規劃上不得已出現長走廊時，若只做為單純的移動空間未免過於浪費，不妨在走廊牆面施作收納空間。本頁案例是把原本在兒童房中的衣櫥轉移至走廊牆面，如此一來不僅房間更能小巧集中，搬移衣物時也更為方便，一併提升家事效率。

利用兒童房對面走廊牆面設置衣櫥。因為從房間就能直接走到衣櫥，便利程度比起收納於房間中毫不遜色

衣櫥規劃於走廊，洗好晾乾的衣物無需搬移至各個房間就能整理收納

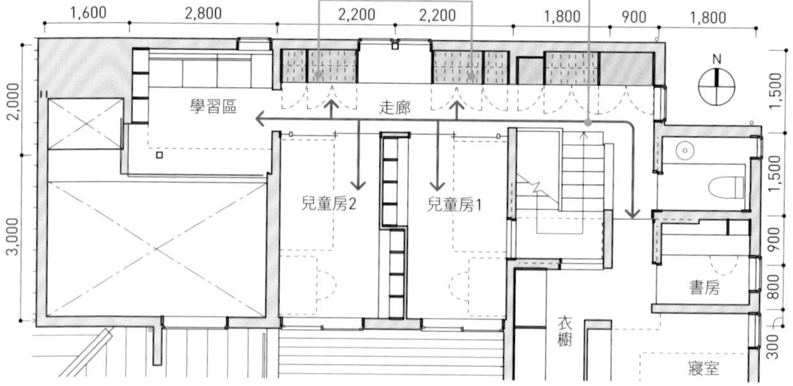
1,600
2,800
2,200
2,200
1,800
900
1,800
N
2,000
3,000
1,500
1,500
900
800
300
學習區
走廊
兒童房2
兒童房1
書房
衣櫥
寢室

2樓平面圖[S=1:150]

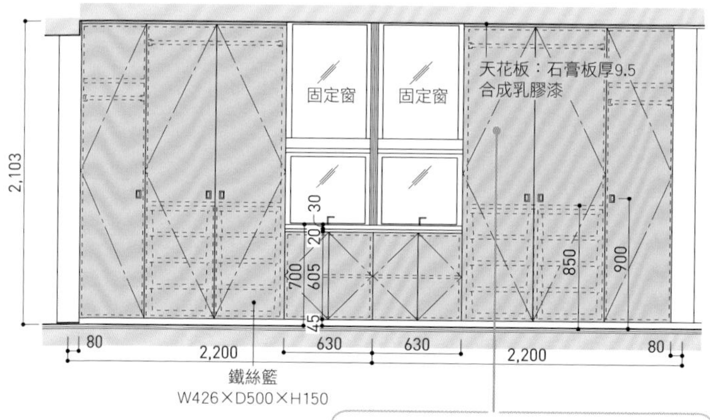
固定窗
固定窗
天花板：石膏板厚9.5
合成乳膠漆
2,103
30
20
700
605
45
850
900
80
2,200
630
630
2,200
80
鐵絲籃
W426×D500×H150

走廊收納櫃展開圖[S=1:60]

收納櫃的門片可採用平開門。因為走廊是移動空間，因此收納櫃前方不會有物品放置影響門片開關；關上門片時，看起來就像是一面牆

從閱讀區望向通往兒童房（照片左方）的走廊。關上收納櫃（照片右方）門片，走廊就不會顯得雜亂。

「流山之家」
設計：bleistift
攝影：大澤誠一

③ 把學習空間規劃在連結客廳・餐廳與廚房的走道上

沒有多餘空間時，把走廊打造成移動通道兼兒童學習區也是解決方法之一。本頁案例是將學習區安排在房間通往客廳・餐廳與廚房的走道上，方便親子溝通。只要在書桌附近設置能收納課本、通知單與文具等用品的收納櫃，就能避免雜物四散在走廊上。

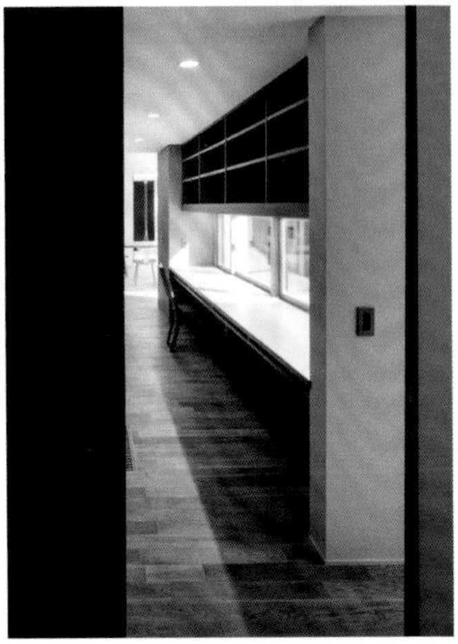

學習區所在的走廊面對中庭，視線透過窗戶延伸到室外，創造出寬敞的印象，不容易有壓迫感。

將走廊與客廳・餐廳、廚房以拉門隔開，就能降低來自客廳・餐廳與廚房的噪音，容易專心集中學習

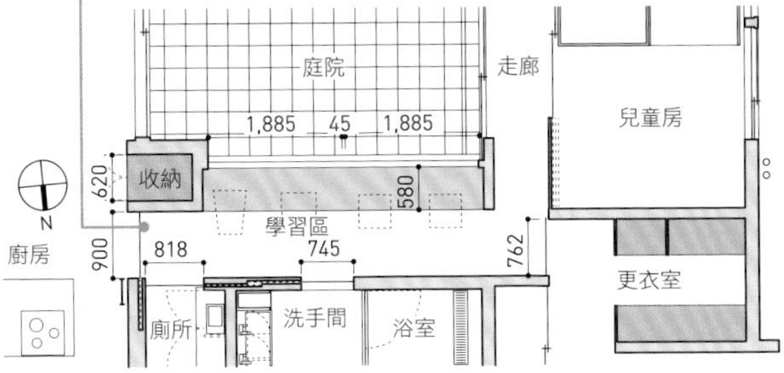

庭院
走廊
兒童房
1,885
45
1,885
620
收納
580
N
學習區
廚房
900
818
745
762
更衣室
廁所
洗手間
浴室

1樓平面圖[S=1:150]

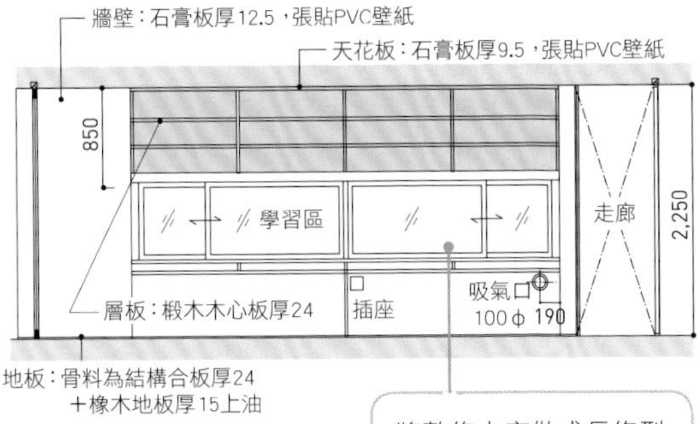

牆壁：石膏板厚12.5，張貼PVC壁紙
天花板：石膏板厚9.5，張貼PVC壁紙
850
學習區
走廊
2,250
層板：椴木木心板厚24
插座
吸氣口
100ϕ 190
地板：骨料為結構合板厚24
＋橡木地板厚15上油

學習區展開圖
[S=1:100]

將整條走廊做成長條型學習區，規劃讓三個孩子使用，不過寬度讓四人同用也綽綽有餘

書桌上方設置可動式層板，將課本等物品收納於此便無須擔心雜物散落在走廊上。層板深度規劃為300mm，以便收納A4尺寸的書籍。吊櫃必須注意安裝位置，以免過於凸出而容易撞到頭

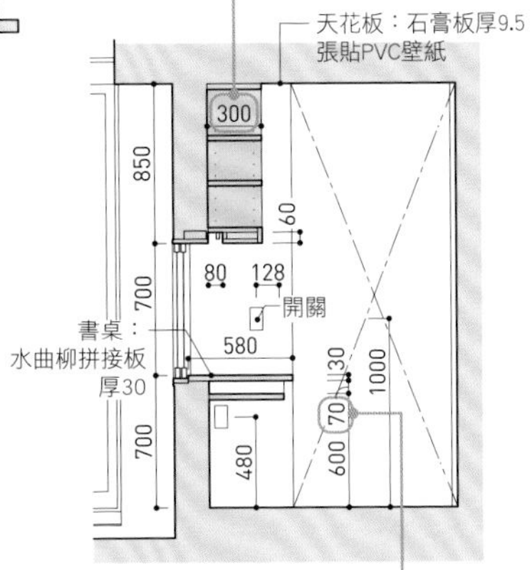

天花板：石膏板厚9.5
張貼PVC壁紙
300
850
60
80
128
開關
700
書桌：
水曲柳拼接板
厚30
580
30
1000
70
700
480
600

學習區剖面圖
[S=1:60]

吧檯書桌下方設置高度70mm的淺抽屜，就能像學校的課桌一樣，可以收納一些常用的零碎小東西

「連庭之家」設計：Kashiwagi Sui Associates　攝影：上田宏

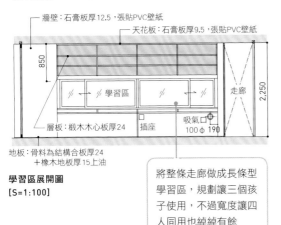

基本範例

樓梯四周

根據四周鄰接的空間來規劃收納

350mm
800mm
240mm
190mm
650mm
400mm
400mm
700mm

側邊設置掛鉤以懸掛畚箕、掃把等用具

上層空間深度淺，收納容量有限。把配電盤裝在這裡剛剛好

無線 Wi-Fi 的路由器和光纖網路終端（ONU）也都收納於此，客廳自然顯得清爽

在樓梯牆面施作書櫃，如此一來要取出上層書櫃的書籍也很方便。層板稍稍朝牆面傾斜，地震時書籍也不容易掉落

由於樓梯鄰接著客廳，因此可以在此收納吸塵器等清掃用具。要讓吸塵器能收放在地上，需要寬度與深度為 400mm 的空間

有一定高度的收納空間裡，可以在高度 400mm 處安裝層板，就能擺入大約兩個收納櫃，用以整理剪刀或打包用捆繩等物品，使用起來也很順手

把鄰近玄關側作成鞋帽衣物間是個好辦法。若高度不足，也可以當作暫時收納舊報紙的空間

主要收納於樓梯四周的物品

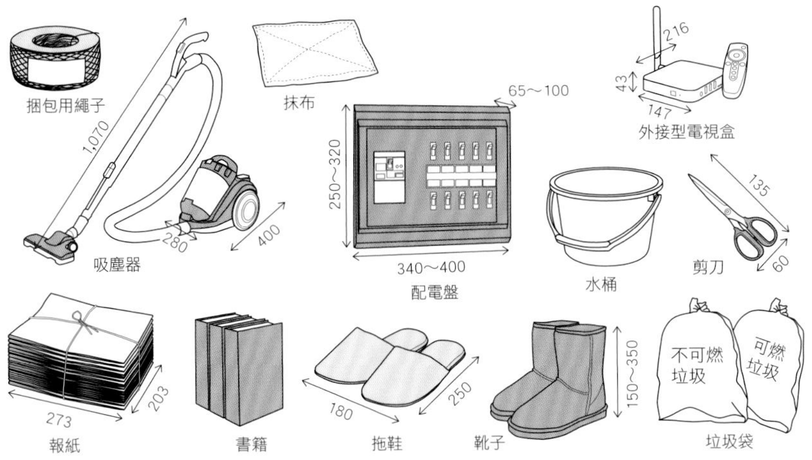
捆包用繩子
1,070
吸塵器
280
400
抹布
65～100
250～320
340～400
配電盤
216
43
147
外接型電視盒
水桶
135
60
剪刀
273
203
報紙
書籍
180
250
拖鞋
150～350
靴子
不可燃
垃圾
可燃
垃圾
垃圾袋

家中只要有樓梯，下方就容易產生死角。然而若仔細分析樓梯下方的容量和應當收納的物品，死角也能化身為充實的收納空間。

根據樓梯形狀，收納容量也隨之而異，能有最大收納容量的是直線樓梯，只要在樓梯側邊安裝門片，就能變身為大型收納櫃。右圖基本範例介紹的L型樓梯下方，則能規劃出一大一小的空間，收納物品必須根據樓梯面對的空間屬性來決定。木造螺旋梯也和L型樓梯一樣，可以將下方規劃作為收納空間使用。

接著，考量樓梯四周有哪些房間，以決定收納的物品種類。若樓梯位於玄關，就可以放置多個層板作成鞋櫃，以便收納鞋子；空間若是夠大，還能一併收納靴子、雨衣和大衣等等。如果樓梯面對著走廊或是客廳，用來收納清掃用具剛剛好。在樓梯側面安裝掛鉤，就能懸掛掃把和畚箕等用品；中間設置層架的話，像是電風扇與電暖爐這類季節性家電，就剛好可以收在這裡。

這一類的收納空間上方通常較為狹窄，最適合安裝配電盤。建議安裝於基本範例所示之踢面後方，也能便於操作。

[本間至／bleistift]

1 在樓梯牆面施作書櫃

若屋主希望能有大型書櫃，那麼活用保留大片牆面的直線樓梯來施作書櫃再好也不過。樓梯旁的牆面全部施作成收納櫃時，必須規劃穩固的踏板以供屋主拿取靠近天花板的書籍。

書櫃設置燈具用插座，方便坐在踏板上看書

設置專用踏板以便安全取得書櫃上方的書籍。若想坐在踏板上看書，踏板深度必須寬達430mm；後方設置靠背用的木條以免墜落

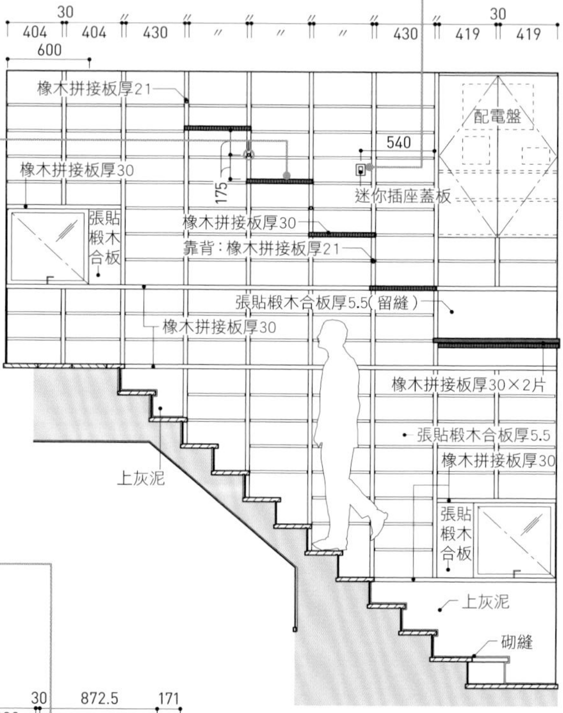

30
404
404
430
430
419
419
600
橡木拼接板厚21
配電盤
540
橡木拼接板厚30
175
迷你插座蓋板
張貼椴木合板
橡木拼接板厚30
靠背：橡木拼接板厚21
張貼椴木合板厚5.5（留縫）
橡木拼接板厚30
橡木拼接板厚30×2片
上灰泥
張貼椴木合板厚5.5
橡木拼接板厚30
張貼椴木合板
上灰泥
砌縫

書櫃展開圖[S=1:60]

書櫃的深度規劃為250mm以便收納A4尺寸的書籍。日本的《建築基準法》規定樓梯寬度至少必須是750mm。依據法規和收納規劃，來決定樓梯整體的寬度

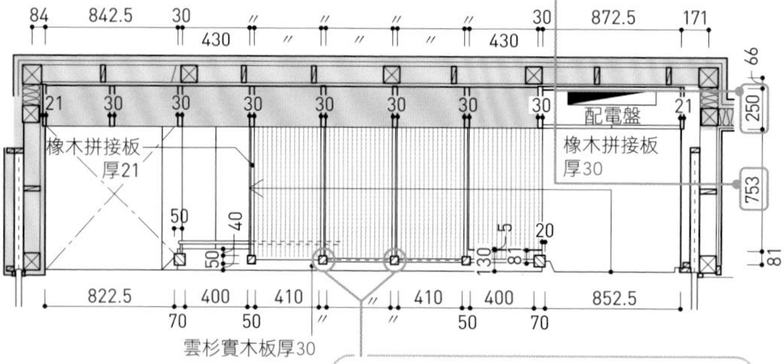

84
842.5
30
430
430
30
872.5
171
66
21
30
配電盤
250
橡木拼接板厚21
橡木拼接板厚30
753
50
40
5
20
50
130
81
822.5
400
410
410
400
852.5
70
50
50
70
雲杉實木板厚30

書櫃專用踏板平面圖
[S=1:60]

踏板以40×25mm的大小插進樓梯扶手牆上方的50×50mm的柱子裡固定

「下井草之家」
設計：bleistift
攝影：大澤誠一

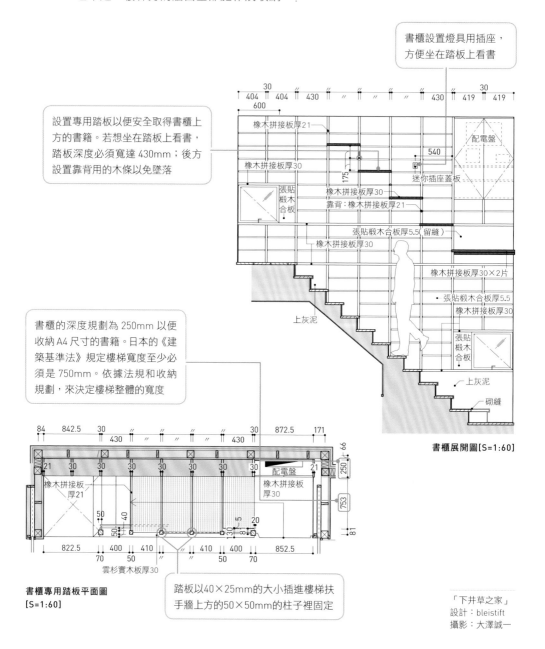

樓梯側邊一整面牆都
打造成書櫃，就能以
收納大量的書籍。

樓梯搭配原有家具的
風格，讓整體空間更
有設計感。

2 配合原有家具來規劃樓梯

許多屋主通常會希望活用手頭上原有的家具，保留過往的回憶。其中一種處理手法是將家具放置於樓梯下方。只要挑選與家具相配的樓梯材質，就能兼顧設計風格；安裝於樓梯下方又可避免浪費空間，成為一舉兩得、讓屋主滿意的規劃。

樓梯踢面和踏面使用厚度30mm的水曲柳拼接板，和屋主原有的橡木家具木紋相近，看起來就很順眼

多餘的空間可以施作書櫃或清掃用具的收納櫃，徹底活用樓梯下方的空間

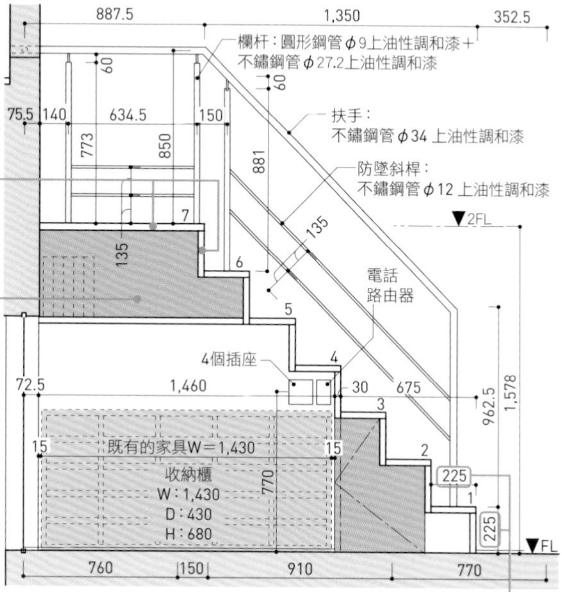

887.5
1,350
352.5
欄杆：圓形鋼管φ9上油性調和漆＋不鏽鋼管φ27.2上油性調和漆
60
60
75.5
140
634.5
150
773
850
881
扶手：不鏽鋼管φ34上油性調和漆
防墜斜桿：不鏽鋼管φ12上油性調和漆
2FL
135
135
7
6
5
4
3
2
1
電話路由器
4個插座
72.5
1,460
30
675
962.5
1,578
15
既有的家具W＝1,430
15
收納櫃
W：1,430
D：430
H：680
770
225
225
FL
760
150
910
770

樓梯展開圖[S=1:40]

若擔心樓梯邊與家具形成進出面，可以增建樓梯下方家具背後的牆壁。增建的牆壁只要加入骨料，就算是木製的懸臂梯也能具備一定的強度

調整踢面的高度和踏面的深度，讓家具設計和樓梯形狀融為一體，調整時務必注意不要影響行走。筆者的事務所規定踢面和踏面的最小尺寸為225mm

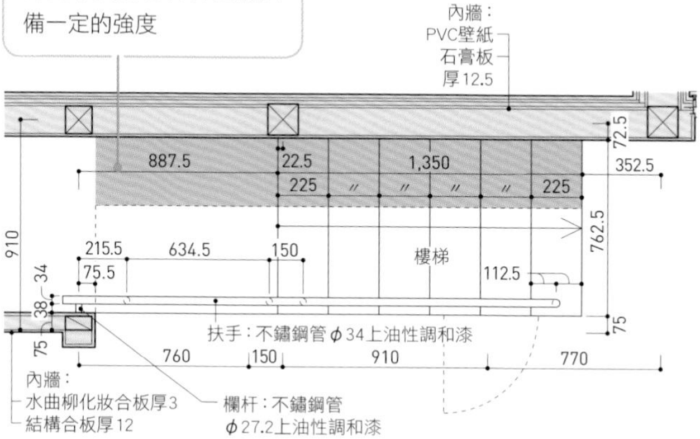

內牆：
PVC壁紙
石膏板
厚12.5
887.5
22.5
1,350
72.5
225
225
352.5
910
762.5
215.5
634.5
150
樓梯
75.5
112.5
34
38
75
75
扶手：不鏽鋼管φ34上油性調和漆
760
150
910
770
內牆：
水曲柳化妝合板厚3
結構合板厚12
欄杆：不鏽鋼管
φ27.2上油性調和漆

樓梯平面圖[S=1:40]

「美田園之家」設計：Kashiwagi Sui Associates　攝影：上田宏

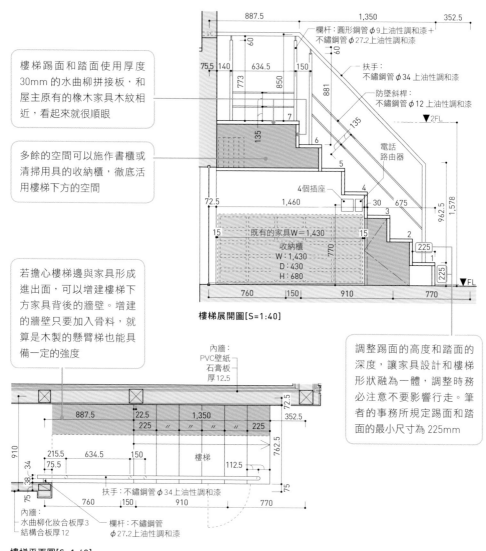

閣樓

活用充滿包覆感的氛圍，打造多功能空間

基本範例

只要放一張迷你桌子，就能成為既像是愉快的秘密基地、又可以機動性地調整功能的空間
兒童用的斗櫃能收納的容量比看起來得大，規劃時最好先預留 500mm 的深度
650mm
~1,400mm
400mm
600mm
從樓下看不到閣樓裡面，小孩子亂丟東西也沒關係
挑空設計方便與樓下互通聲息

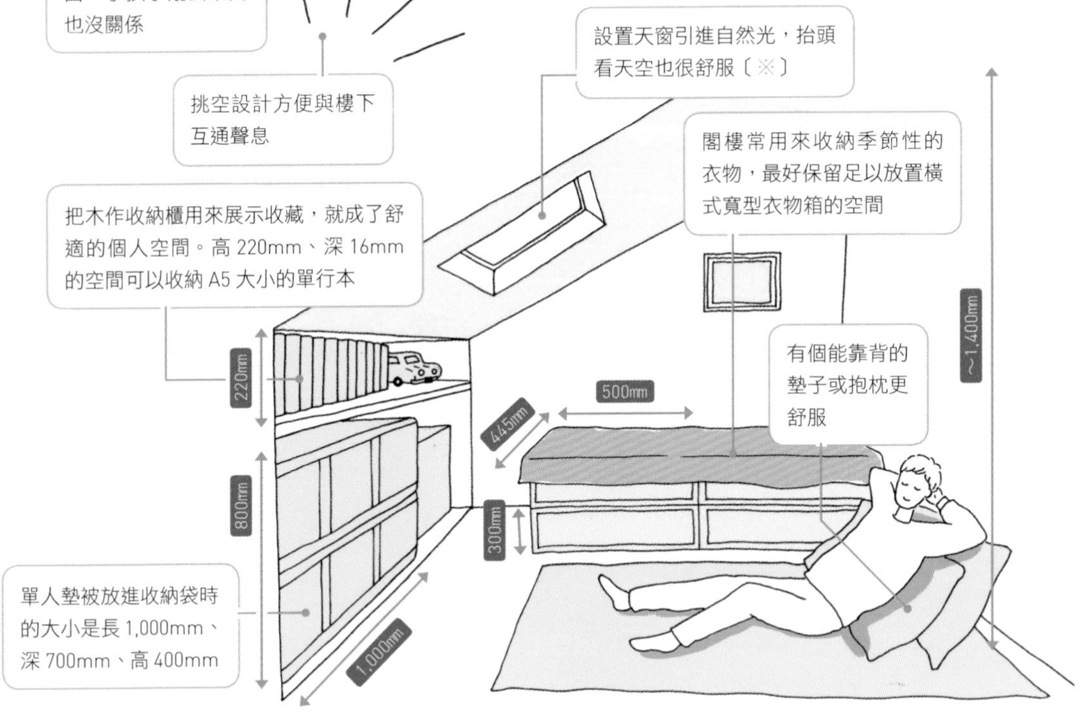
設置天窗引進自然光，抬頭看天空也很舒服〔※〕
閣樓常用來收納季節性的衣物，最好保留足以放置橫式寬型衣物箱的空間
把木作收納櫃用來展示收藏，就成了舒適的個人空間。高 220mm、深 16mm 的空間可以收納 A5 大小的單行本
220mm
800mm
1,000mm
445mm
500mm
300mm
~1,400mm
有個能靠背的墊子或抱枕更舒服
單人墊被放進收納袋時的大小是長 1,000mm、深 700mm、高 400mm

主要收納於閣樓的物品

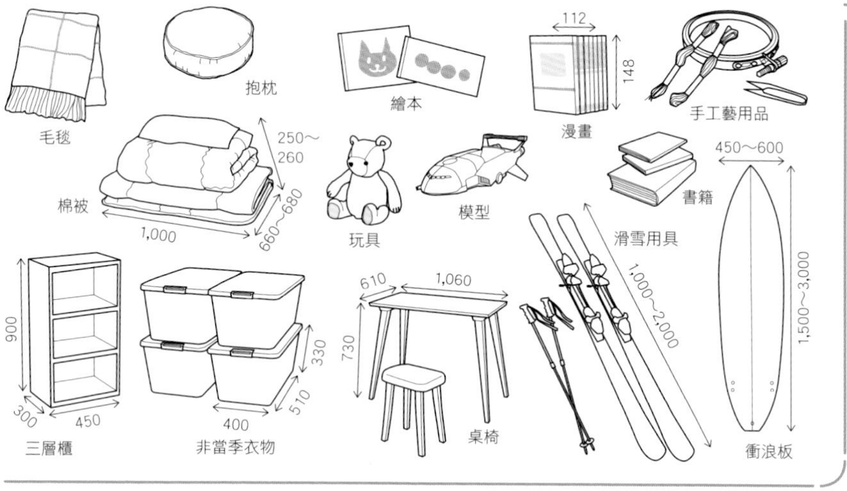
毛毯
抱枕
繪本
112
148
漫畫
手工藝用品
250～260
棉被
1,000
660～680
玩具
模型
書籍
450～600
滑雪用具
1,000～2,000
1,500～3,000
610
1,060
730
900
300
450
三層櫃
330
510
400
非當季衣物
桌椅
衝浪板

活用剩餘空間而設置的閣樓，在面積有限的住宅中是非常重要的收納空間。除了用來收納像是非當季物品、或是運動用品等這些平常用不到的大型物品之外，只要發揮巧思，便能讓閣樓成為多功能使用的場所。

例如，可作為收納兒童玩具的儲藏室兼遊樂場。因為和日常生活空間有所區隔，亂七八糟也無所謂。雖然不容易把玩具搬移到其他房間，卻也有容易集中於一處整理的優點。挑高設置的閣樓也能和樓下互通聲息，讓大人小孩都安心。

閣樓也能當成全家共享的空間，無須特意設定使用目的；像是想獨處、專心看書或是作手工藝時，把各自嗜好興趣的用品都收納在既非公共空間亦不是個人房間的閣樓，就可以依據個人需求使用這個獨立於世的空間。另外，子女邀朋友來家裡玩時也能在這裡聊天玩耍，或是用來收納客人用的棉被。

如果設置天窗〔※〕，晚上還能躺在閣樓看星星，享受一下不同於日常的夢幻時光。

【關本龍太／RIOTADESIGN】

※以閣樓收納的名義申請時，可能會對開口有些限制。請事先洽詢各地方管理單位。

❶ 在夾層空間設置閣樓，成為便於通往的收納空間

一般閣樓收納都是設置於屋頂內部，若改設置在上下樓動線必經的夾層空間，使用起來也很方便。本頁案例中，在一樓攝影棚的挑空區旁邊設置收納食材與生活用品的閣樓，徹底活用垂直空間，便能獲得超過地坪面積的收納容量。

在通往樓上客廳．餐廳與廚房動線上的夾層空間設置閣樓，能提升收納食材、生活用品的便利性

從廁所收納門就能進入樓梯下方的倉庫。活用樓梯四周的空間，就能毫不浪費地在順手的位置規劃收納空間

由閣樓入口處望向北側窗戶。來自攝影棚兼門廳的挑空區的風能由此扇窗吹進夾層。

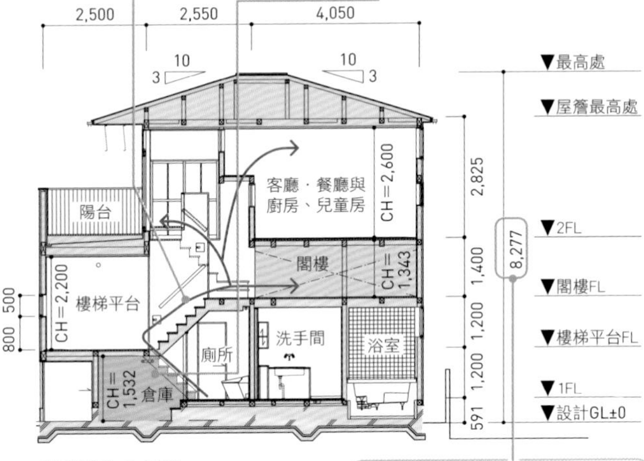

剖面圖[S=1:200]

增建夾層會導致屋簷高度提高。若在高度限制嚴格的地區採用夾層施作閣樓的作法，必須仔細考慮地坪的高程

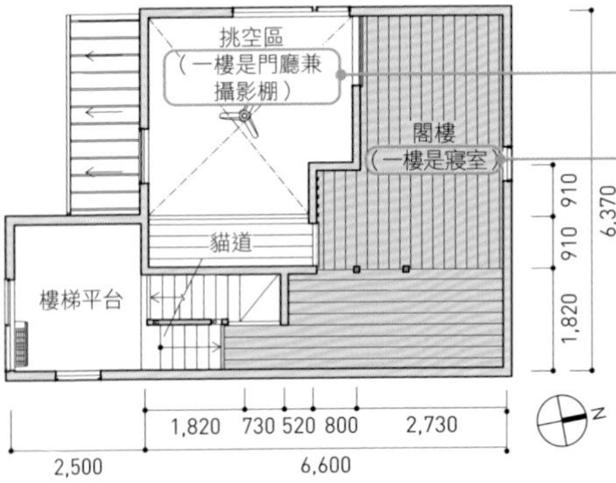

閣樓層平面圖[S=1:200]

相對於需要一定高度的攝影棚，旁邊寢室不需要挑高，就可以把上方空間改為閣樓。夾層同時也具備一到二樓之間的隔音效果

「葛谷家」設計：Suzuki Atelier　攝影：Suzuki Atelier

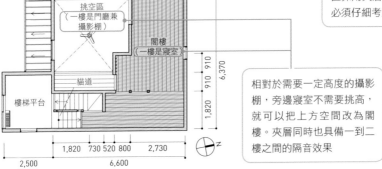

2 在挑空處天花板懸吊箱體，打造兼作遊戲間的收納空間

挑空空間的上半部，是想和家人保持適當距離時的最佳場所。對無法規劃兒童房的狹小住宅來說，則是可以作為孩子們自由嬉戲的遊戲間。本頁案例在二樓挑空處設置了懸掛於天花板的箱體作為閣樓，優點是從二樓仰視也看不見箱體內部的情況，小孩的玩具在裡面丟得亂七八糟也不會感到凌亂。

上：從二樓仰視箱體。中間的樓梯支撐箱體，具備結構體的功能。下：箱體內部刻意不施作木作家具，保留自由放置市售家具與玩具的空間。

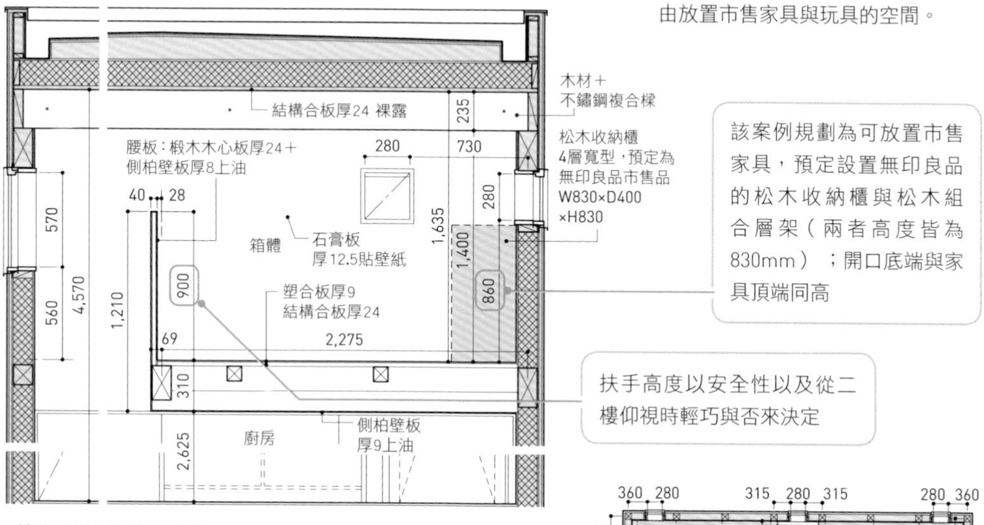
木材＋
不鏽鋼複合樑
結構合板厚24 裸露
235
腰板：椴木木心板厚24＋
側柏壁板厚8上油
280
730
松木收納櫃
4層寬型，預定為
無印良品市售品
W830×D400
×H830
40
28
570
280
1,635
箱體
石膏板
厚12.5貼壁紙
1,400
900
860
560
4,570
1,210
塑合板厚9
結構合板厚24
69
2,275
310
側柏壁板
厚9上油
廚房
2,625
該案例規劃為可放置市售家具，預定設置無印良品的松木收納櫃與松木組合層架（兩者高度皆為830mm）；開口底端與家具頂端同高
扶手高度以安全性以及從二樓仰視時輕巧與否來決定

2樓箱體剖面圖[S=1:50]

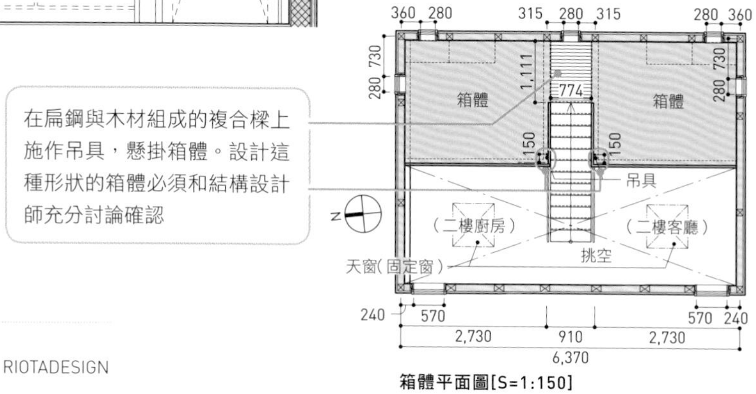
360
280
315
280
315
280
360
730
280
1,111
774
730
280
箱體
箱體
150
150
吊具
（二樓廚房）
（二樓客廳）
挑空
天窗（固定窗）
240
570
570
240
2,730
910
2,730
6,370
在扁鋼與木材組成的複合樑上施作吊具，懸掛箱體。設計這種形狀的箱體必須和結構設計師充分討論確認

箱體平面圖[S=1:150]

「TOPWATER」
設計：RIOTADESIGN　攝影：RIOTADESIGN

車庫和露台等處

透過合適的面材與換氣開口解決沾染泥土或水的問題

基本範例

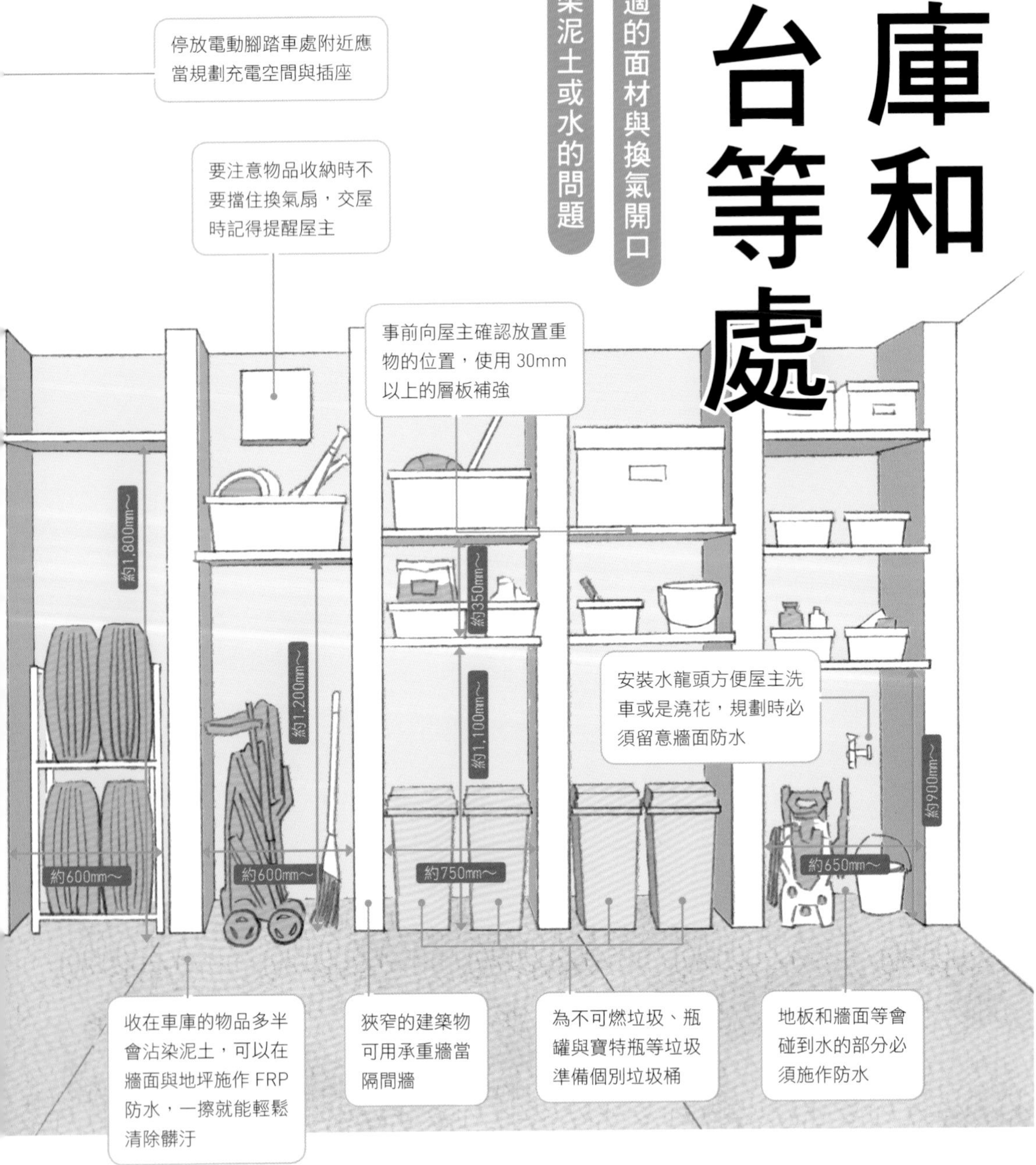
停放電動腳踏車處附近應當規劃充電空間與插座
要注意物品收納時不要擋住換氣扇，交屋時記得提醒屋主
事前向屋主確認放置重物的位置，使用 30mm 以上的層板補強
約1,800mm～
約1,200mm～
約350mm～
約1,100mm～
約900mm～
約600mm～
約600mm～
約750mm～
約650mm～
安裝水龍頭方便屋主洗車或是澆花，規劃時必須留意牆面防水
收在車庫的物品多半會沾染泥土，可以在牆面與地坪施作 FRP 防水，一擦就能輕鬆清除髒汙
狹窄的建築物可用承重牆當隔間牆
為不可燃垃圾、瓶罐與寶特瓶等垃圾準備個別垃圾桶
地板和牆面等會碰到水的部分必須施作防水

主要收納於車庫與露台等處的物品

286
563
331
高壓沖洗機
電動腳踏車
充電座
水桶
洗車用
清潔劑
鏟子
灑水器
電動腳踏車
電池
450
341
575
垃圾桶
900
450
400
烤肉架
790～1,030
嬰兒推車
640
390～
～880
水管捲收架
球
輪胎架
滑板
172
1,453
1,391
鋁梯
300
1,300
高爾夫
球袋
摺疊式躺椅
摺疊時：
W600×D1,350
×H75

約1,400mm～
約350mm～

採用可動式層板，使用時更方便

在車庫或露台等處所設的收納空間主要是用來收置「不想拿進家中的物品」，例如在室外使用的物品、掃除用具與沾染泥土的物品等等。除此之外，與汽車相關的用品、園藝用具、運動用品、嬰兒推車等也可以收納在此。因為物品種類與尺寸五花八門，建議使用可動式層板以便對應。使用開放式的收納架，就能讓物品一覽無遺，省去尋找的時間。不可燃垃圾需要保留分類與保管的空間；廚餘則最好放在室外收納空間中的垃圾桶，以免氣味擴散。高壓沖洗機則需要水龍頭與電源，同時考量牆面可能會碰到水，建議施作FRP防水。

最近電動腳踏車日益普及，規劃時別忘了預留充電空間與插座。規劃車庫時，必須考慮打開後車廂拿行李的空間，因此從後保險槓到牆面需要保留一公尺左右的距離。

園藝用具與摺疊式躺椅要是能收納在露台上會十分方便，規劃時必須下點工夫，收在從室內看不到的地方，看起來就能保持清爽。

[LEVEL Architects]

1 露台收納的規劃必須考慮來自室內的視線

露台可以用來收納盆栽用土和肥料等園藝用具；空間再大一點的話，還能收納烤肉用具、折疊椅等各類材料與用品。這些在室外使用的物品自然要能收納在使用地點附近，而非拿進室內。不過設計露台旁的收納空間時必須考量來自室內的視線，讓收納藏於無形，就不會破壞景觀。

從室內望向露台。平常不放置摺疊椅等物品，以免影響景觀。收納櫃設置在露台右側的牆面裡。

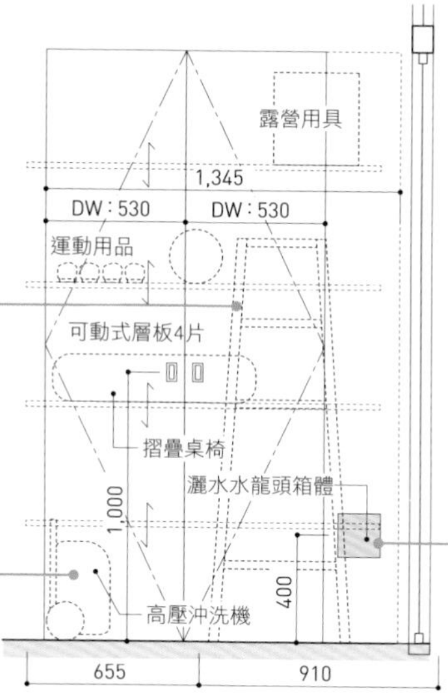
露營用具
1,345
DW：530
DW：530
運動用品
可動式層板4片
摺疊桌椅
灑水水龍頭箱體
1,000
400
高壓沖洗機
655
910

擦拭玻璃窗用的鋁梯收納於此

露台的地坪容易髒污，因此把清潔用的高壓沖洗機也收納在這裡。收納櫃中設置了清潔、烹飪與暖氣用的插座

設置灑水水龍頭以便園藝與清掃工作，施作箱體藏收以免破壞景觀

展開圖[S=1:40]

收納櫃的門片上鎖，以免被強風吹開。門右下方的板子是灑水水龍頭箱體的蓋子。

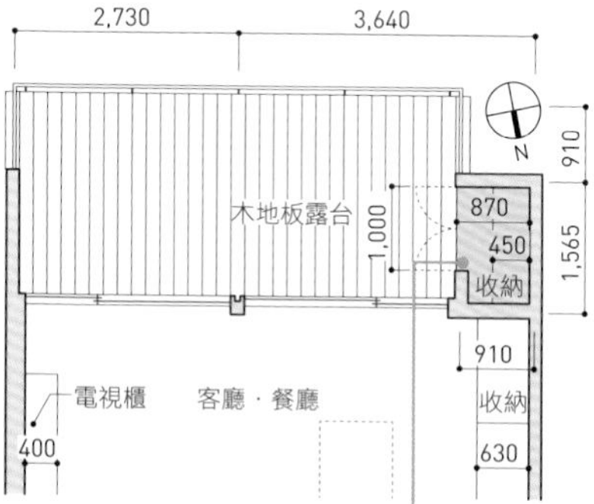
2,730
3,640
N
910
木地板露台
1,000
870
450
收納
1,565
910
電視櫃
客廳・餐廳
收納
400
630

2樓平面圖[S=1:150]

利用承重牆規劃的收納空間，可用深度為850mm。二樓以上的露台由於必須考量風大時可能吹飛盆栽、撞破玻璃，因此設計成所有盆栽都能收納到室內

「鎌倉中央公園的住宅」設計：LEVEL Architects　攝影：LEVEL Architects

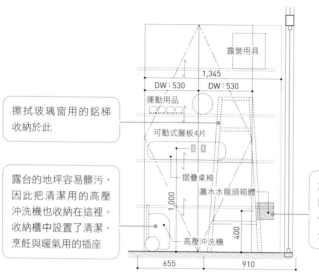

2 小房子要善用承重牆打造收納空間

小房子往往不容易在短邊施作所需的承重牆。本頁案例中選擇利用承重牆來打造車庫旁的收納空間。活用650mm的深度，用防水層架來收納備胎與垃圾桶等等。若要把車庫打造為室內空間，需要加上鐵捲門與換氣設備等等，所費不貲，但只要加上屋頂做成半開放空間，便能省下許多費用。

收納櫃裡設置水龍頭，地坪與牆面施作FRP 防水，門片下方要保留換氣縫

事先決定好收納重物的位置，在該部分層板加厚 30mm 以上

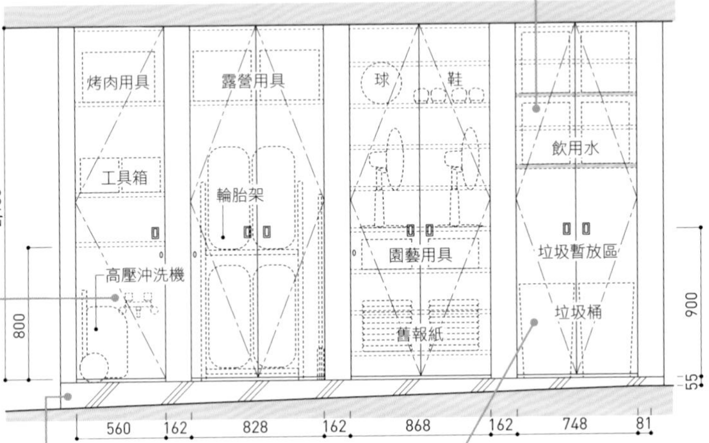

烤肉用具
露營用具
球
鞋
工具箱
輪胎架
飲用水
園藝用具
垃圾暫放區
高壓沖洗機
垃圾桶
舊報紙
2,130
800
900
55
560
162
828
162
868
162
748
81

展開圖
[S=1:50]

車庫必須考量雨水排水，因此將地坪設置為 3.5/100 的斜坡

收納櫃的門片建議使用美耐板，潑到雨水也不容易受潮

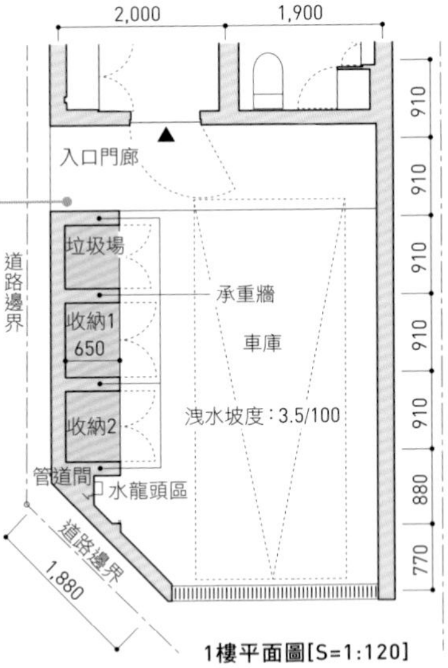

2,000
1,900
入口門廊
垃圾場
承重牆
收納1
650
車庫
收納2
洩水坡度：3.5/100
管道間
水龍頭區
道路邊界
道路邊界
1,880
910
910
910
910
910
880
770

1樓平面圖[S=1:120]

車庫有兩個出入口，分開人車動線，就能讓入口門廊顯得沉穩清潔而不凌亂

倘若車庫不施作鐵捲門，作為室外區域使用時，建議在收納櫃加上鎖以防偷竊。

「門前仲町之住宅」設計：LEVEL Architects　攝影：LEVEL Architects

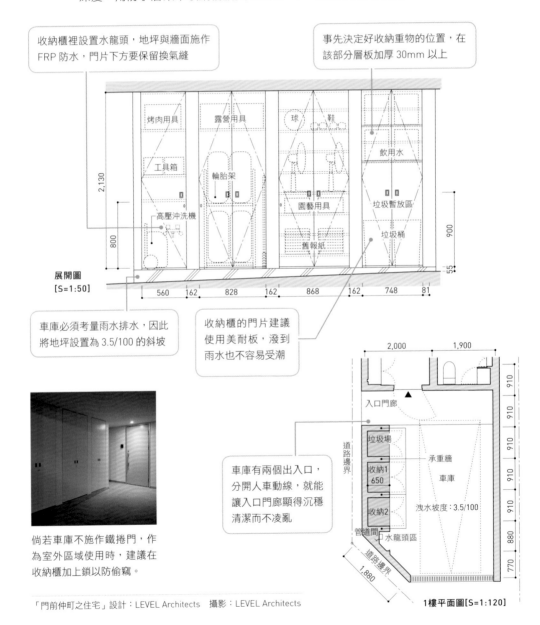

3

Part 3

章

木作收納家具的基礎知識與做法

把物品收納於合適的位置，
需要能收納物品的「箱子」——也就是家具。
本章說明如何配合空間的形狀與素材，
打造出美感與性能上都優秀的收納家具。

❶ 規劃遮蔽與隔間效果兼具的大型收納家具

將天花板等處與木作收納家具的材質質感統一，就能營造出空間的整體感。本頁案例中的屋主不希望廚房周圍出現生活痕跡，因此不僅是廚具，包括微波爐、電鍋和空調機也全部收入委託木作師傅製作的大型收納家具中。餐具櫃的部分使用了抽屜、雙軌拉門與平開門三種開啟方式。

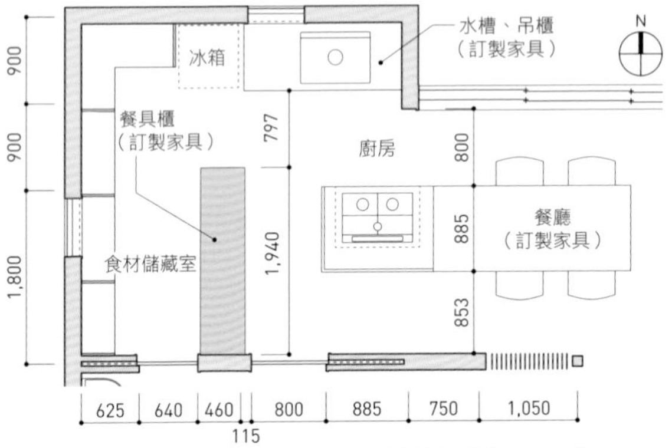
水槽、吊櫃
（訂製家具）
N
冰箱
餐具櫃
（訂製家具）
廚房
餐廳
（訂製家具）
食材儲藏室
900
900
1,800
797
1,940
800
885
853
625
640
460
800
885
750
1,050
115
2樓廚房平面圖[S=1:100]

有時請木工師傅施作的木作收納家具上，還是會安裝向家具師傅訂購的原創把手。像這樣只要加入一項作工精巧的要素，即使是現場木作的家具，也能顯出如訂製般的精緻感。

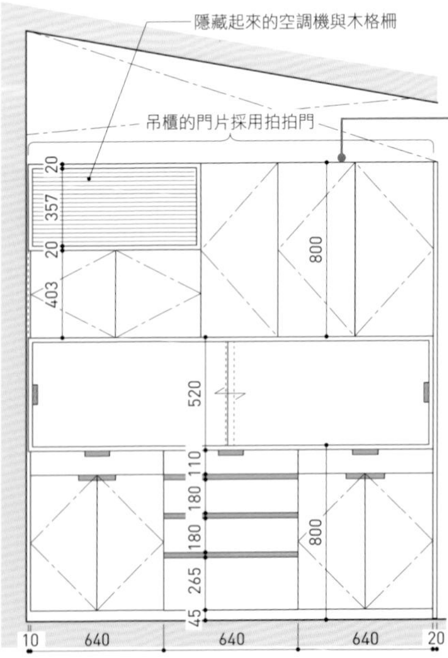
隱藏起來的空調機與木格柵
吊櫃的門片採用拍拍門
20
357
20
403
800
520
110
180
180
265
45
800
10
640
640
640
20
收納家具立面圖[S=1:40]

活用大型收納家具2,100mm的高度，作為餐廳與食材儲藏室之間的隔間，遮擋來自餐廳的視線

收納櫃規劃得較淺，以便拿取物品

因為也收納了電鍋與微波爐等家電，上方層架以下的空間都加大深度，並在層架後方設計排氣通道（微波爐散發的熱氣），就不會成為收納死角

背板鑽孔以便電鍋等家電冒出來的蒸氣得以散發

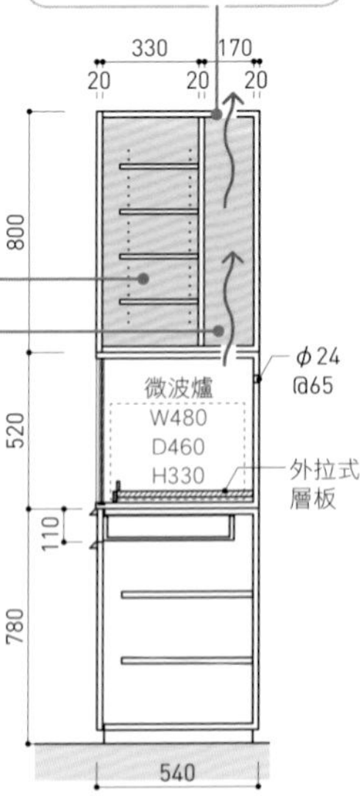
330
170
20
20
20
800
520
110
780
ϕ24
@65
微波爐
W480
D460
H330
外拉式
層板
540
收納家具剖面詳圖
[S=1:40]

「國立之家」設計：Ando Atelier　攝影：西川公朗

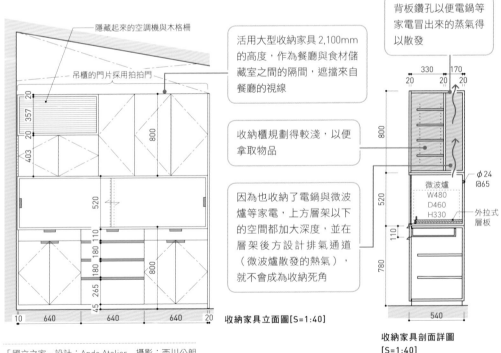

廚房所在的二樓整體以稍微弧狀的木板天花板包覆，因此這裡的木作收納家具刻意做得比天花板稍低，強調連為一體的空間會讓人有十分寬敞的感受。

從餐廳望向廚房。照片左方的櫃子安裝五片層板，降低間隔高度，以便收納更多碗盤。門片選用拉門，以免地震等災害發生時碗盤掉落。

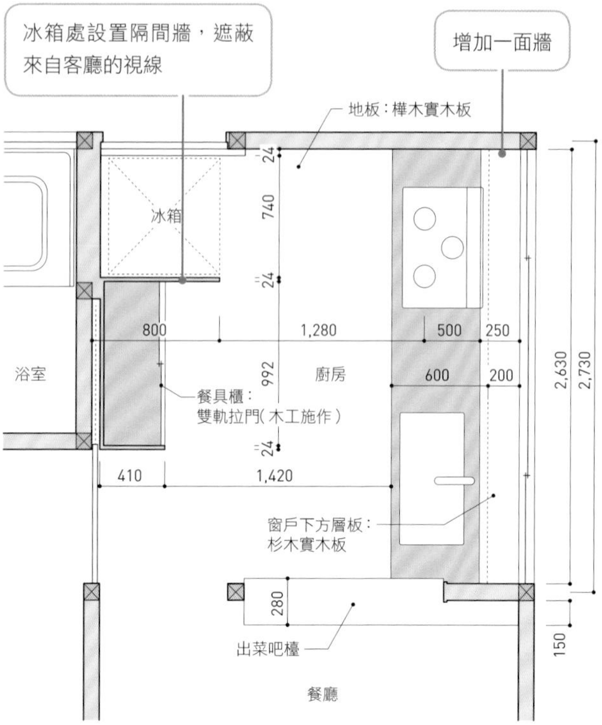
冰箱處設置隔間牆，遮蔽來自客廳的視線
增加一面牆
地板：樺木實木板
冰箱
浴室
廚房
餐具櫃：
雙軌拉門（木工施作）
窗戶下方層板：
杉木實木板
出菜吧檯
餐廳
24
740
24
992
24
800
1,280
500
250
600
200
410
1,420
2,630
2,730
280
150

廚房平面圖[S=1:50]

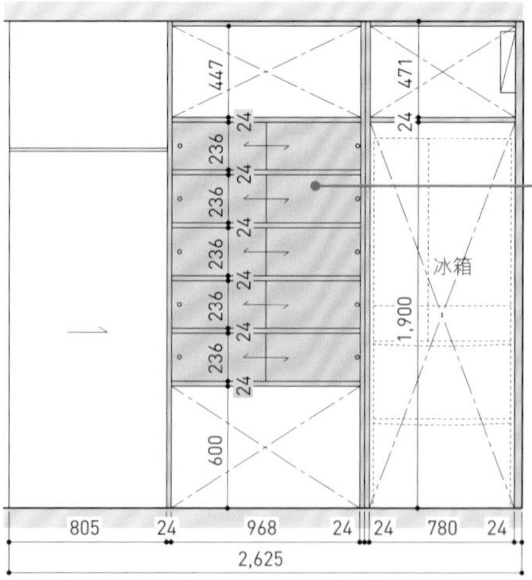
447
471
24
236
冰箱
1,900
600
805
24
968
24
24
780
24
2,625

廚房收納家具正面圖[S=1:50]

板上鑽圓孔，做為拉門的把手。這種作法不僅便於木作師傅施工，外觀也簡潔俐落，富設計感

「東宮原之家」設計：Buttondesign　施工：村上建築工舍　攝影：小松正樹

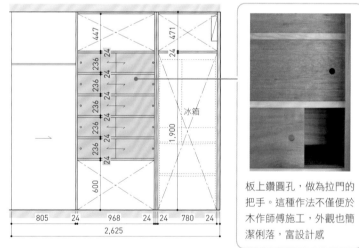

② 委託木工師傅，施作美麗的木紋廚具櫃

向收納家具師傅訂製廚房家具時，最常發生的就是成本問題，若交由木工師傅施作的話就便宜多了。然而設計成果是否能讓屋主滿意，得看設計師的用心以及細心與否。照片中是屋齡近乎五十年的木造獨棟房子改建，廚房的木作廚具櫃委託木工師傅施作。設計師與工務店多次討論後，終於設計出木工師傅就能施作的附輪收納箱以及推拉門式的餐具櫃。活用木材美麗的紋理，打造出美觀又實用的廚房。

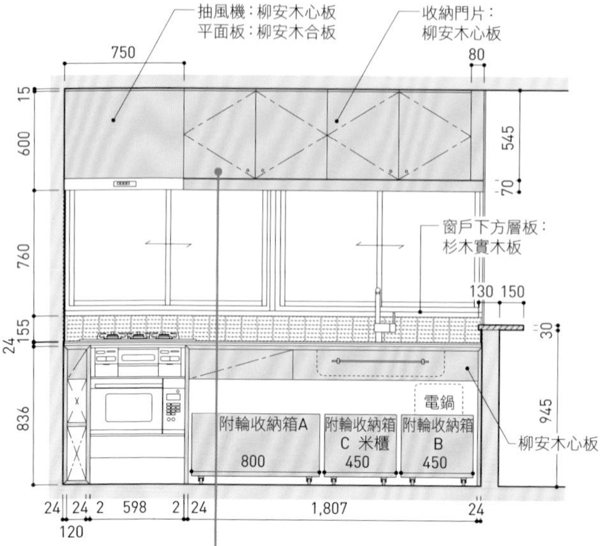
抽風機：柳安木心板
平面板：柳安木合板
收納門片：
柳安木心板
750
80
15
600
545
70
760
窗戶下方層板：
杉木實木板
130 150
155
24
30
836
945
電鍋
附輪收納箱A
800
附輪收納箱C 米櫃
450
附輪收納箱B
450
柳安木心板
24 24 2 598 2 24 1,807 24
120

廚房流理台正立面圖[S=1:50]

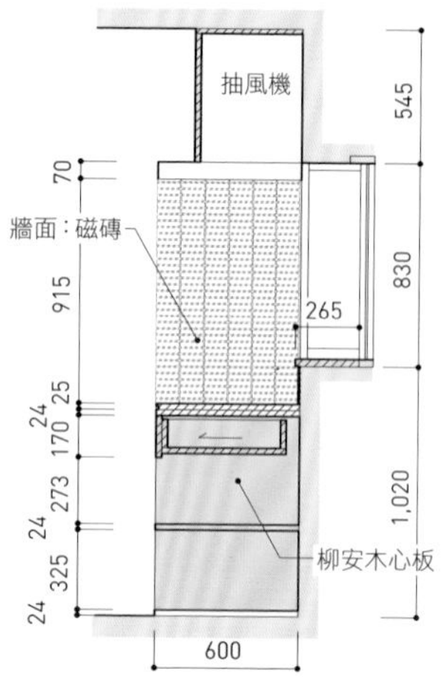
抽風機
545
70
牆面：磁磚
915
830
265
25
24
170
1,020
273
24
325
24
柳安木心板
600

廚房流理台剖面圖[S=1:50]

流理台上方的吊櫃門片選擇柳安木心板，對齊木紋後看起來就像是一整塊木板

爐子和水槽端的流理台採用柳安木心板來施作，頂板使用髮絲紋不鏽鋼板，爐子旁是容易清潔的磁磚。流理台下方用來收納附輪子的收納箱。

附輪收納箱 A
附輪收納箱 B

收納箱拉出來時的模樣。附輪收納箱 A 內有隔板，可以把平底鍋立起吊掛固定；蓋上蓋子就是客人來訪時暫用的椅子。附輪收納箱 B 用來收納電鍋；煮飯時放置於頂板，以免蒸氣悶在裡面。

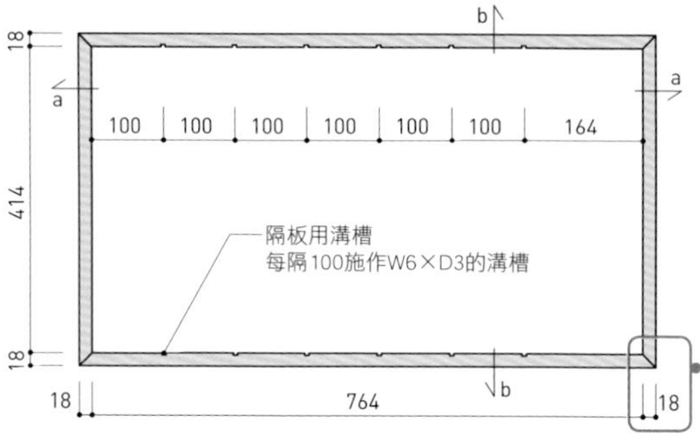
b
a
a
100
100
100
100
100
100
164
隔板用溝槽
每隔100施作W6×D3的溝槽
18
414
18
18
764
18
b

收納箱使用 15mm 厚的柳安木心板貼 2.5mm 厚的柳安木片以便對齊木紋，更顯美觀。直角處使用實木。

附輪收納箱A平面圖[S=1:15]

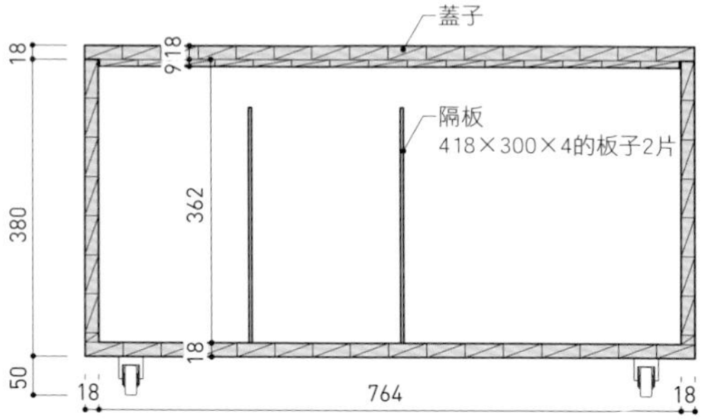
蓋子
隔板
418×300×4的板子2片
18
9
18
380
362
18
50
18
764
18

a-a剖面圖[S=1:15]

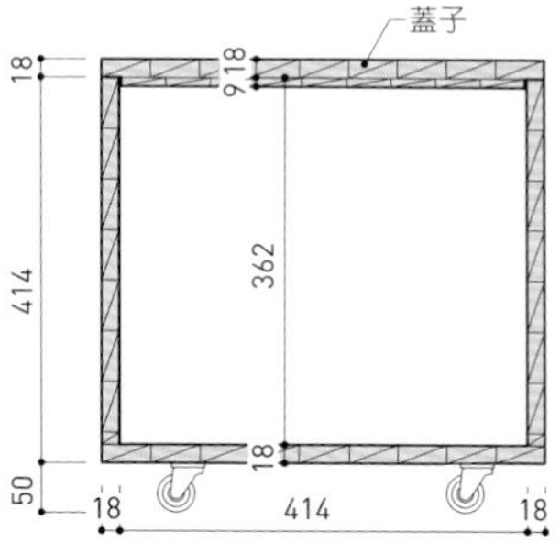
蓋子
18
9
18
414
362
18
50
18
414
18

b-b剖面圖[S=1:15]

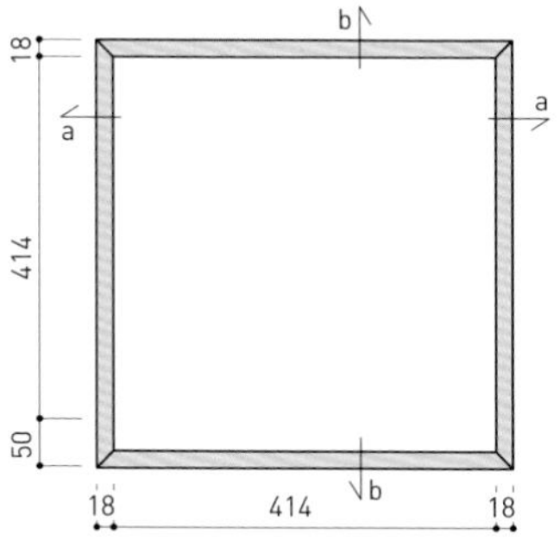
b
a
a
18
414
50
18
414
18
b

附輪收納箱B平面圖[S=1:15]

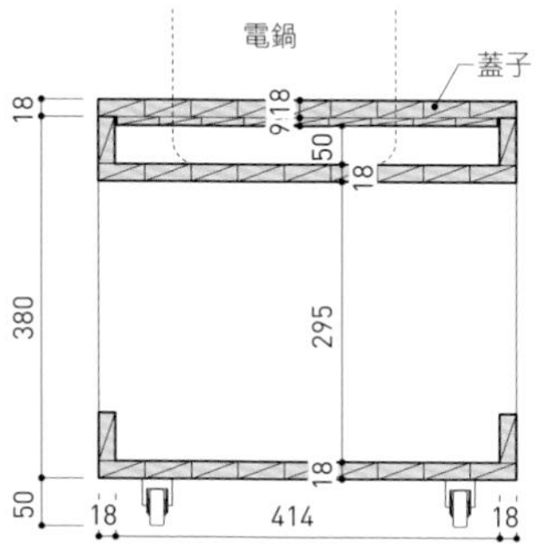
電鍋
蓋子
18
9
18
50
18
380
295
18
50
18
414
18

a-a剖面圖[S=1:15]

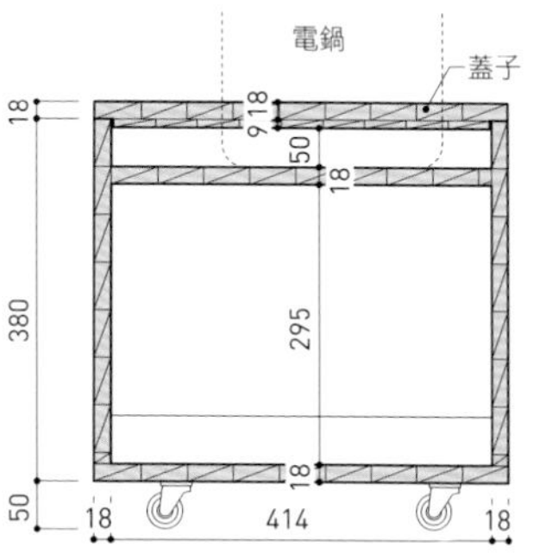
電鍋
蓋子
18
9
18
50
18
380
295
18
50
18
414
18

b-b剖面圖[S=1:15]

「東宮原之家」設計：Buttondesign　施工：村上建築工舍　攝影：小松正樹

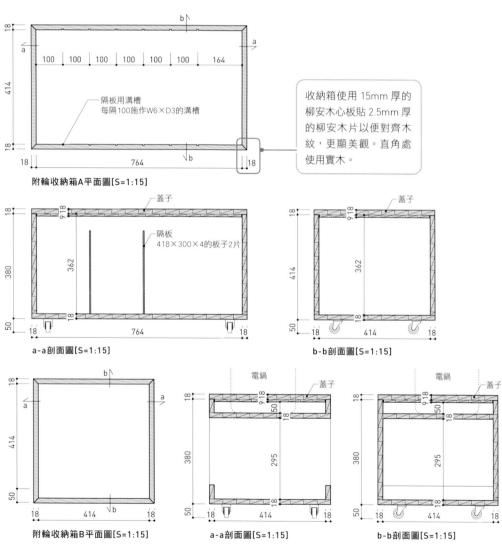

木質面材的選擇與使用方式

木作收納家具基本上是「組裝桶身」。只要改變桶身與門片的面材，展現出來的風格與美感便會大不相同。挑選面材時應留意如何發揮其材料的特徵。

推薦的背板材

積層合板／木心板／角料單面貼波麗板／低壓美耐板

角料貼皮是避免看到內側角料或框料的加工方式。背板後方貼牆，看不到背面，因此多半使用單面貼皮的作法節省成本

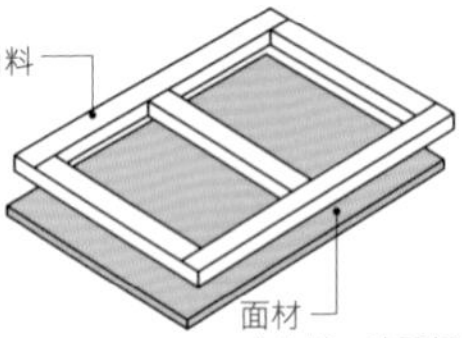

推薦的側板與縱向隔板材

積層合板／木心板／低壓美耐板

內側可用門片隱藏，因此木工師傅多半使用木心板，家具師傅多半使用木心板或角料貼皮節省成本。使用角料貼皮時必須注意木釘和壁條要釘在角料上

推薦的門片材

三層合板／貼面合板／木心板

門片使用貼面合板，成品的印象會受到木紋方向左右（參考 143 頁專欄）

訂製收納家具的關鍵在於性價比

訂製收納家具多半是在價值工程〔※1〕階段刪除預算。若想利用有限預算打造美麗的收納家具，挑選材料時就必須考量如何兼顧風格與成本。材料的風格請參考 142 ～ 143 頁。根據面材所在位置可視與否來決定材料，便能完成物美價廉的收納家具。

無論是現場木作或是訂製收納家具，收納所需的家具基本上都是「組裝桶身」（組合面材）。若希望兼顧美觀與便利，必須充分思考如何挑選合適的面材（上圖）。

木質材料大致上可分為三種：❶實木、❷合板與❸其他面材（142～143頁）。實木觸感良好，散發溫暖的氣息。由於價格昂貴，建議用於頂板等容易映入眼簾的部位即可；若大面積使用不僅成本高昂，也容易因為木板的熱脹冷縮而產生開裂的情況。

另一方面，經濟實惠的合板適合用於層板等不引人注

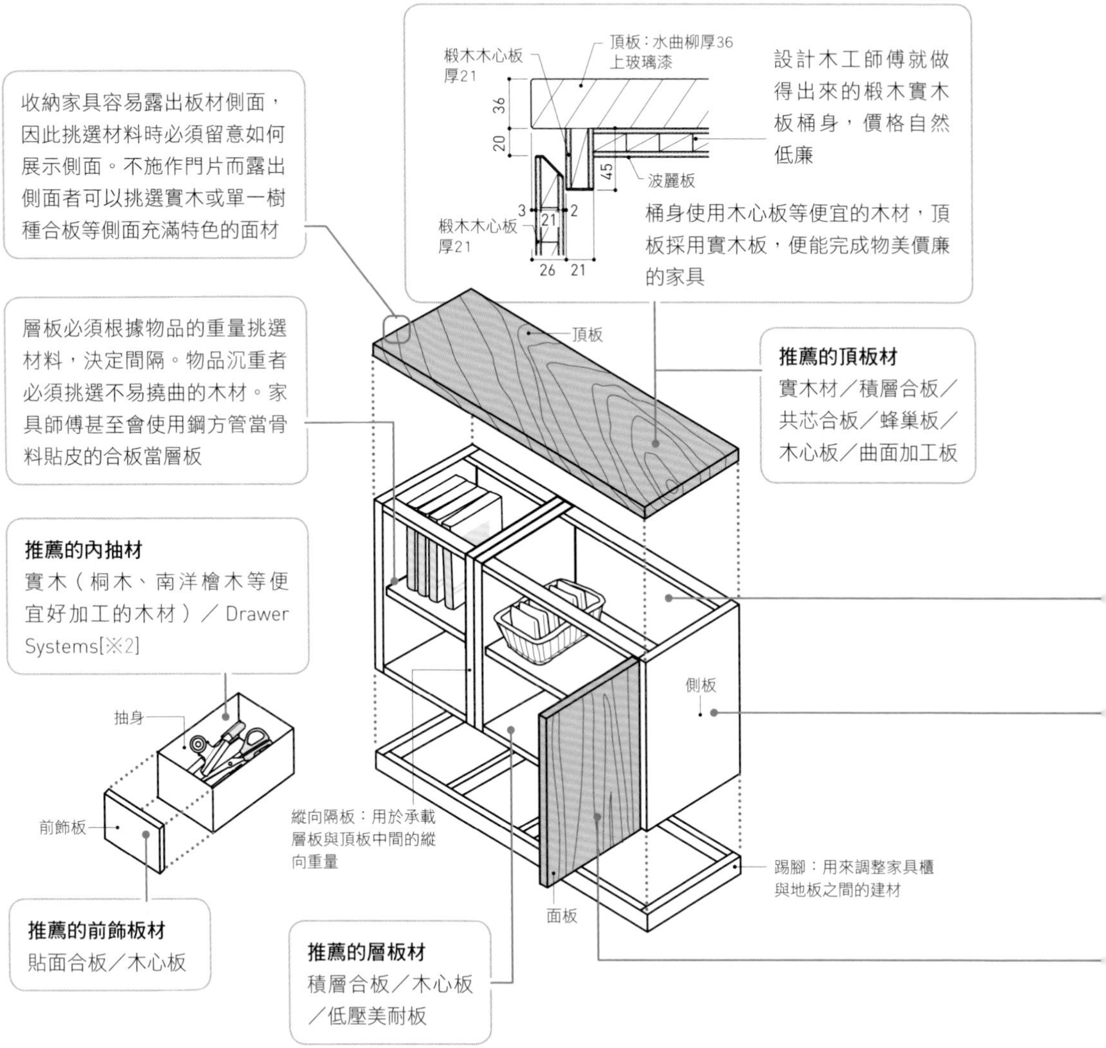
收納家具容易露出板材側面，因此挑選材料時必須留意如何展示側面。不施作門片而露出側面者可以挑選實木或單一樹種合板等側面充滿特色的面材
椴木木心板厚21
頂板：水曲柳厚36上玻璃漆
36
20
45
波麗板
3
2
21
椴木木心板厚21
26
21
設計木工師傅就做得出來的椴木實木板桶身，價格自然低廉
桶身使用木心板等便宜的木材，頂板採用實木板，便能完成物美價廉的家具
層板必須根據物品的重量挑選材料，決定間隔。物品沉重者必須挑選不易撓曲的木材。家具師傅甚至會使用鋼方管當骨料貼皮的合板當層板
頂板
推薦的頂板材
實木材／積層合板／共芯合板／蜂巢板／木心板／曲面加工板
推薦的內抽材
實木（桐木、南洋檜木等便宜好加工的木材）／Drawer Systems[※2]
側板
抽身
前飾板
縱向隔板：用於承載層板與頂板中間的縱向重量
踢腳：用來調整家具櫃與地板之間的建材
面板
推薦的前飾板材
貼面合板／木心板
推薦的層板材
積層合板／木心板／低壓美耐板

目的部位，只是必須注意板材裸露的側邊。最簡單的解決辦法是使用實木封邊條〔※3〕隱藏；或是刻意裸露，當作設計的一環。例如瀧澤木材推出的集成板「PAPER WOOD」，其側邊也充滿特色。近年來推出的低壓美耐板可用於衛浴間與廚房等經常用水的區域。選擇面材時必須考量收納家具的位置與收納的物品，方能適才適所。

[和田浩一／STUDIO KAZ]

※1 保障品質但刪減成本之意。※2 抽屜側板「抽牆」和滾輪一體化的商品。※3 實木封邊條是把實木刨成長條狀連接起來，背面上膠。厚度約0.45mm。

❶ 實木材／無垢材

實木板／無垢板（一片板）

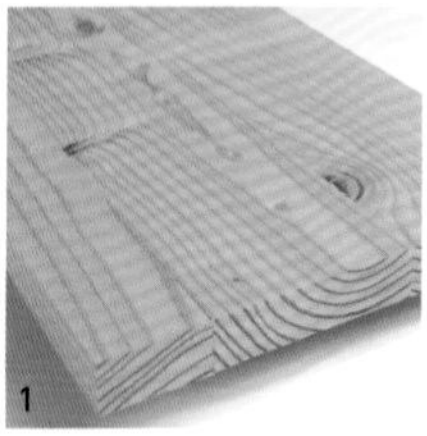
1

從一塊原木材切割出來的板材。實木板的魅力是擁有自然的木紋與溫暖的氣息，缺點是容易翹板變形。使用大型板材時，採用的是橫向拼接實木板的「直拼板」

拼接板／集成材

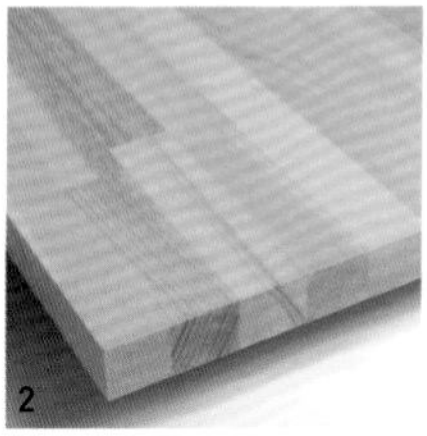
2

由小塊角料層積膠合而成的板材，拼接位置通常不對齊，觸感也會隨樹種而有所不同；相較於實木板不容易翹板變形是其特徵。優點是價格較實木板親民

三層合板

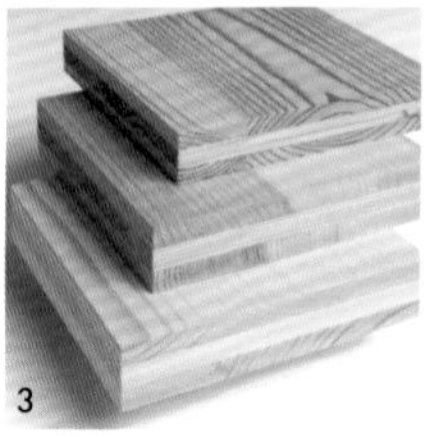
3

是以作結構材為目的所開發的木材類型，由三片實木板的木紋直交拼貼而成。在乾燥過程也不會輕易變形，強度高。把側邊切口的三層木紋組合當作造型，可以做出充滿個性的家具

杉木中空板（POWER PLACE）

4

將杉樹原木切割成角料後，組合剩餘外緣材料而成的板材。由於是帶有圓弧狀的板材，組合後會在切割處形成孔洞，呈現出形狀特殊的側面

AQUA WOOD（朝日木材加工）

5

以實木與壓克力板層積而成的集成板。由於壓克力板處透光，能呈現出純木材所缺少的透明感與穿透感。改變壓克力板的顏色也可欣賞不同的光線顏色

❷ 合板

積層合板

6

把椴木或柳安木等來自南洋熱帶地區的木材交互疊合而成的合板。價格較為低廉，使用範圍也很廣泛，橫跨牆壁與地板的底材到面材等等

木心板

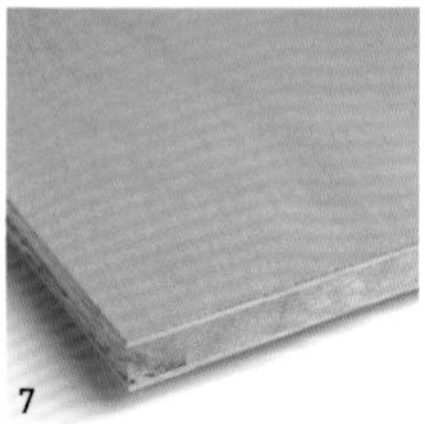
7

以塊狀麻六甲木［※1］為板芯的合板。特色是輕巧不易翹板、價格實惠。兩側相夾的表板多為椴木或柳安木

共芯合板

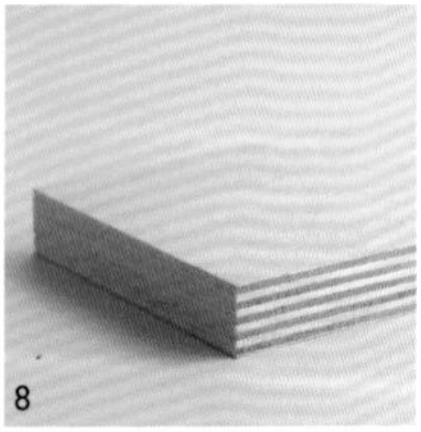
8

表板與板芯採用同一樹種的合板。因為斷面很美，因此就算側邊見光也不影響家具的高級感

椴木與柳安木合板

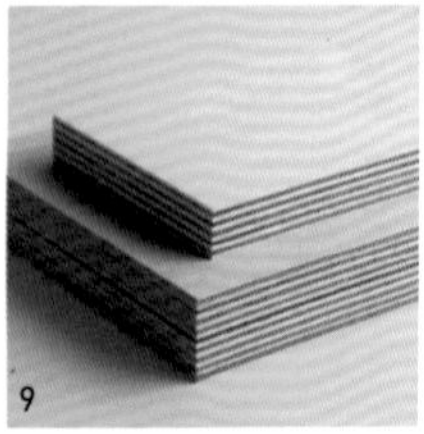
9

椴木與熱帶地區生產的龍腦香科木材交疊而成的合板。由於原料包含龍腦香科木，硬度與重量都高於椴木或松木合板，強度也更強

PAPER WOOD（瀧澤木材）

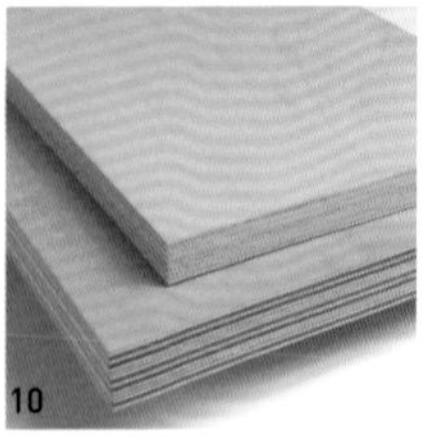
10

用色紙與木材積層而成、以側面結構為特徵的合板。由於不是塗裝上色，顏色不會脫落。所有角度皆能切割出美麗的側面

專欄

實木貼皮的風格依貼法而異！

（採訪協助：安多化妝合板）

實木貼皮指的是把木材刨成厚度 0.2 ～ 0.6mm 薄片所做成的木皮板材。事先貼好這種木皮的合板就稱為貼面合板。由於木紋美麗的木材數量稀少且價格昂貴，若製成貼面合板就能降低使用的門檻。最近出現許多活用天然素材特有顏色與形狀的新產品（A）。設計時運用這些特色，便能打造出獨一無二的家具。木皮的印象也會隨著貼法而大幅改變，使用前必須充分考慮貼法（B）。

A 活用原木花紋的實木貼皮

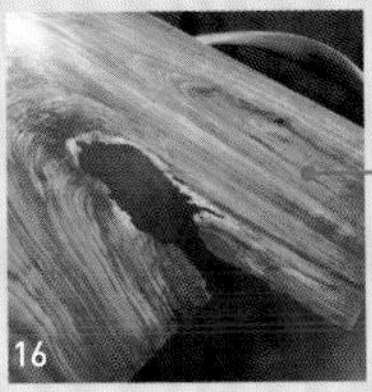

16

將這片有木紋分岔和木節等缺點的核桃木皮，貼在漆成黑色的合板上，反而能化缺點為造型。

B 根據木皮貼法不同而呈現不同風格

順花拼

木紋排列成相同方向的貼法。容易對木紋，是常見的貼法

17

同方向排列貼合

合花拼

以對稱的方式拼貼木紋，特徵是會讓木紋看起來比較大

18

對稱排列貼合

亂花拼

隨機排列木紋的方向與位置。貼皮之前必須充分確定貼好之後的效果，以免結果不符需求

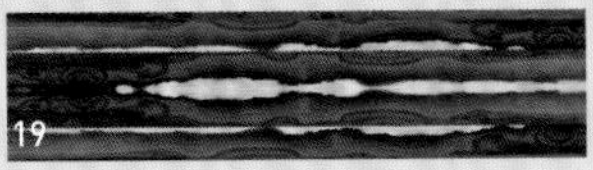

19

木紋隨機排列貼合

❸ 其他木質面材

密迪板／MDF

11

以接著劑結合木質纖維固定而成的板材。由於表面緊密，非常適合作為塗裝底材。不過因為不防水，因此若想用於衛浴或廚房等經常用水的區域時，需考慮防水處理，例如塗裝撥水塗料等等

塑合板

12

將小片木材膠合加壓製成的板材。製作家具時，多半作為低壓美耐板或印刷合板的底材

定向纖維板（OSB）

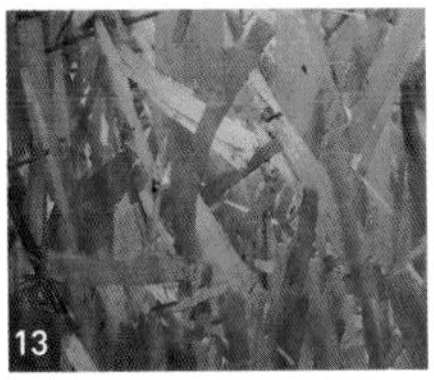

13

以尺寸略大於塑合板材料的小片木材膠合加壓製成的板材。有時會用作面材，然而由於這種板材會吸收大量塗料，使用上要特別注意

低壓美耐板

14

以塑合板等木質面材做為底材，貼上含浸三聚氰胺樹脂的紙張，以熱壓加工、一體成型的化妝板。因為表面是樹脂，有硬度高、耐磨擦、防水等特性

波麗木心板

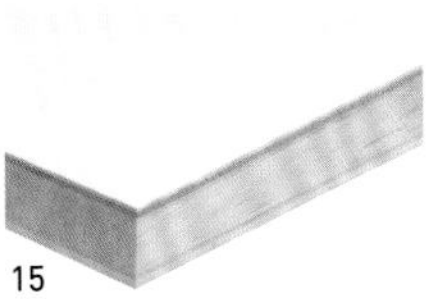

15

板芯為麻六甲木，上下黏貼波麗板的板材。經常用於便宜的層板或櫥櫃的側板

※1 豆科闊葉樹，木材呈淡黃白色，柔軟質輕、易加工

照片來源：[1～3、6～12、15]猿山智洋、[4]POWER PLACE、[5]朝日木材加工、[13、16]和田浩一、[14]三榮、[17～19]安多化粧合板

其他面材的選擇與使用方式

大多數的木質面材都不耐潮濕，因此衛浴間與廚房等經常用到水的區域，建議使用樹脂或金屬材質的面材；挑選時也必須留意強度和是否容易加工。

推薦的背板材
波麗板

由於背板所需板材面積大，建議使用波麗板來壓低成本。波麗板有一定厚度，可直接作為背板

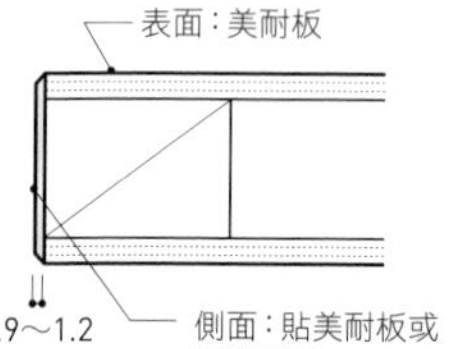

使用美耐板時可以在側邊貼上彩色板芯[※1]的美耐板，以免板芯外露，看起來也更美觀

推薦的側板與縱向隔板材
角料貼波麗板

側板使用容易加工的波麗板好安裝木釘和鉸鍊；美耐板因為質地堅硬難加工，不建議使用

衛浴間和廚房的面材對比

基本上和木質面材的挑選原則一樣，「看不見的地方使用價廉的建材」（左圖）。特別是金屬材料會因為表面加工方式不同，即使是相同材料也會呈現出完全不同的風格（146頁❷）。另外，流理台頂板等容易損傷的部位，經常會為了美觀而選擇鏡面加工的不鏽鋼面材，結果卻因為容易損傷而反而刮得傷痕累累，因此挑選時也要連同此點一併考量。

衛浴間和廚房等經常用水的區域使用木質面材的木作收納家具，容易發生變形與開裂等問題，因此考量面材時，除了木材之外，還有❶樹脂、❷金屬、❸人造大理石和❹陶瓷等材料選擇。特別是由於近來技術日新月異，這些面材的美觀程度與機能也日益進步（146～147頁❶～❹）。

先談談有些乍看之下一模一樣、其實特質大相逕庭的面材。例如波麗板和美耐板都使用樹脂製成，卻因為製作方式不同而導致板材在厚度與硬度（強度）都有所差異，價格更是天壤之別（146頁❶）。若使用錯誤，就容易造成頂板傷痕累累或是工廠難以加工

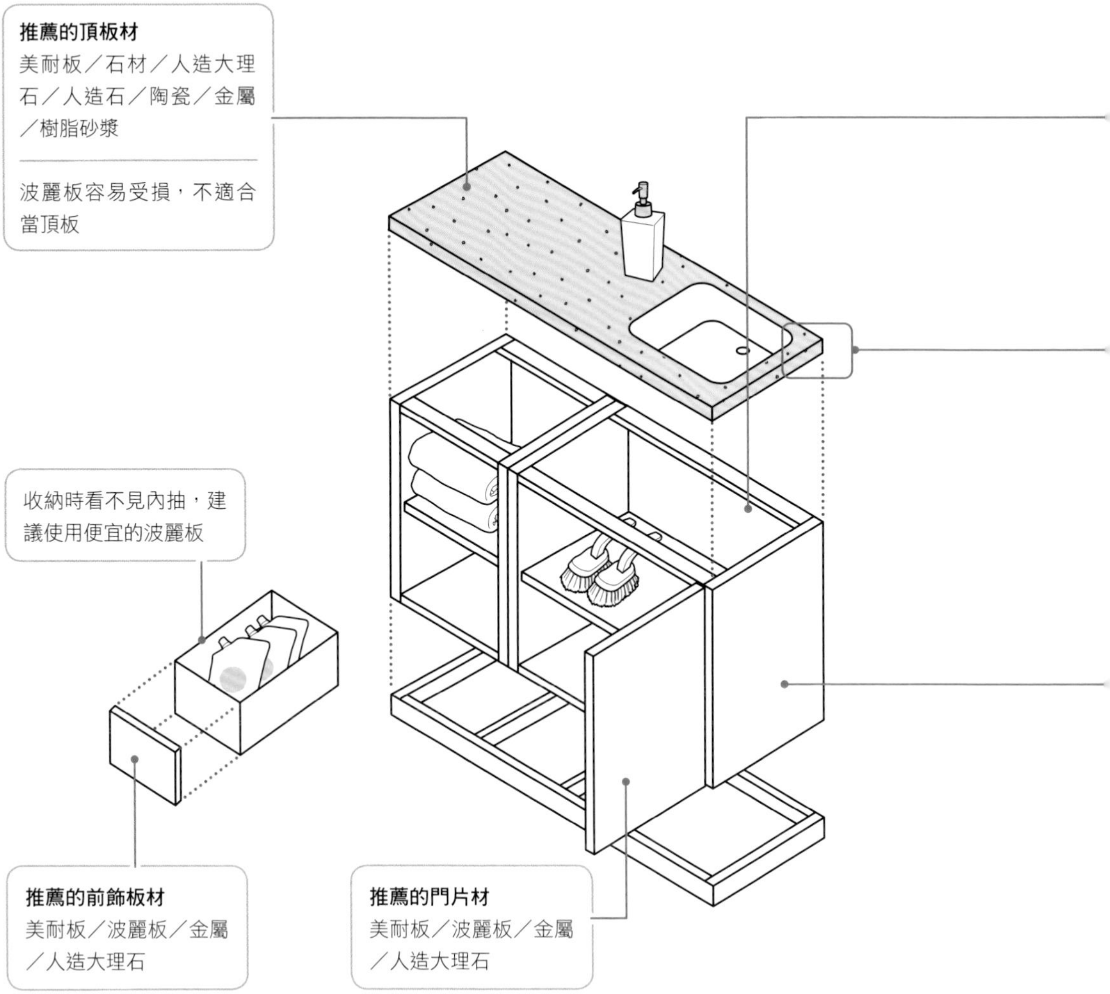
推薦的頂板材
美耐板／石材／人造大理石／人造石／陶瓷／金屬／樹脂砂漿
波麗板容易受損，不適合當頂板
收納時看不見內抽，建議使用便宜的波麗板
推薦的前飾板材
美耐板／波麗板／金屬／人造大理石
推薦的門片材
美耐板／波麗板／金屬／人造大理石

〔※2〕的問題，因此挑選時必須格外注意。

除此之外，建築的塗裝分為搬進工地之前已經預先完成的「工廠塗裝」，以及塗裝工人在工地現場施作的「現場塗裝」。如果特別重視塗裝效果的話，建議選擇在工廠施作，但若希望配合門扇等空間裡其他建材的顏色和質感，則最好在現場施作。由於技術進步一日千里，廠商每年都會推出新的塗料，建議時時確認新商品（147頁❺）為佳。

〔和田浩一／STUDIO KAZ〕

※1 貼皮與板芯顏色相同的美耐板。
※2 波麗板基本上是在板材上聚酯漆，因此有一定的厚度。美耐板則是牛皮紙含浸樹脂所作成的塑膠板。由於沒有厚度，必須貼在其他板材上使用。

❶ 樹脂

波麗板

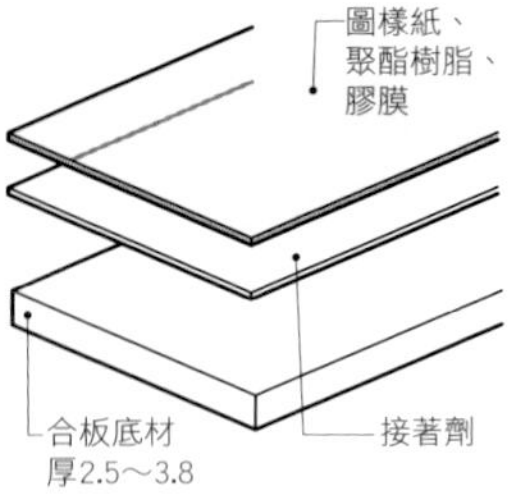
圖樣紙、
聚酯樹脂、
膠膜
合板底材
厚2.5～3.8
接著劑

柳安木合板表面塗上聚酯漆的板材，價廉卻容易損傷

美耐板

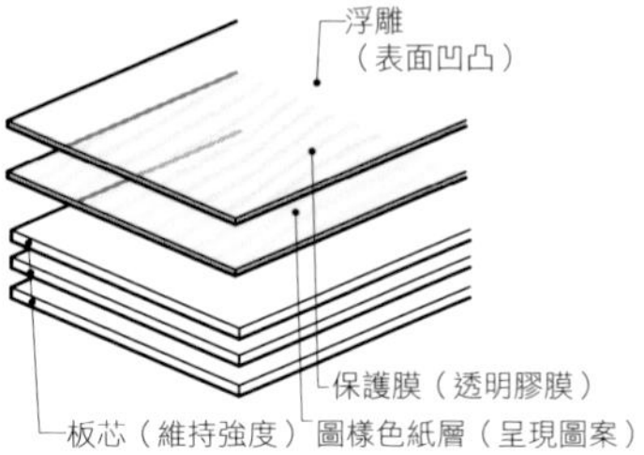
浮雕
（表面凹凸）
保護膜（透明膠膜）
板芯（維持強度）
圖樣色紙層（呈現圖案）

紙張含浸三聚氰胺樹酯或酚醛氰樹酯而成的板材。堅硬不易受損，但不適合加工

立體木紋美耐板

木紋與凹凸加工相同的美耐板，外觀與木材的質感並無二致

❷ 金屬

鏡面

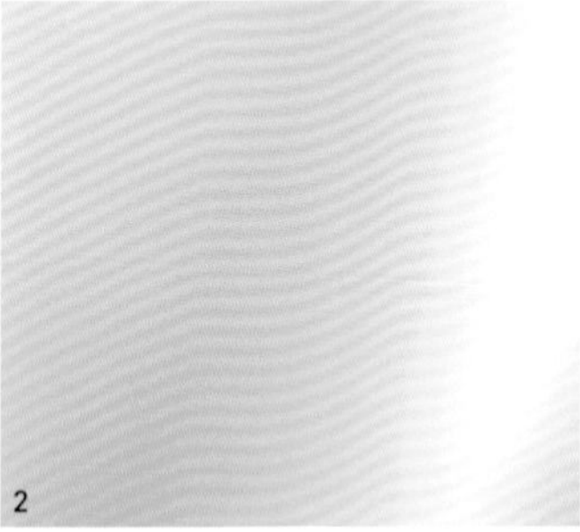

沒有任何研磨的痕跡，反射率最高，經常用於展示櫃等處

髮絲面

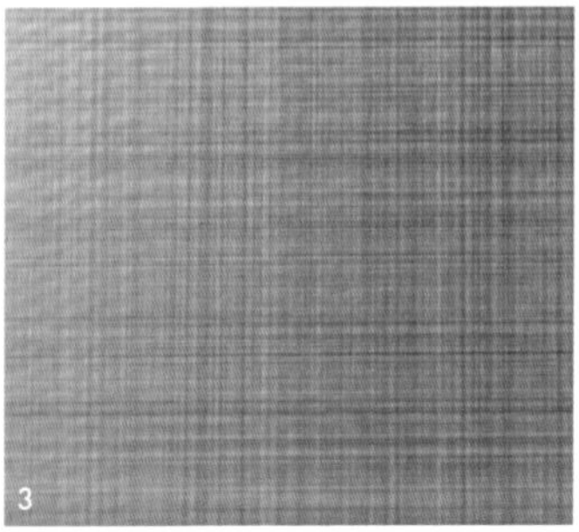

成品反射光線時有固定方向。降低金屬特有的光澤，搭配任何材質都很合適

亂紋面

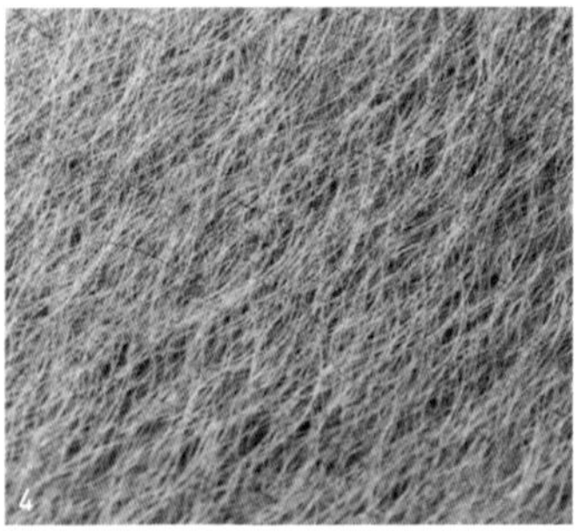

作法與髮絲面相同，但反射光線時沒有固定方向。研磨的痕跡呈圓弧狀，適合搭配木材等自然材質

❺最新塗料介紹

Natural Matte（Nishizaki 工藝）

8

耐久性與過往的塗型膜塗料相同，卻能完成類似上油的質感。塗膜本身的觸感類似木材，高消光的外觀讓人完全感受不到塗膜的存在

Irony Effect（安多化妝合板）

9

將木片浸泡至特殊液體（鐵溶液）引發化學反應，使木片本身改變顏色的作法。若使用塗裝，效果可能容易顯得人工、不自然，這種染色方式能自然地展現出顏色濃淡不勻效果

※1 照片中的商品是「GARZAS BETON」（SANGETSU）。厚6mm，最大尺寸為3,200×1,500mm

照片：[1]愛克工業、[2～6]猿山智洋、[7] SANGETSU、[8] Nishizaki工藝、[9]安多化妝合板

❸人造大理石

壓克力型人造大理石

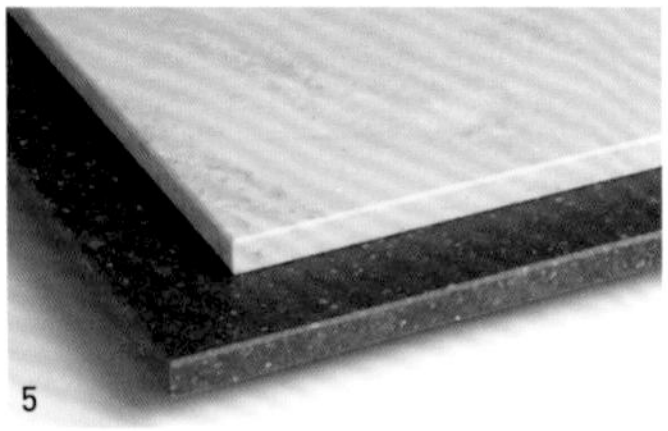

5

以聚甲丙烯酸甲酯為主要原料的板材。耐磨易加工，能讓洗手台與檯面合為一體

人造石

6

以樹脂將碎石英材結合成型的板材。具備了天然石材的特色與美觀，同時克服天然石材的缺點

❹陶瓷

7

使用大片陶瓷做成的板材[※1]。因為不含樹脂，因此抗紫外線能力強，適用幅度廣泛，橫跨外牆、室內裝潢與家具頂板等等。耐磨、耐熱、不怕潮濕、不容易髒等特徵都很適合用於廚房流理台頂板。然而價格遠超出其他面材，採用時必須留意如何控制在預算內

五金與門片的安裝方式

收納家具的開關方式，會受擺放地點與收納物品所左右。正確安裝上合適的五金配件，是打造美麗收納家具的第一步。

對完美的收納設計來說，需要符合用途的門片是不可或缺的一環。收納櫃的打開方式可分為推開門、拉門與抽屜（148～151頁❶～❸）三種類型，挑選五金配件時也必須留意收納家具擺放的位置與收納櫃中收納的物品；不適合的五金不僅會造成使用不便，也可能進一步導致物品掉落等意外，不可不慎選。

一般而言，像是客廳這類寬敞的空間就適合使用平開門，而廚房等需要縮小開門軌道的這類空間則適合使用拉門；另外，同一種開關方式也可能因為安裝不同的五金配件而產生不同的開關方法（148頁❶），這點也最好先做預備功課。

除此之外，收納家具的組裝方式也會因為新商品開發上市而有所改變。以往抽屜都是在抽身兩側的抽牆安裝滑軌，現在則是流行在抽屜底部安裝滑軌、作成「隱藏式木抽」（150頁❷－A），這麼一來就不會感到滑軌存在，使用起來更方便。

[和田浩一／STUDIO KAZ]

❶ 挑選合適的門片與五金配件

A）平開門基本上適合安裝西德鉸鍊

西德鉸鍊的底座和曲臂因為是個別安裝於家具和門片上，因此分開裝設。

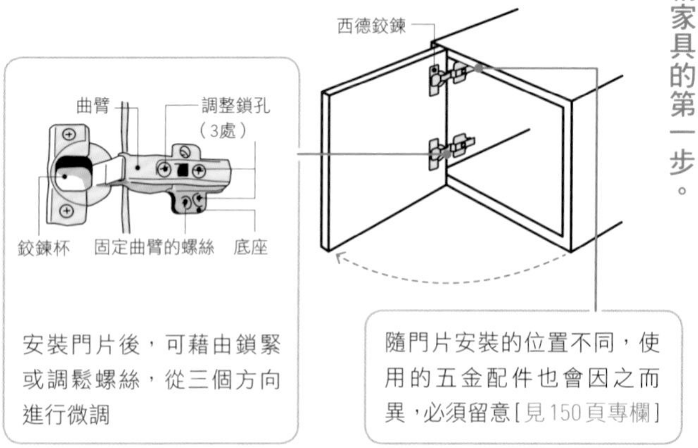
西德鉸鍊
曲臂
調整鎖孔（3處）
鉸鍊杯
固定曲臂的螺絲
底座
安裝門片後，可藉由鎖緊或調鬆螺絲，從三個方向進行微調
隨門片安裝的位置不同，使用的五金配件也會因之而異，必須留意[見150頁專欄]

C）曲臂五金能縮小門片開啟軌道

在廚房等狹小空間移動與做家事時，若打開櫥櫃家具的門片需要很多空間，容易影響動線，因此建議安裝縮小門片移動軌道的曲臂五金，打造垂直上升或是橫向的平移門。

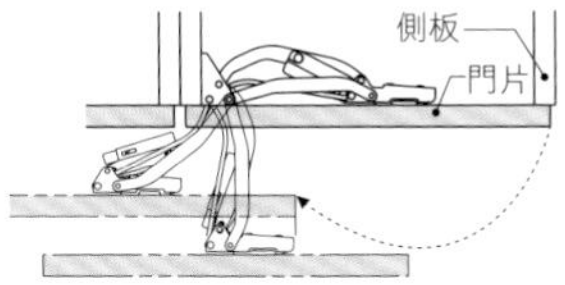
側板
門片

類似平開門，打開門片所需要的空間卻遠低於平開門。作業時一直開著也不礙事。不過，由於五金本身體積巨大，必須確認是否影響收納容量

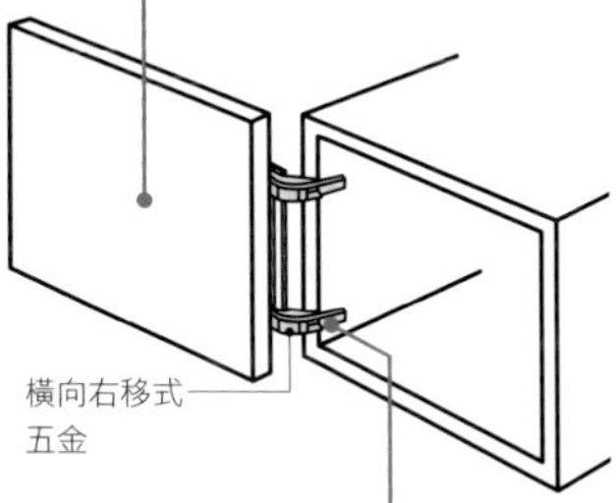
橫向右移式
五金

打開時就無法取出隔壁收納櫃的物品，必須留意

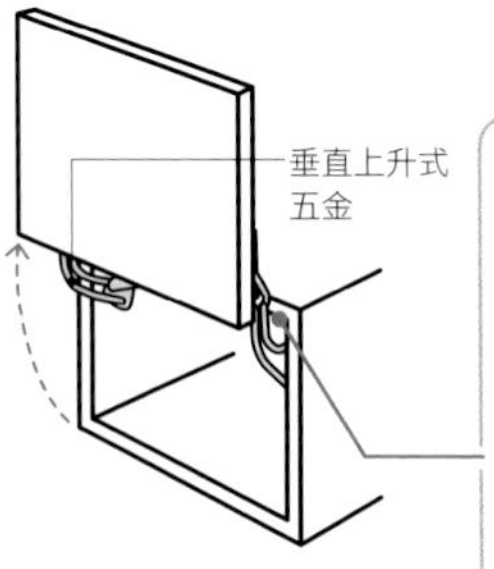
垂直上升式
五金

門片朝前方抬升，根據上升的位置可能會看不清楚收納櫃中的情況。因此規劃時必須注意門片上升幅度與向前所需的空間

B）西德鉸鍊搭配撐桿，打造上下掀門

廚房收納櫃在作業期間需要時時保持開啟狀態、不使用的時候則希望能關上門片、遮掩收納之物品，因此建議使用上下掀門，就能保持運用上的靈活度。只要挑選合適的撐桿，還能追加調整開門速度等機能。

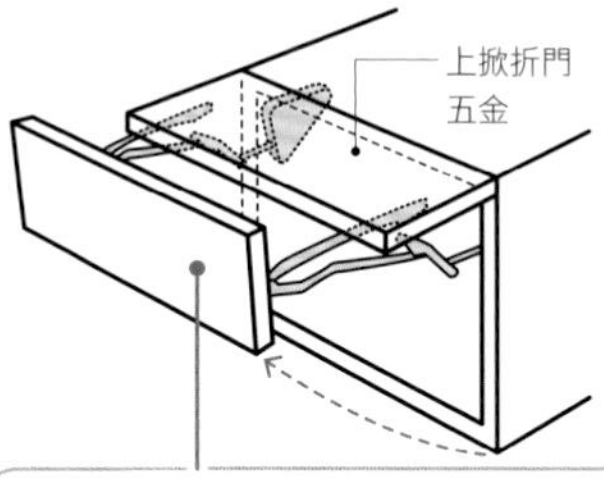
上掀折門
五金

上方門片上掀折起後，位在高處的門片在打開時依舊伸手可及

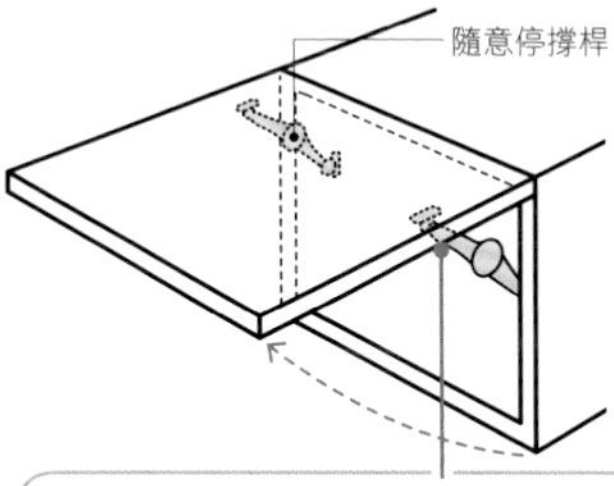
隨意停撐桿

必須注意的是，若使用這種安裝法，高處的門片可能在櫃門打開後便碰不到

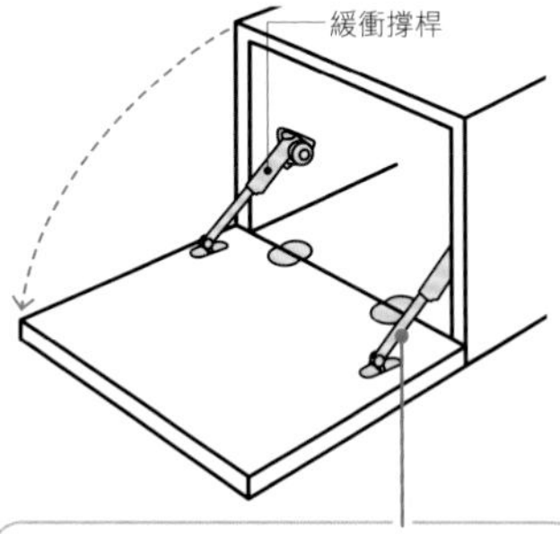
緩衝撐桿

由於能維持開啟的狀態，因此經常用於書桌或是廚房家電收納

B）Drawer System

是將抽牆和滾輪合而為一的一體化系統作法，可以自由挑選抽底和抽背的材料。廠商的標準規格是厚約 16mm 的美耐板。不過由於木工師傅無法用美耐板進行加工，建議可更換使用 15mm 的椴木木心板或波麗木心板

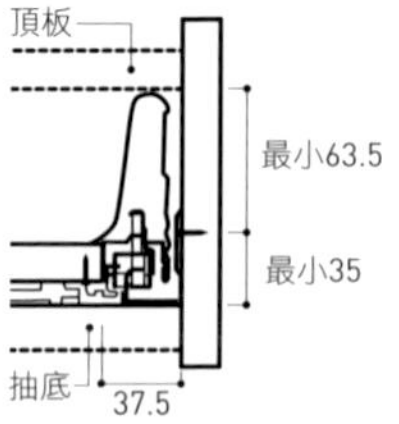
頂板
最小63.5
最小35
抽底
37.5

*譯註：此處指的應為德國海福樂開發的ibox系列產品

❷ 選擇合適的抽屜和五金

近年來安裝抽屜的主流是在底部裝設滑軌的隱藏式木抽。除此之外，廠商還開發了將抽牆板和滾輪合而為一的新商品「Drawer System 」*。

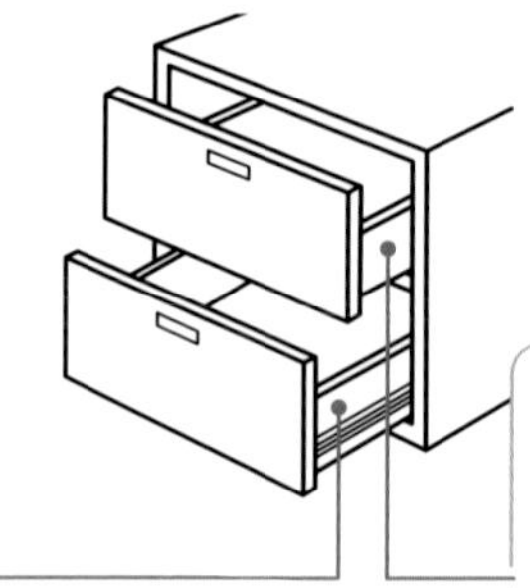

A）滑軌

五金都集中於抽底下方，因此底部必須保留至少 30mm 左右的空間

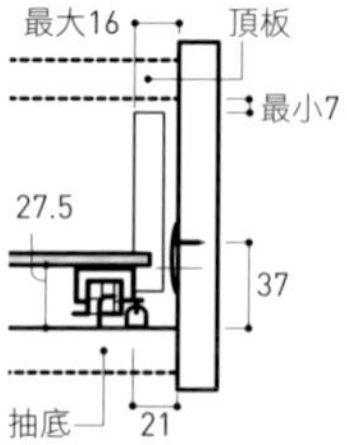
最大16
頂板
最小7
27.5
37
抽底
21

專欄

西德鉸鍊的安裝方式依門片位置不同而異

西德鉸鍊的安裝，根據門片位置而有三種方式：門片遮住側板者稱為「蓋柱」，裸露側板側邊者稱為「入柱」；前者又依照遮住的程度分為「蓋柱」與「半蓋柱」。兩者安裝的五金不同，入柱使用的是蝴蝶鉸鍊、中心型鉸鍊或是入柱專用的西德鉸鍊。蓋柱是目前的主流安裝方式，因為門片遮掩了側板側邊，外觀清爽俐落。半蓋柱則用於多扇蓋柱門片比鄰的情況。

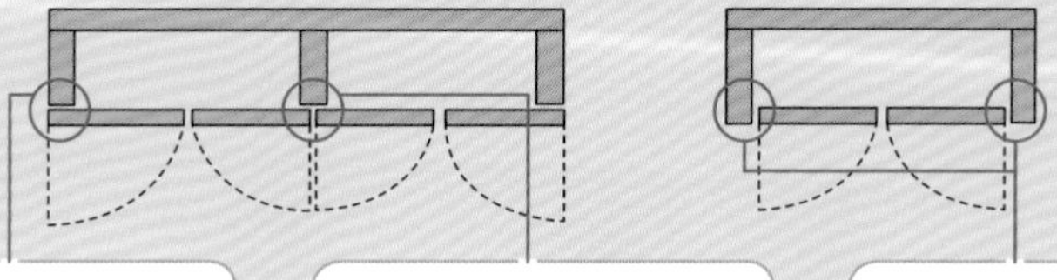

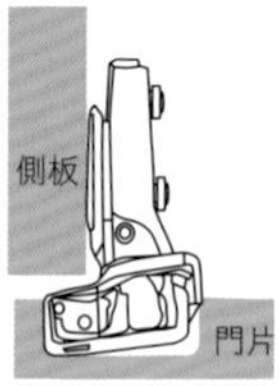
側板
門片

蓋柱

通常用於開啟角度數為 105～105 度者。倘若開門時會碰撞牆壁，開啟角度更改為 85 度或使用隨意停撐桿調整

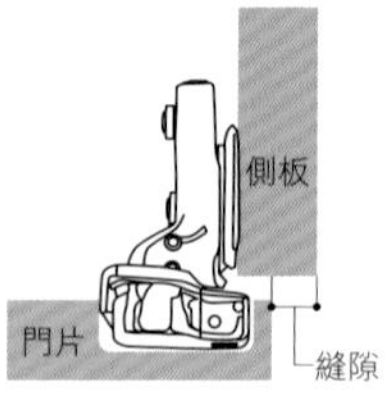
側板
門片
縫隙

半蓋柱

相較於蓋柱，僅遮掩一半的側板側邊，需要的縫隙空間卻多出一倍。適合用於多道門片比鄰的情況

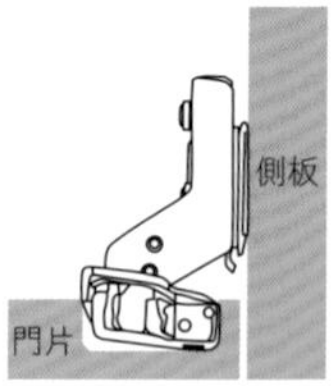
側板
門片

入柱

裸露側板側邊的安裝方式。門片可能因為開啟的角度而與側板的尺寸碰撞，安裝時必須留意

❸ 挑選合適的門片與五金

收納家具的拉門五金分為上方安裝懸吊式軌道支撐、以及上下都有滑軌支撐兩種類型。近年來由於重視拉動時是否順暢、同時考慮清潔方便與否，選擇安裝懸吊式軌道的屋主逐漸增加；同時，搭配能自動慢慢關上門片的自動回歸緩衝功能也成為主流[※1]。

A）拉門基本上採用懸吊式滑軌

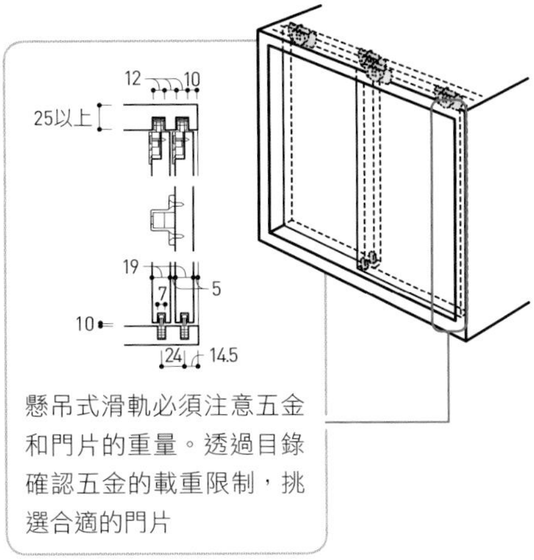
12
10
25以上
19
7
5
10
24
14.5
懸吊式滑軌必須注意五金和門片的重量。透過目錄確認五金的載重限制，挑選合適的門片

B）門片蓋柱，外觀清爽

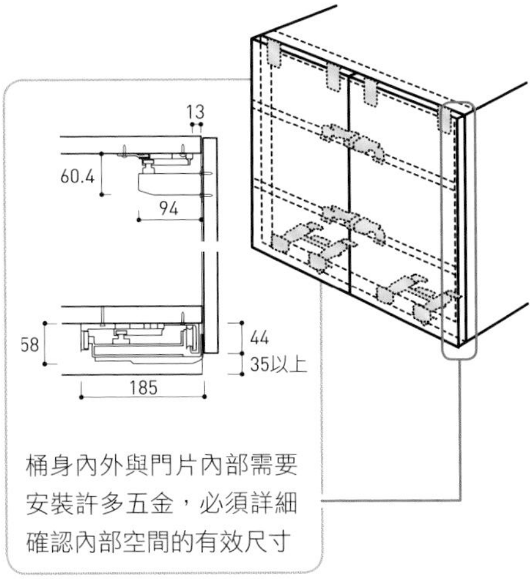
13
60.4
94
58
44
35以上
185
桶身內外與門片內部需要安裝許多五金，必須詳細確認內部空間的有效尺寸

❹ 挑選其他合適的門片與五金

衣櫥等有一定深度的收納空間需要大開口，用起來才方便。針對這種需求，推薦使用摺疊門。摺疊門需要的五金多，因此必須注意內部的空間大小。此外，有空間打開門片的情況下建議使用摺疊門，沒有空間的情況則建議使用捲門。

A）需要收納開口幅度寬的情況下，使用摺疊門

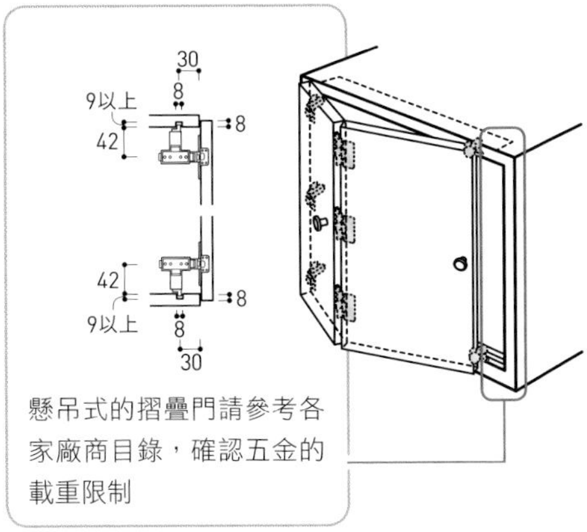
30
8
9以上
8
42
42
8
9以上
8
30
懸吊式的摺疊門請參考各家廠商目錄，確認五金的載重限制

B）需要門片長時間處於開啟狀態時，使用捲門

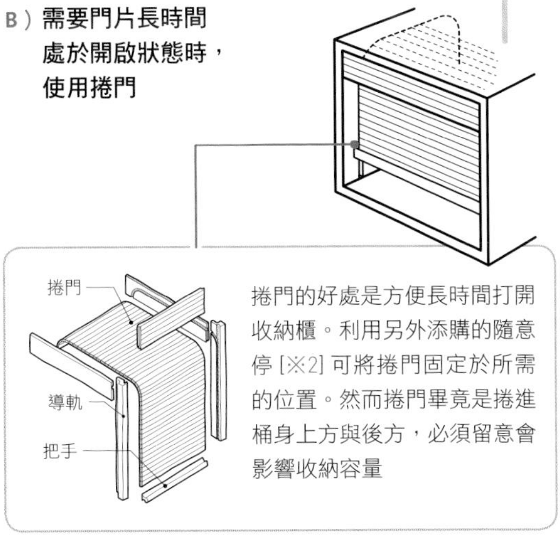
捲門
導軌
把手
捲門的好處是方便長時間打開收納櫃。利用另外添購的隨意停[※2]可將捲門固定於所需的位置。然而捲門畢竟是捲進桶身上方與後方，必須留意會影響收納容量

※1 當門片關閉時放慢關閉速度，以免夾傷手指與發出噪音的五金。
※2 安裝於背面，利用內部的彈簧控制捲門停在所需角度。

Part. 4

4章

現代生活用品尺寸圖鑑

若想要打造使用便利的收納空間，
就必須先掌握空間中所收納的物品。
現在家電、廚具日新月異，天天都有新商品上市，
大小尺寸也與過去大不相同；
本章接下來就針對這些變化多端的家電、
廚具與家中各類用品，
介紹其尺寸與收納用品的規格。

徹底活用無印良品

無印良品的收納用品
採模矩化設計、規格統一，
適用於任何空間的收納需求。
搭配天然建材或木造房屋也不顯突兀，
方便好用，推薦大家善加利用。

從未改變的規格

無印良品的收納用品是以經常出現於日本住宅的收納寬度（910mm）（譯註：即榻榻米的寬度）來進行設計。為放入 910mm 的收納空間 [❶] 中，將層架寬度統一為 860mm[❷]。放置於層架的 PP 盒又配合層架側板等厚度，規劃出寬度與深度統一為「260mm」與「370mm」、但高度不同的各類 PP 盒 [❸]。由於無印良品的所有收納商品幾乎都是以此尺寸為標準，因此只要依照這套規格規劃收納空間，便能活用市售商品。但是木造住宅中不見得一定有符合 910mm 標準的收納空間，遇到這種情況時，可以考慮請木工師傅（或是家具師傅）施作層架框架，可以捨棄 860mm 的層架，只採用無印良品的 PP 盒。

❶ 收納空間
（放入家具之前的狀態）

❷ 無印良品的層架

❸ 無印良品的層架

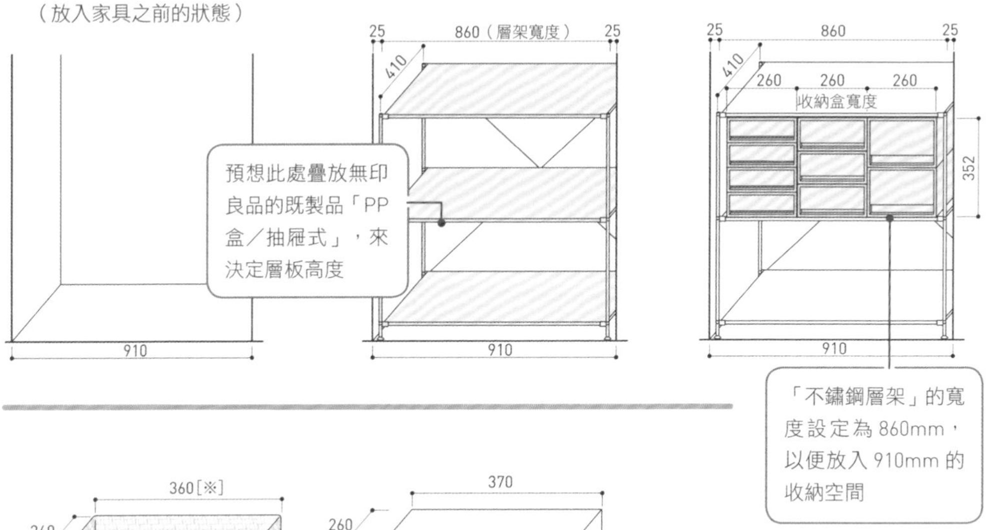
910
25
860（層架寬度）
25
410
910
預想此處疊放無印良品的既製品「PP盒／抽屜式」，來決定層板高度
25
860
25
410
260
260
260
收納盒寬度
352
910
「不鏽鋼層架」的寬度設定為 860mm，以便放入 910mm 的收納空間

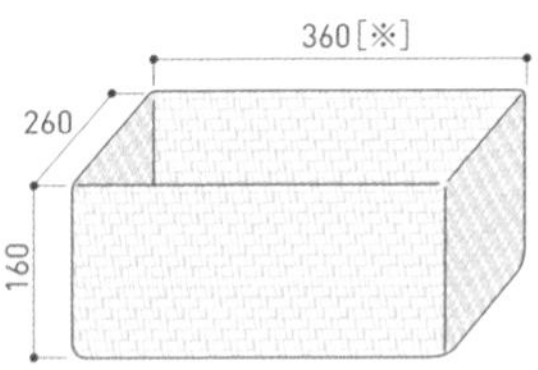
360[※]
260
160
可堆疊藤編／長方形籃（中）

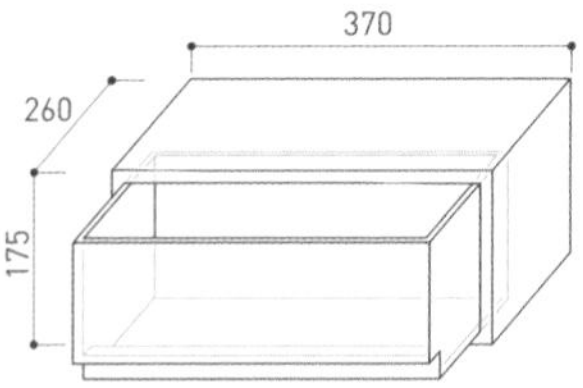
370
260
175
PP 盒／抽屜式．橫向（深型）

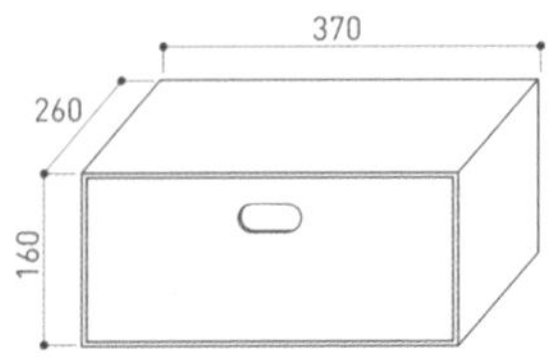
370
260
160
瓦楞紙抽屜（深型）

素材容易搭配

以天然素材的藤和輕巧強韌的瓦楞紙等材料製成的收納用品，不管在設計或材質上都有簡單俐落、看不膩的特質，適合搭配任何風格的住宅。選擇收納用品時，可以牆面與地板材質為標準，挑選符合住宅風格的材料。單是改變收納用品的材質，便能讓整個空間煥然一新。

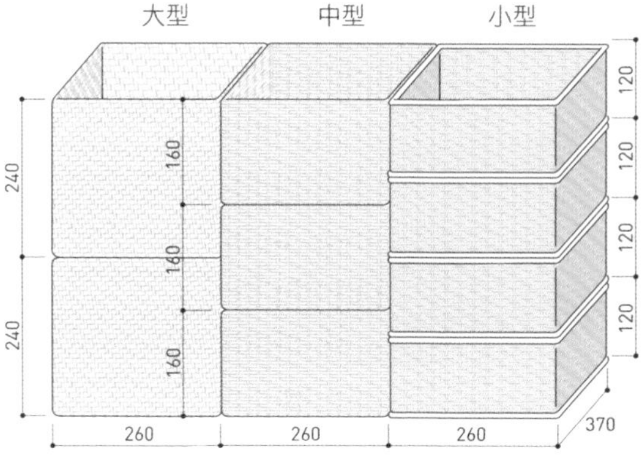

大型
中型
小型
240
240
160
160
160
120
120
120
120
260
260
260
370

以盒狀模矩自由搭配

家中用品經常會隨著生活型態而變化，但收納空間的大小卻不會改變。無印良品的收納用品有著模矩化規格，可以因應需求自由搭配。PP 收納品項眾多，高度介於 120 ～ 320mm，要配合收納的物品來改變搭配組合或是增加層數，都很方便。

以無印良品的收納用品為標準，規劃收納空間時能顯得方便順手。這是因為以PP收納為主的無印良品收納系列，規格統一且採用模矩化設計，即使收納空間需要依據生活型態做變更，也能輕鬆以原本搭配的櫥箱來重新規劃排列方式。同時，因為無印的商品多半形狀簡潔俐落、活用材質本身特色，因此也很適合搭配家中原有家具，不管搭配什麼風格都不顯突兀，不會破壞整體感。這也是無印良品收納用品的重要魅力之一。

在建造的階段，就可以先請木工師傅配合無印良品的收納用品尺寸來製作木作家具，以打造符合住戶需求的收納空間。若連家具都購買無印良品商品的話，不僅成本可能超出預算，也難以營造出個人特色。規劃木作家具時，亦可多採用可動式層板，就能同步相容於其他廠牌的收納用品。

倘若設計木作家具時尚未決定使用細節，可以先依照無印良品的收納用品規格來設定尺寸，如此一來就無須擔心日後沒有變化的空間。

[青木律典／DESIGH LIFE STUDIO]

※藤籃類的手工製作收納用品的尺寸精準度較低，因此規劃時可以設定為較小尺寸來考量。

衣櫥的設計

設計衣櫥寬度時，建議以無印良品的衣裝盒為標準，例如規劃寬 260× 深 370mm 的基本規格收納盒和寬 550× 深 455mm 的「PP 衣裝盒／橫式」（左頁圖❶）都放得下的寬幅，便能活用衣櫥中所有空間。進一步採用高度可自由調整的可動式層板，使用起來就會更方便。

配合寬550×深455mm的衣裝盒[左頁圖❶]，記得要左右各留20mm、後方留30mm的縫隙，以便拿取物品

日後追加掛衣桿時，就可在此處安裝長度700～1,200mm的「鋼製伸縮桿」

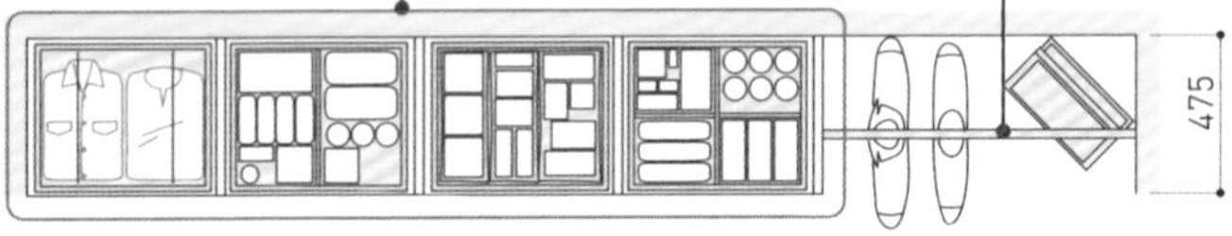
475

衣櫥平面圖

收納櫃的寬度設定為590mm的話，就能並置二個寬260×深370mm的衣裝盒[左頁圖❷]

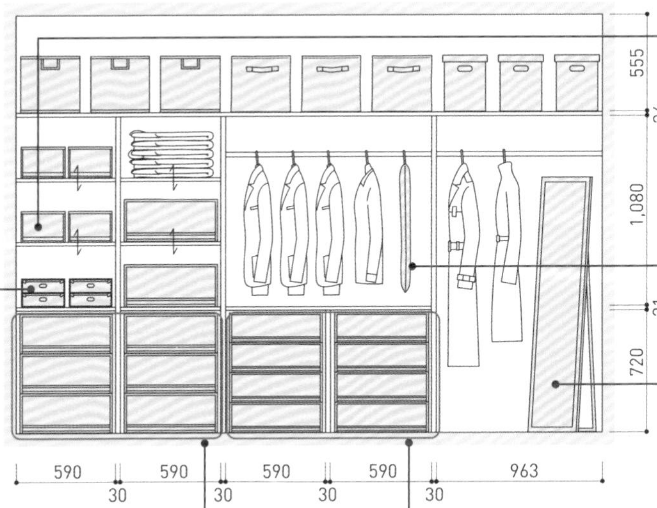
555
24
1,080
21
720
590
590
590
590
963
30
30
30
30

使用高800mm的「尼龍吊掛收納系列」便能利用掛衣桿來收納零碎物品和襯衫等

鏡子放在衣櫥附近才方便使用；沒有空間擺鏡子時，建議可以把「松木框全身鏡」[寬360×深500×高1,450mm]收在衣櫥裡

衣櫥展開圖

利用瓦楞紙箱或是硬質紙抽屜[左頁圖❸]收納不想示人的物品

此處的高度以「PP衣裝盒／橫式」系列[左頁圖❶]來規劃，堆疊三個大衣裝盒（高240mm）和四個小衣裝盒（高180mm）在高度上相差無幾

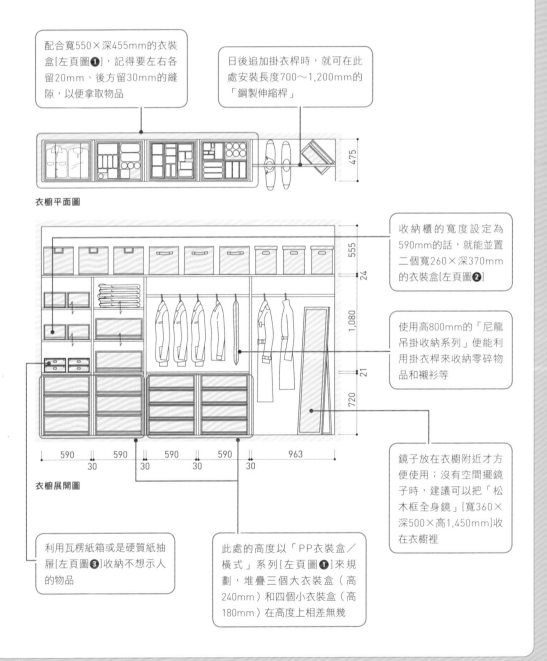

圖 ❶「PP衣裝盒／橫式」

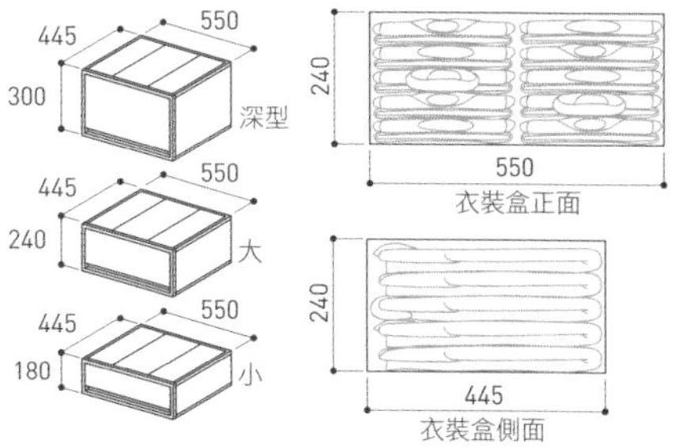
445
550
300
深型
445
550
240
大
445
550
180
小
240
550
衣裝盒正面
240
445
衣裝盒側面

寬550mm的衣裝盒可以並排收納二件襯衫或毛衣。大衣裝盒內部高度為195mm，約可以疊放五到六件襯衫

圖 ❷「PP盒／抽屜式 深型」

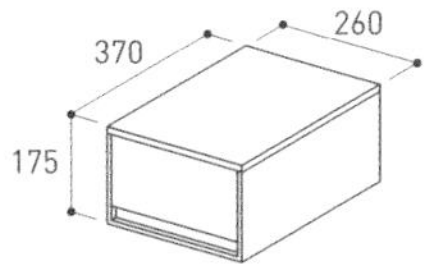
370
260
175

內部尺寸為寬220×深335mm，適合收納襪子等小東西

圖 ❸「二格硬質紙抽屜」

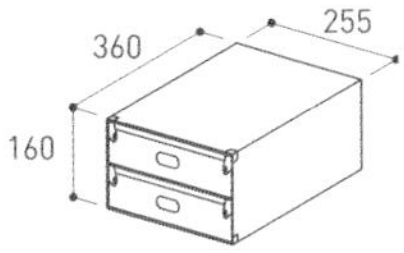
360
255
160

分成上下二層，便於仔細分類收納

無印良品的衣櫥收納用品尺寸

衣櫥收納建議使用便於彙整衣物的大 PP 衣裝盒。PP 材質容易清潔，打掃方便；拿出所有收納物品還能直接水洗。半透明的外觀也便於掌握當中收納了哪些物品。

圖 ❹「PP衣裝盒／橫式＋可調整高度的不織布分隔袋系列」

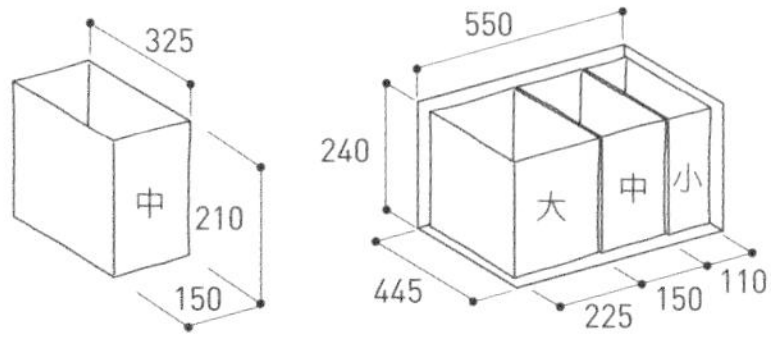
325
中
210
150
550
240
大
中
小
445
225
150
110

寬550mm×高240mm×深445的PP衣裝盒，恰好可放入一組高210mm×深320mm的可調整高度的不織布分隔袋系列，就能將衣裝盒內部再分割成小空間，收納小型衣物如領帶、內衣褲、襪子等

圖 ❺「PP分隔板」

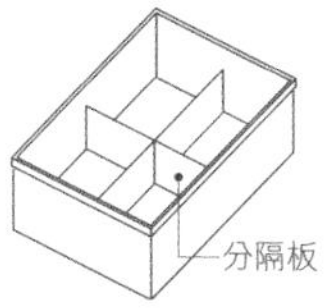
分隔板

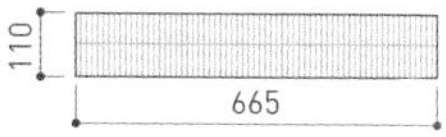
110
665

分隔板可依照需求自由裁剪長度，方便分隔空間來收納衣裝盒裡的衣物

專欄

如何加強壁櫥坪效

壁櫥空間通常約半坪大（寬 1820×深 910mm），由於深度非常深，建議可以使用 IRIS OHYAMA 深度長達 740mm 的「收納盒 I（LD）」。若使用無印良品的衣裝盒（寬 400×深 650mm）會有深度不足的問題，得再花一點心思才能更有效地活用壁櫥空間。

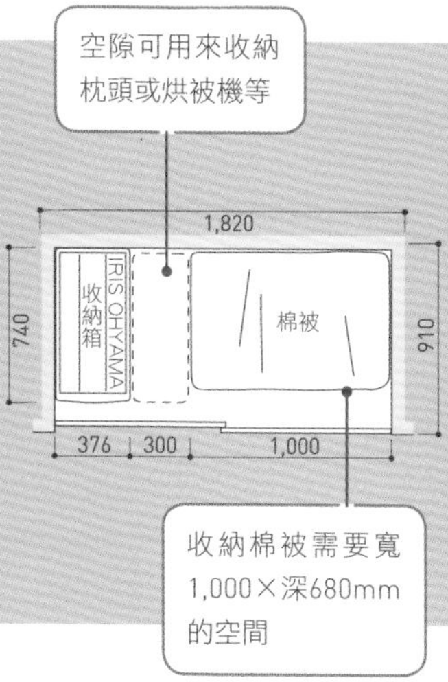
空隙可用來收納枕頭或烘被機等
1,820
740
收納箱
IRIS OHYAMA
棉被
910
376
300
1,000
收納棉被需要寬1,000×深680mm的空間

圖 ❻「收納盒I（LD）」

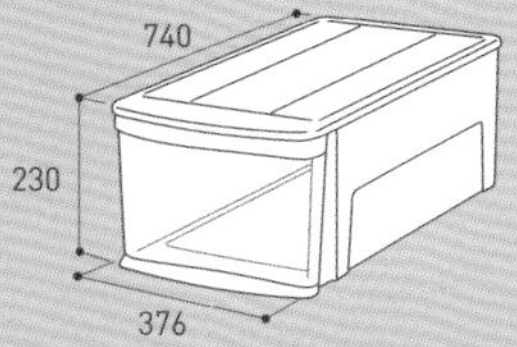
740
230
376

寬376 ×深740mm的IRIS OHYAMA「收納盒I（LD）」，能有效活用深度較深的壁櫥空間

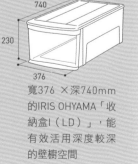

利用無印良品規劃機能型收納

除了衣櫥之外，無印良品的收納用品也可以活用於各種區域。另外，IKEA的收納用品雖然尺寸較不統一，卻也深受消費者喜愛。

洗手間的設計

洗手間從洗手乳、洗面乳、化妝水等護膚用品到待洗衣物等等，需要仔細分類的雜物琳瑯滿目。與其規劃分類細膩的收納櫃，不如利用無印良品的收納用品整理各類行為需要的用品，打造使用方便的收納空間。

梳妝台的收納櫃裝上門片，會在使用時多一個開門的動作；可以考慮把不想示人的雜物放進「PP化妝盒」[圖❶]

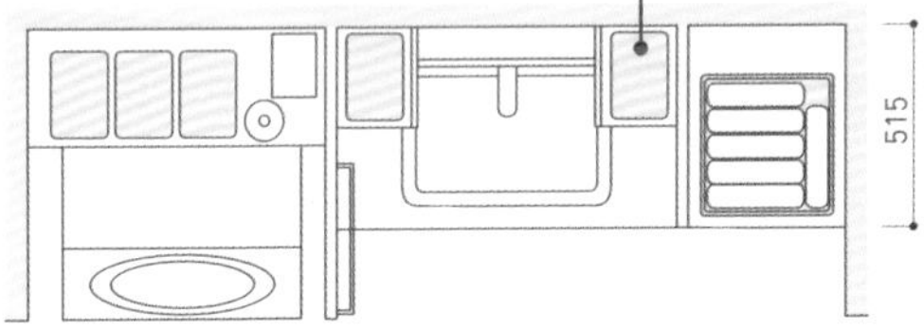
515

洗手間平面圖

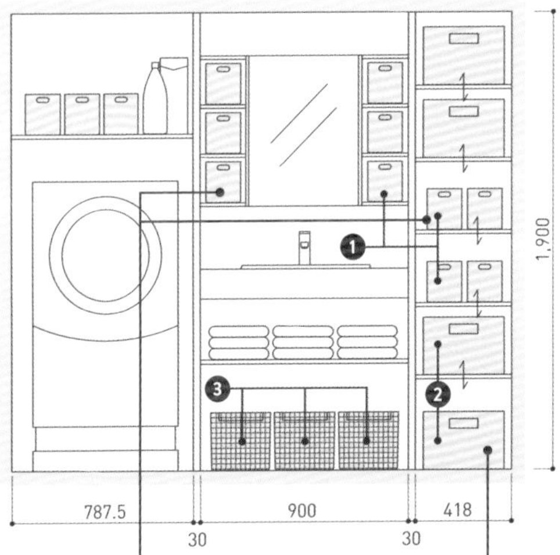
1,900
❶
❷
❸
787.5
900
418
30
30

洗手間展開圖

經常使用的物品最好擺放在伸手可及的高度；此處同樣利用「PP化妝盒」來根據使用者分類收納零碎物品

此處預想擺放寬350mm的「可堆疊藤編／方形籃」[圖❷]，以此為標準規劃收納櫃的側板。由於使用頻繁，務必確保上方要保留68mm的縫隙以方便拿取

圖❶「PP化妝盒」

半透明的盒身便於掌握收納物品，可用來收納化妝品或吹風機等雜物

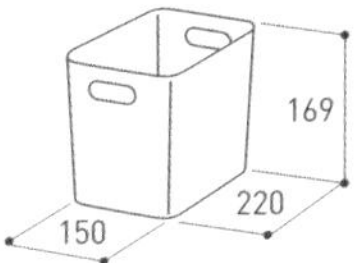
169
220
150

圖❷「可堆疊藤編／方形籃／大」

因為具遮蔽性，看不見裡面收納了什麼，因此在空間中能散發沉穩氣息。大籃子一次能收納六到七條浴巾

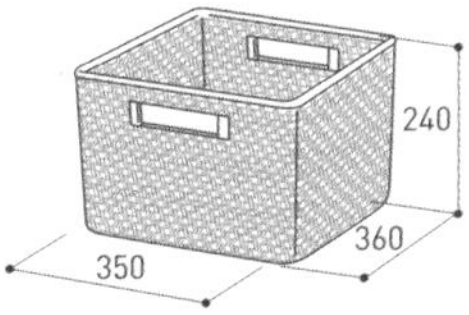
240
360
350

圖❸「18-8不鏽鋼收納籃5」

可當作洗衣籃使用，洗好的衣物裝進收納籃，就能直接拿到晾衣場

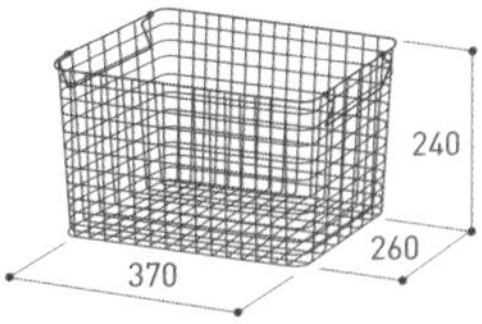
240
260
370

廚房的設計

規劃廚房時都希望垃圾桶不要過於搶眼，開放式廚房更是如此。無印良品的垃圾桶設計簡潔俐落，尺寸又便於使用，深受許多屋主青睞。規劃水槽下方空間或是家電收納櫃時，最好保留能剛好收納垃圾桶的空間。

要並排三個寬度一律是260mm的藤籃或椰纖籃[圖❷]需要約莫820mm的空間，因此規劃棚架時讓寬度稍微大一點，使用起來就自由自在多了

「PP整理盒4」[圖❶]適合用於分隔抽屜內部，髒了也能拿出來洗。因為預設要橫向放入寬340mm的整理盒，因此將抽屜的寬度規劃為362.5mm

平底鍋等鍋類用具也以小空間區隔收納，拿進拿出更方便。此處預設並放兩排深260mm的籃子，需要櫃深約600mm

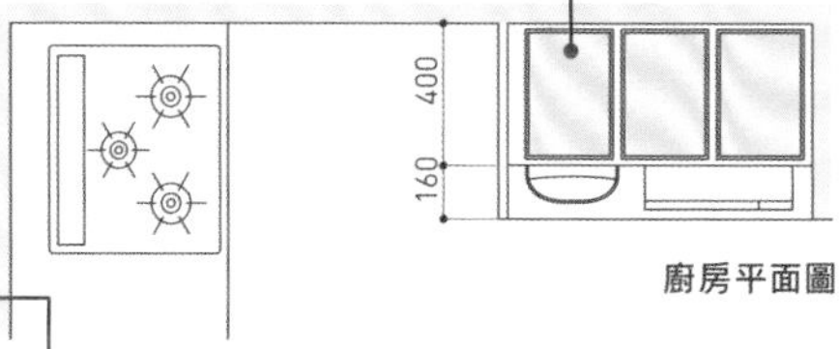

廚房平面圖

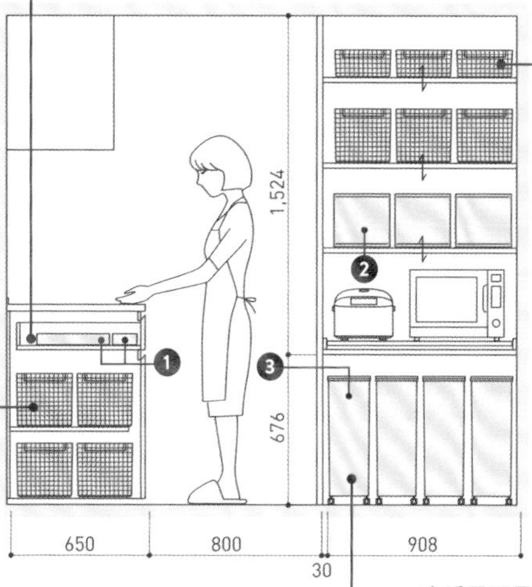

廚房展開圖

圖 ❶
「PP整理盒4」

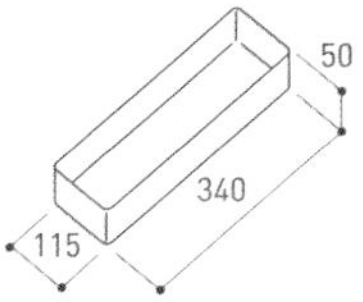

圖 ❷ 「可堆疊椰纖編／長方形籃／大」

輕巧的椰纖籃適合收納使用頻繁的物品。另外也有附蓋的組合，特別適合籃子內裝放不想示人物品的情況

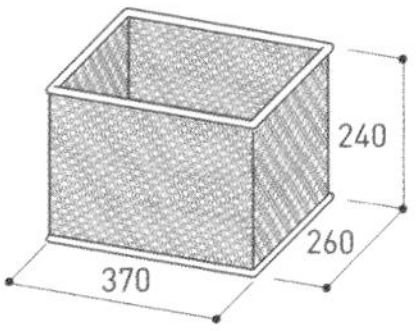

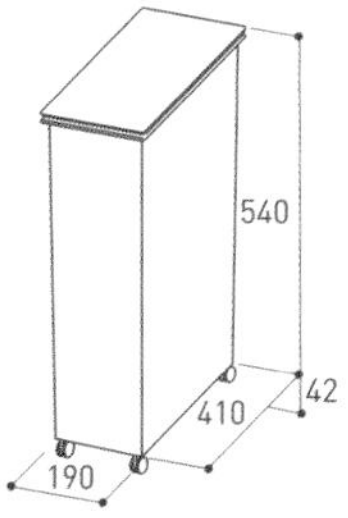

圖 ❸ 「PP上蓋
可選式垃圾桶／大」

無印良品就連30公升的垃圾桶都有許多種尺寸可以挑選，方便並排擺放的款式有助便於垃圾分類。若附上輪子的話，用起來就更方便了

廚房四周雖然需要垃圾桶，卻不希望它過於顯眼。本案例使用無印良品的垃圾桶[圖❸]，放置於家電收納櫃的下方，因此將下方層板的高度設定為676mm

收納籃放在高於視線的層板時，最好挑選一望即知收納了哪些物品的材質。此處使用可動式層板，以配合籃子調整高度

工作區的設計

若能將插座與開關都彙整於工作區，就能讓房間牆面顯得清爽。書櫃的深度與層板的高度取決於書籍和文件的尺寸，而分類書籍與文件時建議也可以配合無印良品的收納用品來規劃設計。

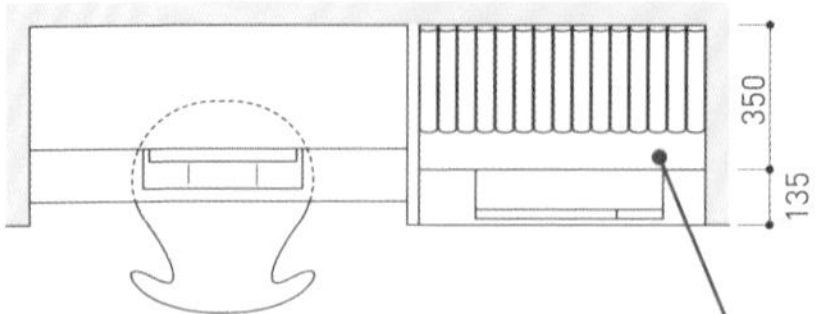

工作區平面圖

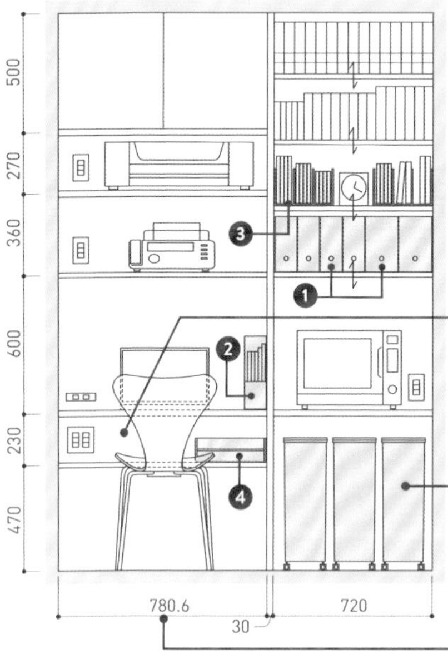

工作區展開圖

書櫃上層以聚丙烯檔案盒[圖❶與❷]為標準規劃深度。由於書籍雜誌的高度不一，建議採用可動式層版搭配「壓克力間隔板」[圖❸]來設計

桌子下方規劃高度200mm的收納空間，用來擺放「MDF檔案收納盒」[圖❹]或「四格硬質紙抽屜」

層板高度和書桌齊平（700mm），下方擺放垃圾桶。預設此處之後使用的是「PP上蓋可選式垃圾桶」[159頁廚房圖❸]

工作區的工作桌至少必須寬780mm，以便擺放電腦與零碎物品

圖❶「聚丙烯檔案盒・標準型」

檔案盒非常萬能，可用於工作區之外的區域。標準型便於收納不想示人的文件

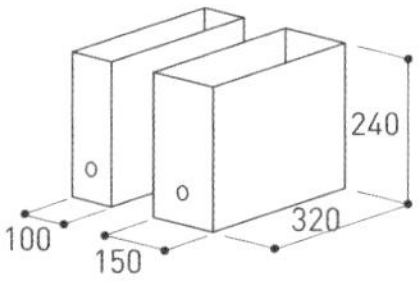

圖❷「聚丙烯立式斜口檔案盒」

立式斜口檔案盒除了在工作區收納文件以外，也可以活用於其他空間，例如放在廚房收納立起來的平底鍋也很便利

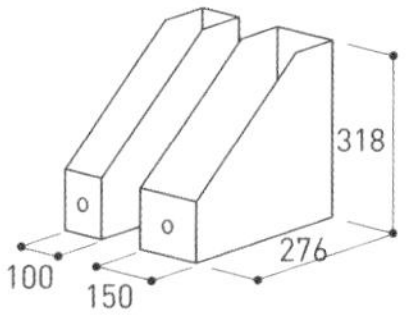

❸「壓克力間隔板／3間隔」

透明的壓克力間隔板不會過於搶眼，收納書籍時也不會影響書櫃外觀，非常推薦

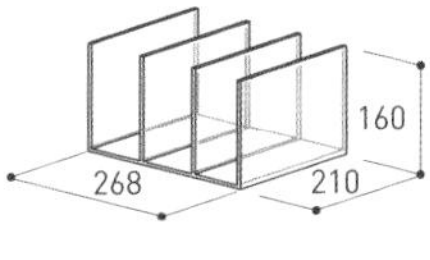

圖❹「MDF檔案收納盒」

收納文件的托盤不會太深又沒有頂板，適合擺放於高度較低的空間，例如抽屜裡或是書桌下方

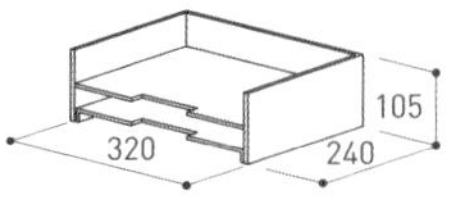

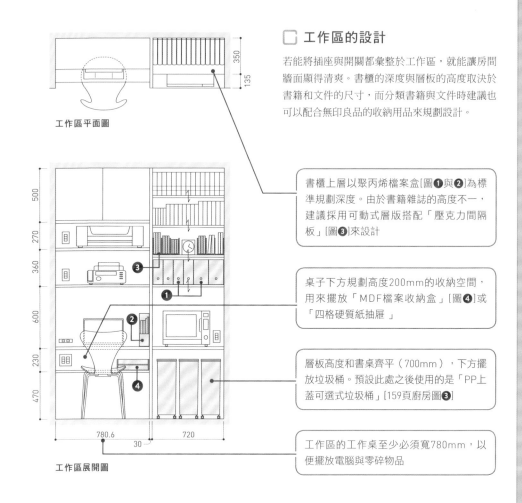

專欄

活用IKEA的收納用品

來自北歐的IKEA和無印良品一樣，都是深受屋主喜愛的品牌。要裝設填滿整面牆的大型家具時，必須考量家具與牆面之間的距離；組裝式家具必須連同建築物和家具的精準度一併考量，同時也要考慮搬進屋時的作業空間。

運用「PAX」系統衣櫃尺寸來規劃填滿整面牆的衣櫥空間，也能讓統一牆面收納的風格成為房間的設計亮點。PAX系列衣櫃共有三種寬度，分別是500mm、750mm和1,000mm；高度則有2,010mm和2,360mm兩種可選。門片可挑選橡木等木材門或是玻璃門，也有不同顏色可自由選擇搭配。

IKEA的系統衣櫃「PAX」可以選用多個衣櫥自行組合，不過因為組裝方式可能影響尺寸的精準度，因此建議衣櫃之間、衣櫃與左右兩側的牆面間，還有與天花板之間都要保留100mm的空間

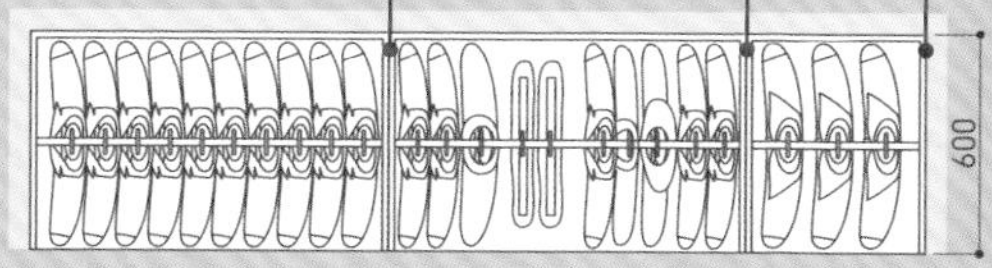
600

衣櫥平面圖

本案例選用不安裝門片的展示型收納，日後若有需要也可以再自行加裝門片。安裝拉門會增加60～80mm的深度，需要事前保留空間

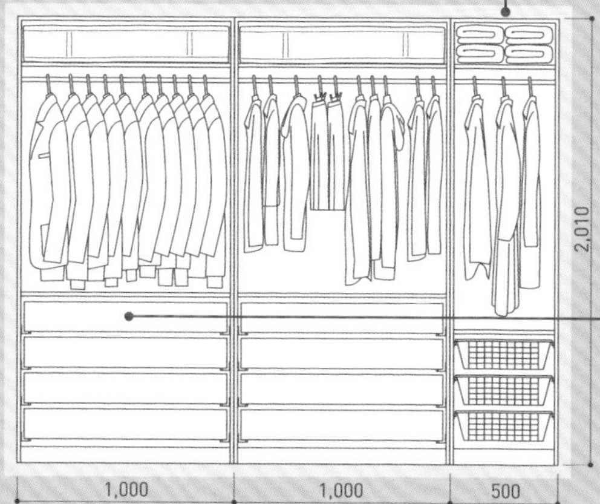
2,010
1,000
1,000
500

「PAX」有許多層板和抽屜，可以自行搭配或替換內部的零件。例如追加「多功能掛架」[圖❶]和「外拉式鞋架」[圖❷]等零件，就能因應用途與喜好自由組合搭配

衣櫥展開圖

圖❶「外拉式多功能掛架」

350

外拉式多功能掛架便於收納提包等物品。衣櫥內部追加零件時，以內側的鑽孔為標準決定位置。

圖❷「外拉式鞋架」

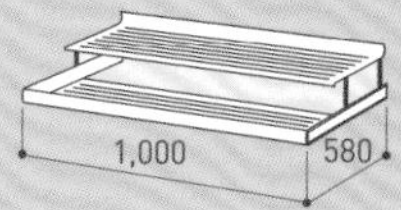
1,000
580

「裡應外合」
設計：DESIGN LIFE STUDIO　攝影：石田篤

現代家電尺寸全覽

家電用品的尺寸、門扇的開關方式與受歡迎的商品，都會隨著時代改變而有所不同；因此在規劃收納的時候，要以能夠靈活應對、配合變化調整為原則來設計。

廚房家電的尺寸

廚房家電用品的進化日新月異，像是快煮壺與食物調理機這類輕便小巧的用具，每天收進收出也不覺得麻煩；但是家庭麵包機、咖啡機和電鍋等這類沉重的家電要放在外拉式層板，使用起來才方便。而像水波爐等這類會冒出蒸氣的家電，收置時則需要考量噴氣孔的位置。近年來，也有不少廠商為因應收納需求，推出了不會冒蒸氣的電鍋製品。

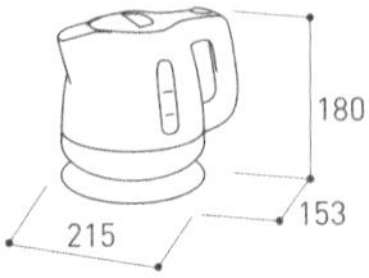
180
153
215
快煮壺

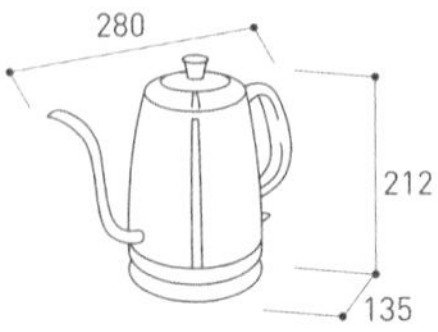
280
212
135
手沖快煮壺

電鍋因為需要上蓋打開的空間，因此收納於外拉式層板才方便。容量一～六人份約4～7公斤，二人～十人份約5～8公斤。重量相差甚多，施作外拉式層板時須多加留意承重

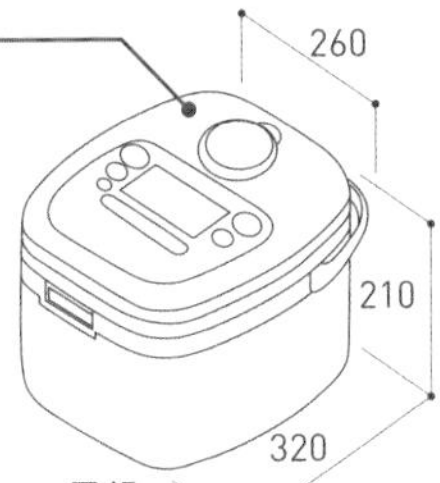
260
210
320
電鍋

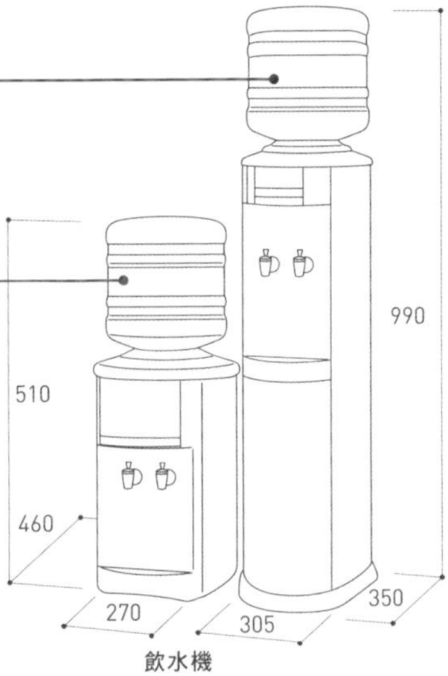
990
510
460
270
305
350
飲水機

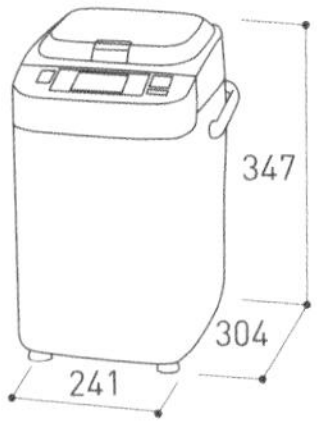
347
304
241
家庭麵包機

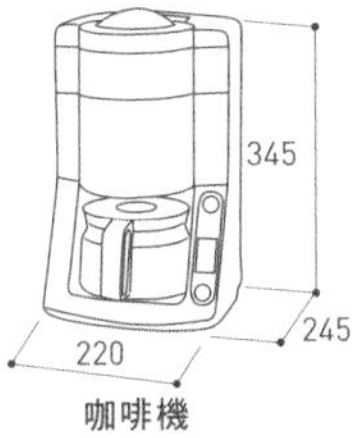
345
245
220
咖啡機

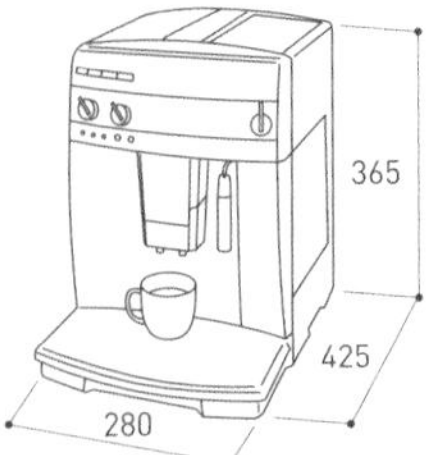
365
425
280
濃縮咖啡機

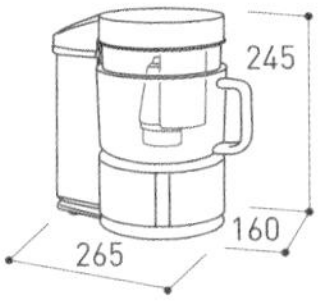
245
160
265
食物調理機

飲水機需要電源方能提供熱水，因此設置時要注意電源供應的位置。特別是，由於上方需要裝放桶裝水，大者約33公斤、小者亦有30公斤左右，因此最好安裝好之後就不要再移動

385
φ270
桶裝水
（12.6公斤）

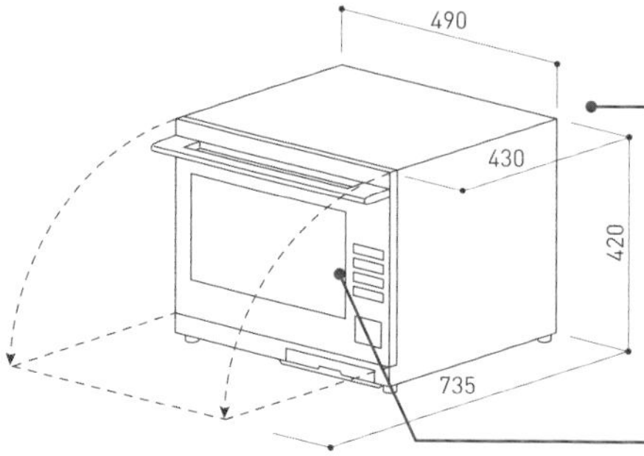

微波爐烤箱二合一30公升

微波爐烤箱二合一的商品中，最受歡迎的是夏普的「HEALSiO」系列利用水蒸氣加熱的水波爐。水蒸氣加熱不僅可以減鹽去油，還能保留食物的養分。東芝利用高熱迅速烤好肉類與披薩等食物的「石窯燒烤過熱蒸氣料理爐」系列，也有廣大愛用者。一家四口使用30公升的烤箱恰恰好

烤箱門分為上掀式、下掀式和側開。上掀式或下掀式所需的空間較小，但放在比視線高處時也比較不方便確認烤箱內部情況

烤麵包機中以BALMUDA的「BALMUDA The Toaster」特別受歡迎。獨家的蒸氣技術加上以秒為單位控制溫度，將每一塊麵包烤得恰到好處。古典的設計也是深受喜愛的原因之一

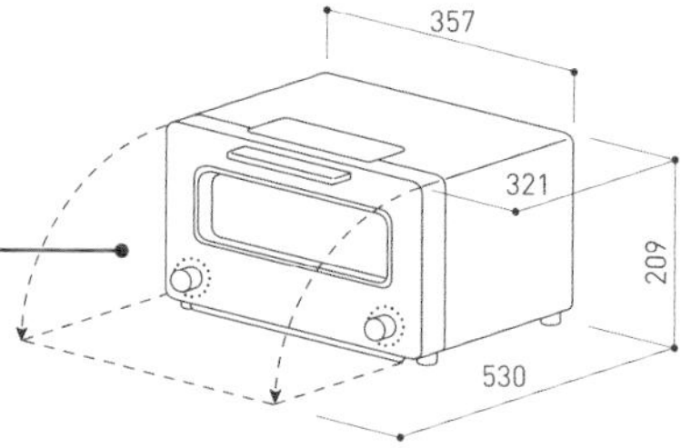

烤麵包機

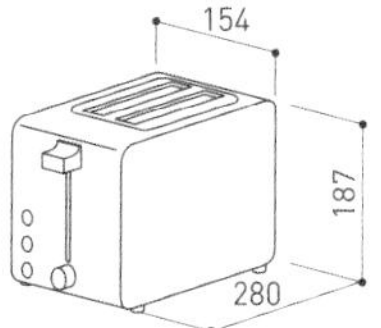

烤麵包機（彈跳式）

可以在麵團裡揉進葡萄乾或堅果，若是價格稍高的機型還能做烏龍麵、義大利麵、年糕，甚至是優格、起司和果醬等

提到燒烤箱就會想到PANASONIC的「煙燻燒烤箱」。既能做出美味的煙燻食物，家裡也不會因此烏煙瘴氣，還能用來烤魚

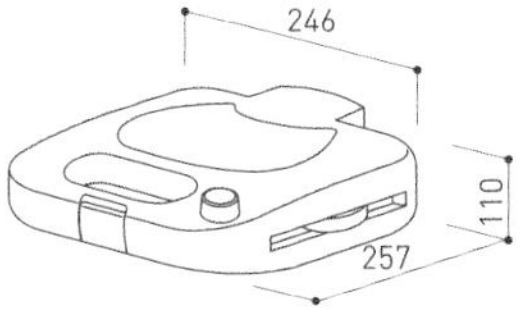

熱壓三明治機

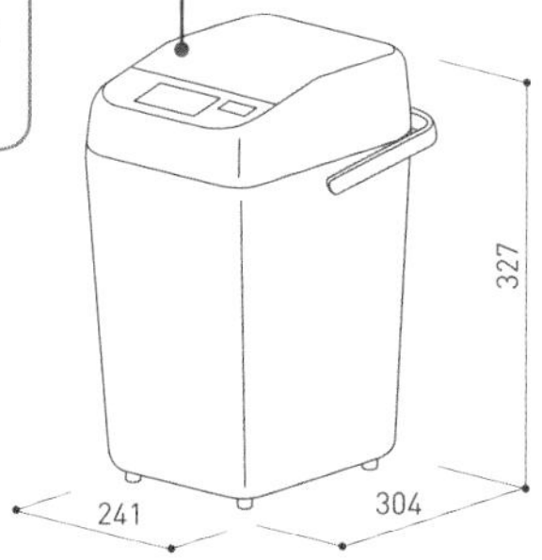

家庭麵包機

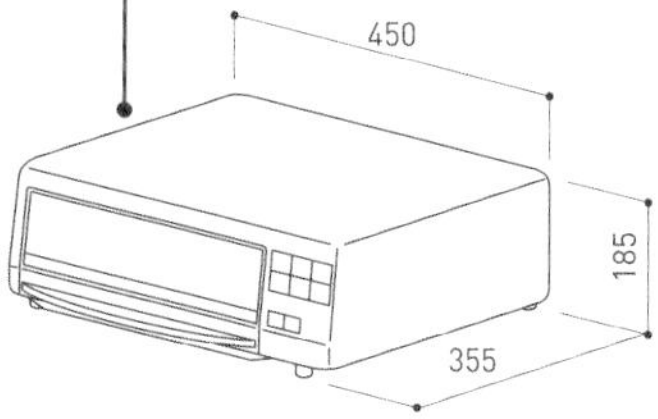

燒烤箱

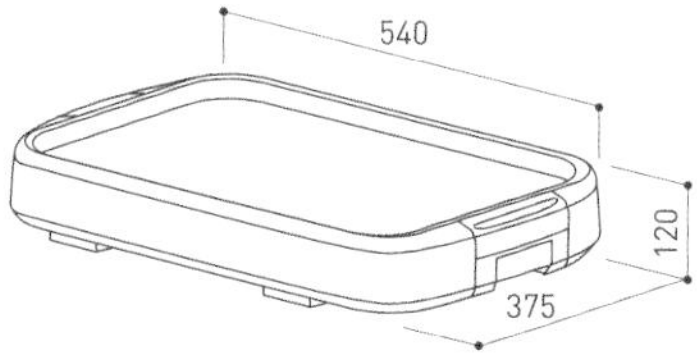

電烤盤

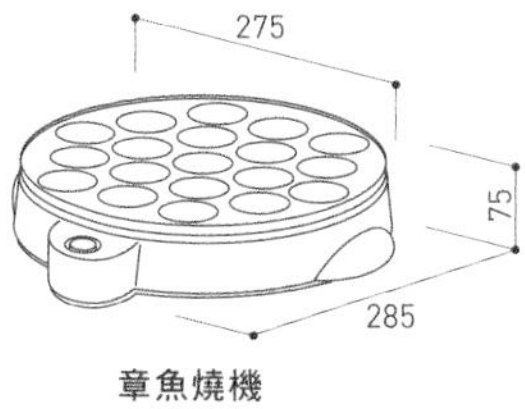

章魚燒機

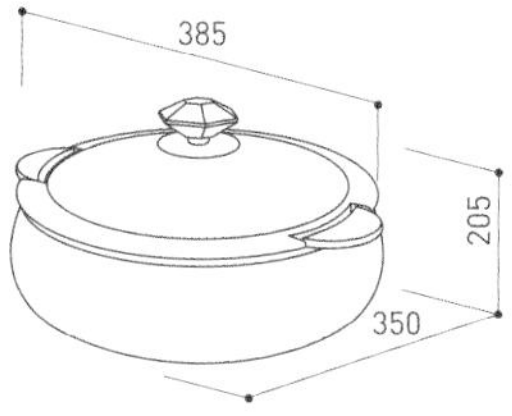

燒烤鍋

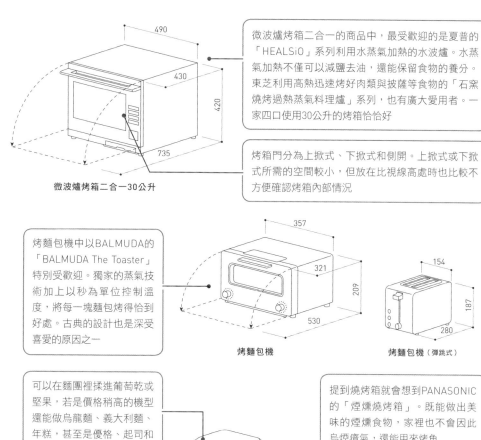

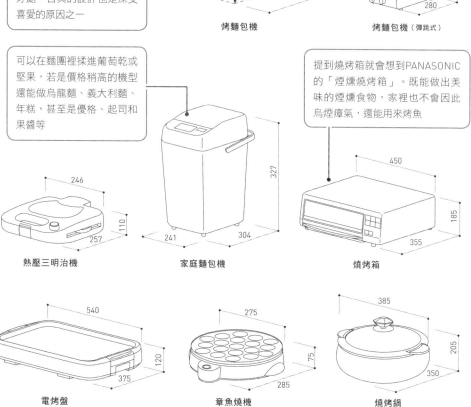

冰箱

冰箱在規劃空間時必須保留散熱縫隙，以免無法散熱導致耗電，甚至故障等問題。另外，設計階段就必須規劃搬運的動線。各大家電廠建議預留放置冰箱的空間，要比冰箱本體的規格至少大上 10mm（上方保留 40mm）。基本上容量愈大，價格愈貴，規格愈高級；500 公升等級很適合一家四口使用。

若側邊馬上遇牆的話，會導致冰箱門片只能開到90度角，不容易看到冰箱內部，要特別注意。

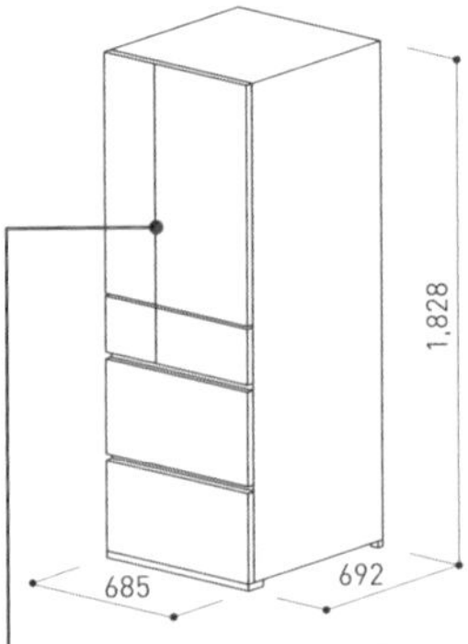
1,828
685
692
冰箱（對開）501公升

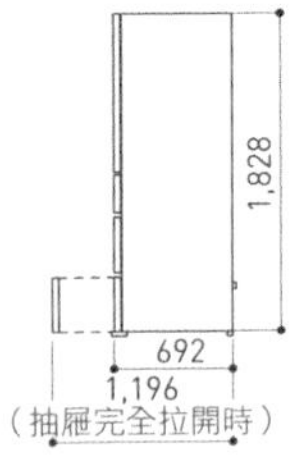
1,828
692
1,196
（抽屜完全拉開時）
側面空間大小範例

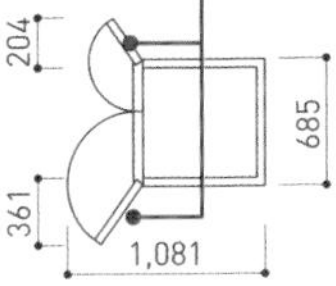
204
685
361
1,081
打開冰箱門時的空間大小範例

對開式的大型冰箱逐漸成為主流。這種冰箱不易溢散冷空氣，節能省電；同時相較於單開式冰箱，開關門所需的空間較小

近年來將魚、肉類等生鮮鮮度保持一星期也無須冷凍的機能大受歡迎，例如日立的「真空室」是利用真空原理保持肉類新鮮；PANASONIC的「微凍結室」是以零下3度的環境避免肉類細胞受損

單開式冰箱的門邊收納較大，一個步驟就能打開，因此還是深受歡迎。購買時必須確認是往右還是往左開，設計時請向屋主確認方向

夏普推出左右皆可打開的機種

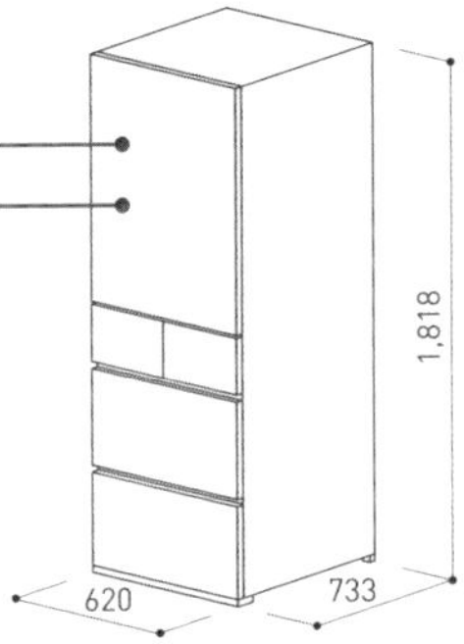
1,818
620
733
冰箱（單開）501公升

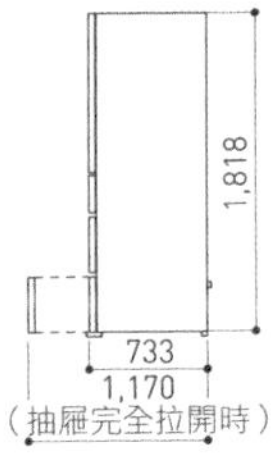
1,818
733
1,170
（抽屜完全拉開時）
側面空間大小範例

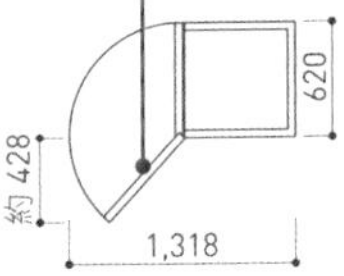
620
約 428
1,318
打開冰箱門時的空間大小範例

若屋主特別喜歡烹飪，可能會要求安裝商用冰箱。商用冰箱的容量比一般家用冰箱大，具備清潔容易、高強度與保冷性佳等優點。工作檯式冰箱上方可作為工作台使用；直立式商用冰箱則要特別注意的是，附近必須規劃排水口

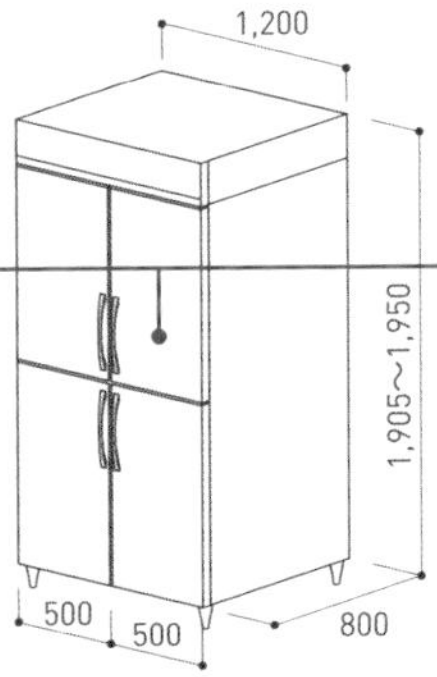
1,200
1,905～1,950
500
500
800
直立式商用冰箱

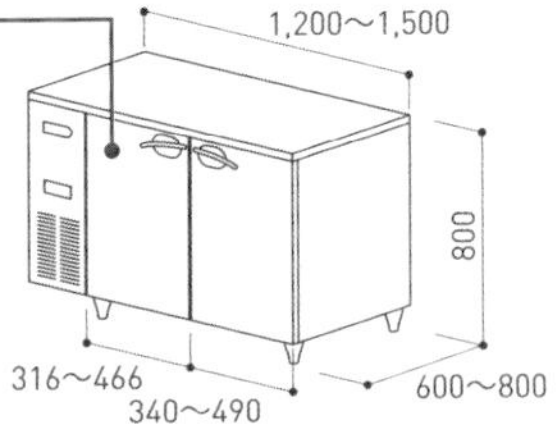
1,200～1,500
800
316～466
340～490
600～800
工作檯式商用冰箱

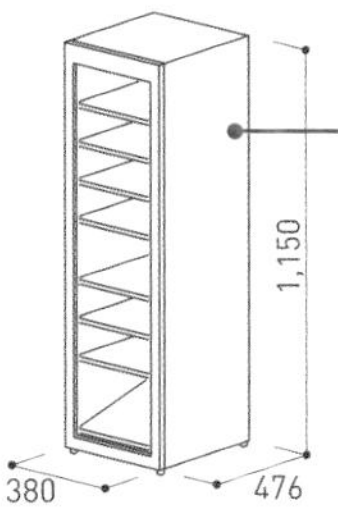
1,150
380
476

紅酒櫃（二十四瓶裝）

紅酒櫃（紅酒專用恆溫櫃）分為廉價的半導體電子型、壽命長又安靜的氨致冷型、冷卻性能高但昂貴的壓縮機型。商用一般都是壓縮機型，然而近年來每種類型的性能都大幅提升，性價比也逐漸提高

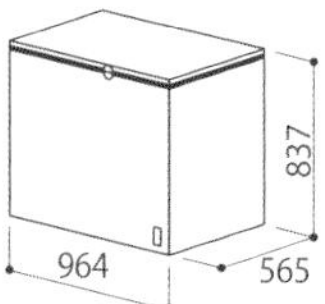
837
964
565

冰櫃（上掀式）

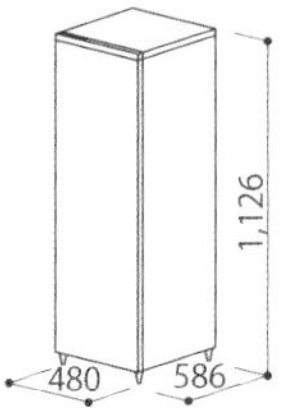
1,126
480
586

冰櫃（側開式）

電視、遊戲機與相關機器

現在流行的電視是 40 ～ 50 吋的薄型機種。壁掛式電視得用專用五金，需保留厚度約 60 ～ 80mm 空間。錄放影機、電視盒與遊戲機等機器尺寸最好也牢記在心。短焦投影機大幅進化，之後可能蔚為流行。

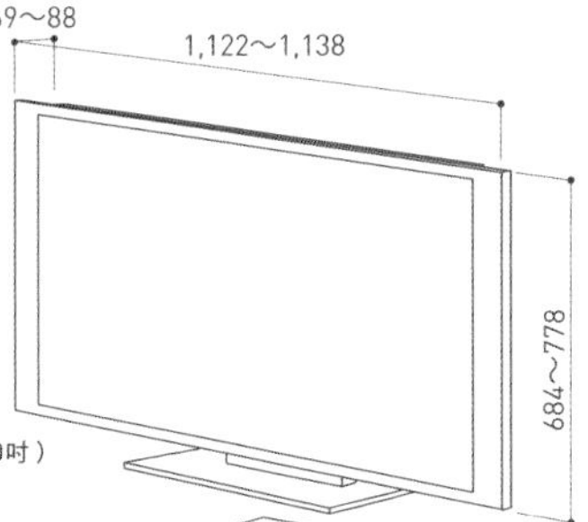
69～88
1,122～1,138
684～778

電視（50吋）
[※]

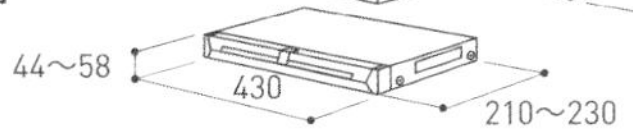
44～58
430
210～230

硬碟式錄放影機

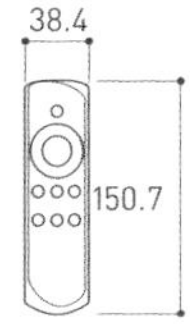
38.4
150.7

遙控器
（高16.7）

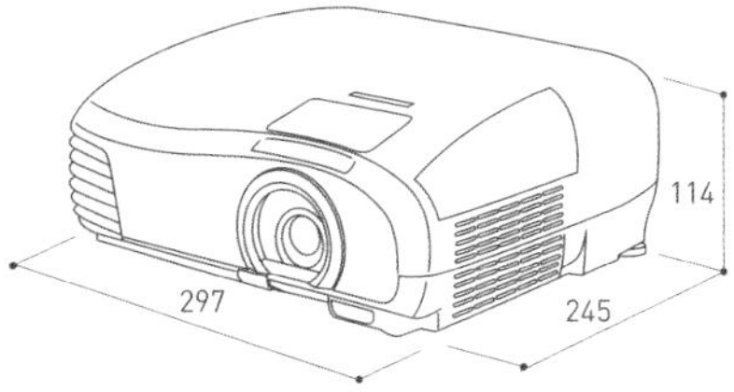
114
297
245

短焦投影機（EPSON EH-TW5350）

音響
（Sony HT-ST9）

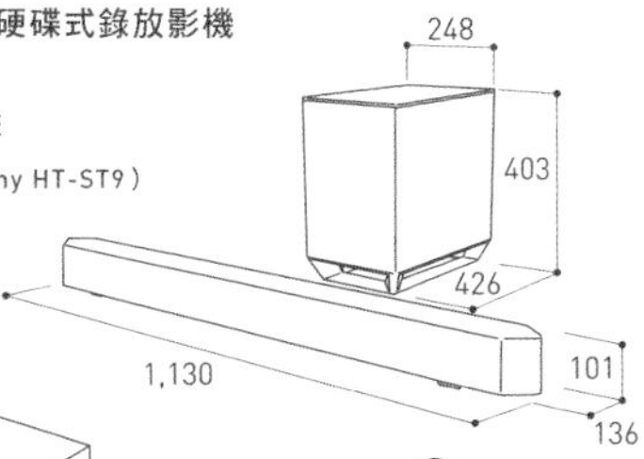
248
403
426
1,130
101
136

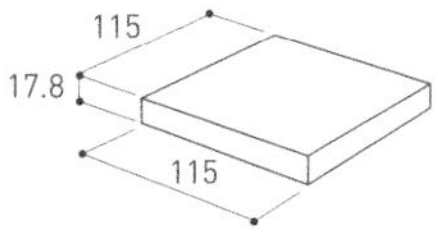
115
17.8
115

外接型電視盒
（Amazon Fire Tv）

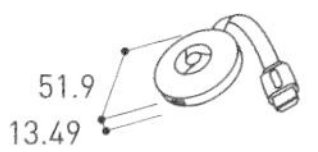
51.9
13.49

外接型電視盒
（Google Chromecast）

短焦投影機
（Sony LSPX-P1）

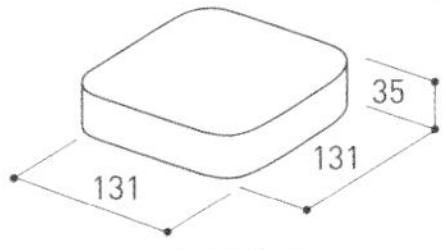
35
131
131

HDMI無線連接器

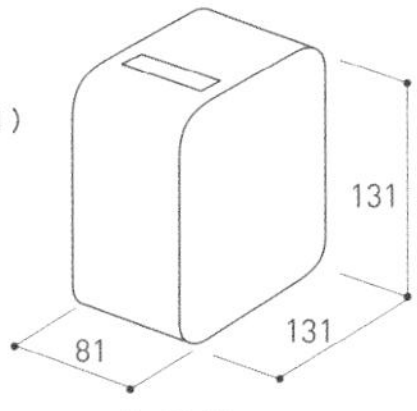
131
131
81

投影機

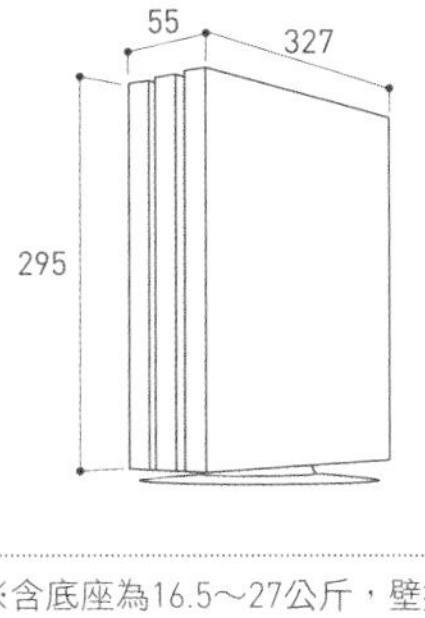
55
327
295

電視遊戲機
（Play Station 4 Pro）

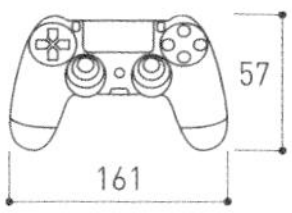
57
161

遙控器
（高100）

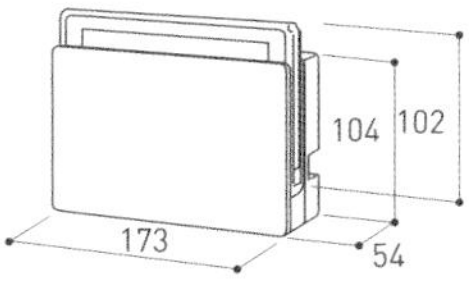
104
102
173
54

電視遊戲機
（Nintendo Switch）

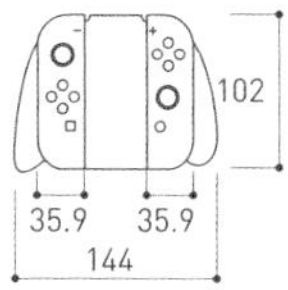
102
35.9
35.9
144

遙控器
（高40.1）

※含底座為16.5～27公斤，壁掛時為15.5～22公斤。

電腦、印表機

最近越來越多主機與螢幕合為一體的桌上型電腦，印表機則是小機型日益增加；規劃位置時，需考量印表機進紙槽打開的空間。

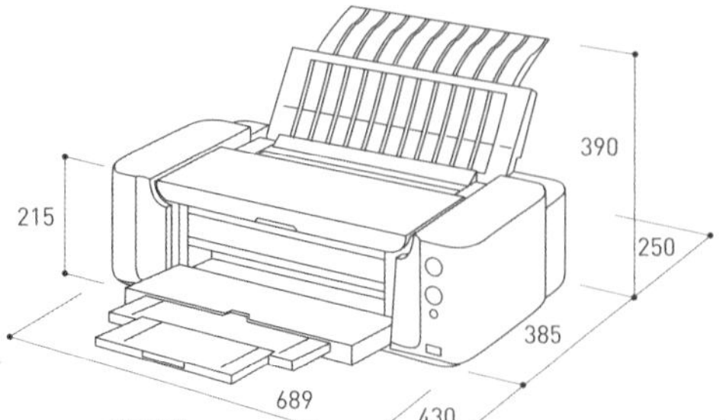
390
215
250
385
689
430

印表機

印表機的尺寸因有無掃描等機能而異。經常列印者必須連同儲存紙張的位置一併規劃。紙張尺寸請參考174頁，500張紙約厚50mm

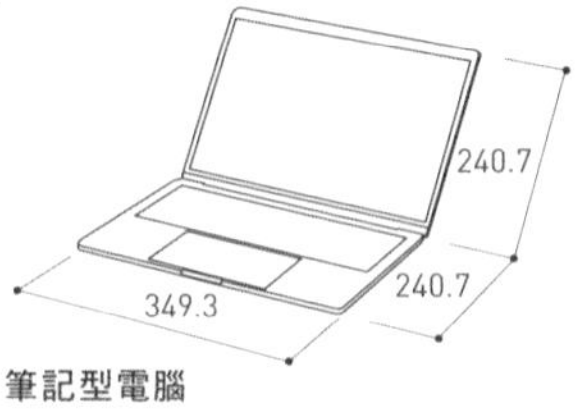
240.7
349.3
240.7

筆記型電腦
（MacBook Pro）

15.5
349.3
240.7

蓋起來的狀態

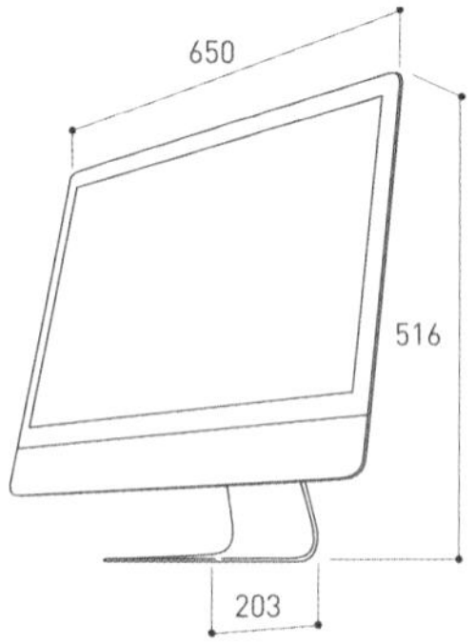
650
516
203

桌上型電腦
（iMac 27吋）

空調機、循環扇

有一陣子流行薄型的空調機，現在則推出許多可以調整風向與自動打掃面板的機型，機身較深。循環扇的使用經常受季節影響，因此必須在儲藏室等處規劃收納空間。

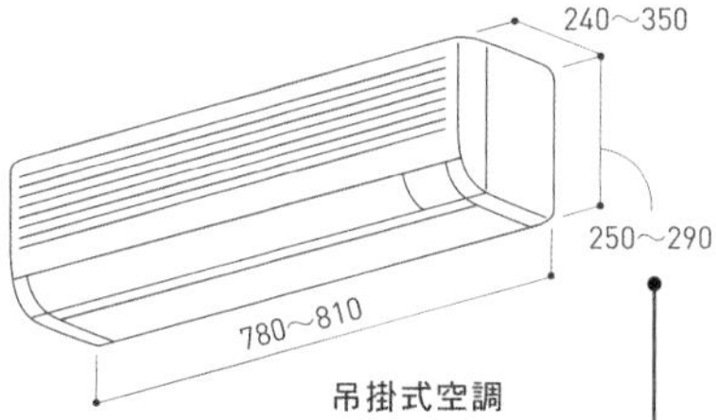
240～350
250～290
780～810

吊掛式空調

葉片打開時的尺寸範例

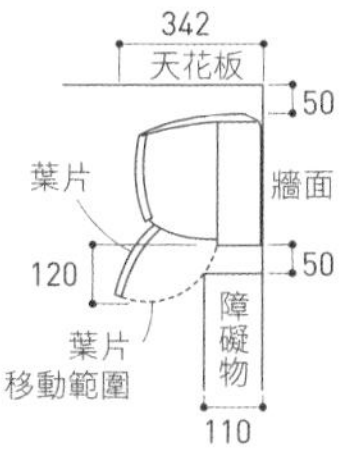
342
天花板
50
葉片
牆面
120
50
葉片
移動範圍
障礙物
110

空調機的可動式葉片依機種可能不只一片，安裝時必須留意四周是否有障礙物

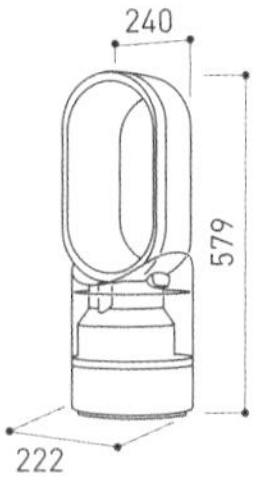
240
579
222

加濕器
（dyson hygienic Mist）

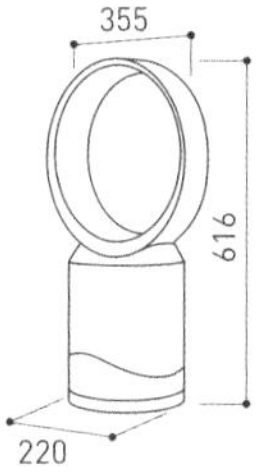
355
616
220

桌上型風扇

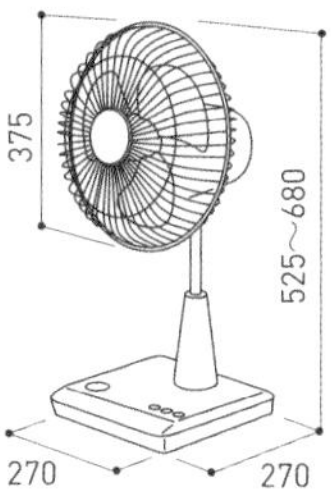
375
525～680
270
270

電風扇

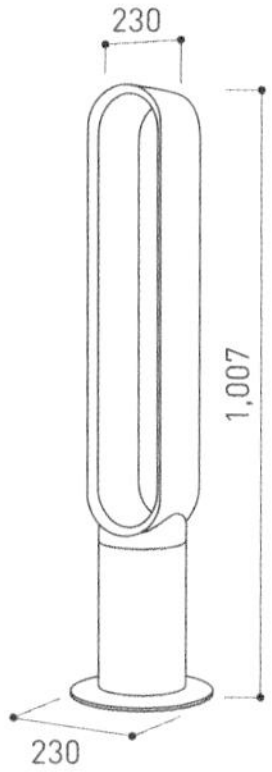
230
1,007
230

置地式循環扇

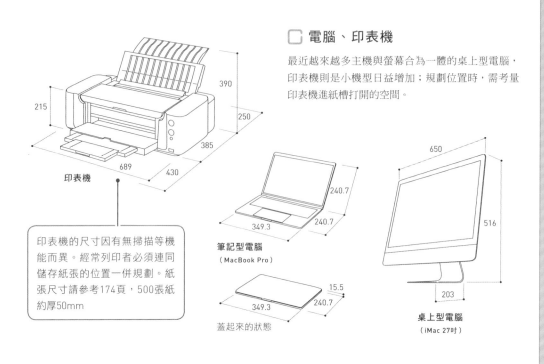

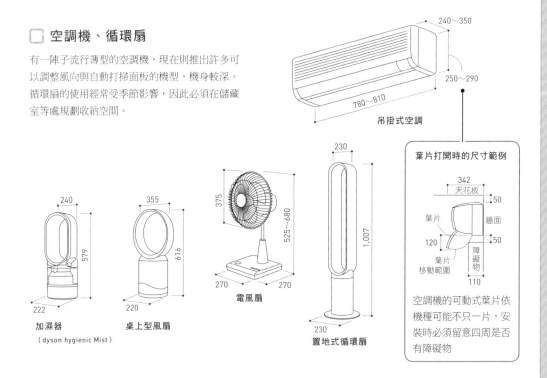

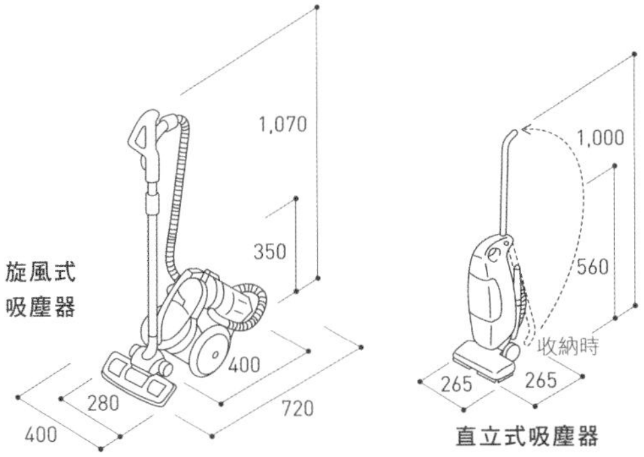
1,070
350
旋風式
吸塵器
400
280
720
400
1,000
560
收納時
265
265
直立式吸塵器

吸塵器

雖然充電式吸塵器日益增加，不過收納的位置還是有插座比較便利。手持吸塵器和掃地機器人現在十分普及，機器尺寸大小依廠商而異，規劃時需多加留意。

掃地機器人

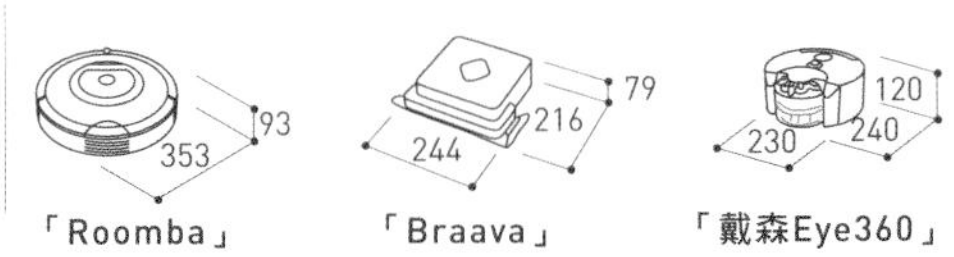
93
353
「Roomba」
79
216
244
「Braava」
120
240
230
「戴森Eye360」

掃地機器人除了掃地機本身以外，還需要充電座。充電座的尺寸隨廠商而異。多半比吸塵器小，但也有可以收納垃圾的大型充電座（高285mm）

洗衣機

洗衣機的主要機種是滾筒式和直立式。為配合防水台座的尺寸，機體大小多半是 640mm 的方形。規劃空間時必須考慮蓋子的開關方式，防水台座的形狀也可能導致高度變高，必須留意入水、排水孔的位置。

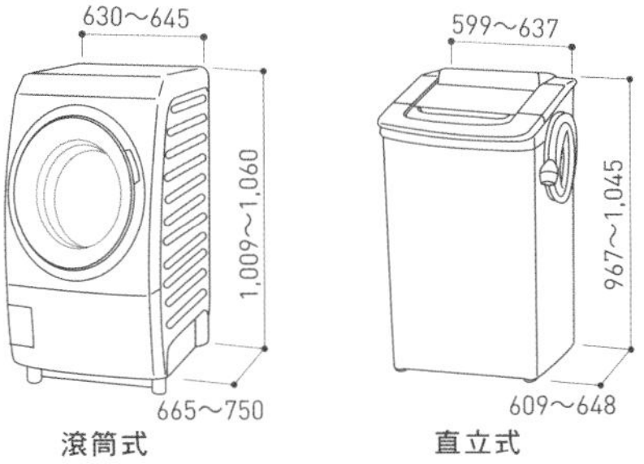
630～645
1,009～1,060
665～750
滾筒式
599～637
967～1,045
609～648
直立式

安裝範例（依排水口位置分類）

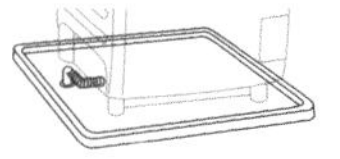

排水口在正下方以外的位置：使用寬型防水台座

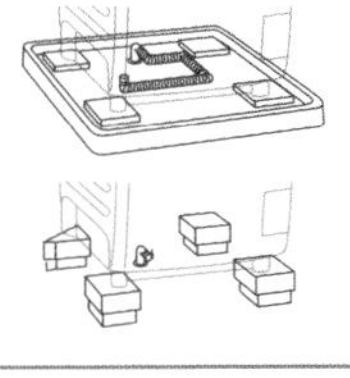

排水口在正下方：使用可墊高洗衣機或有腳的防水台座

打開蓋子時的尺寸

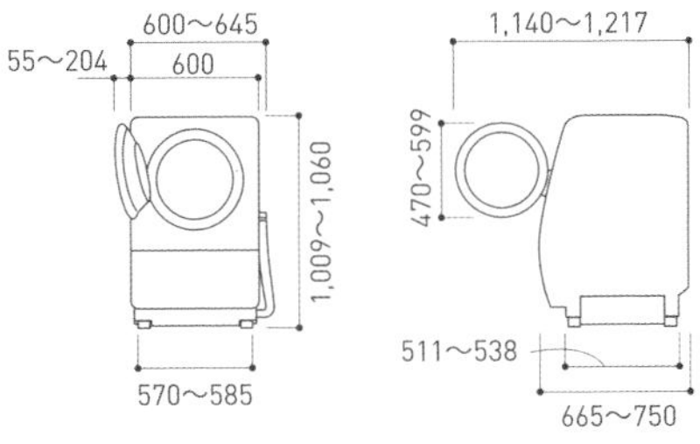
600～645
55～204
600
1,009～1,060
570～585
1,140～1,217
470～599
511～538
665～750

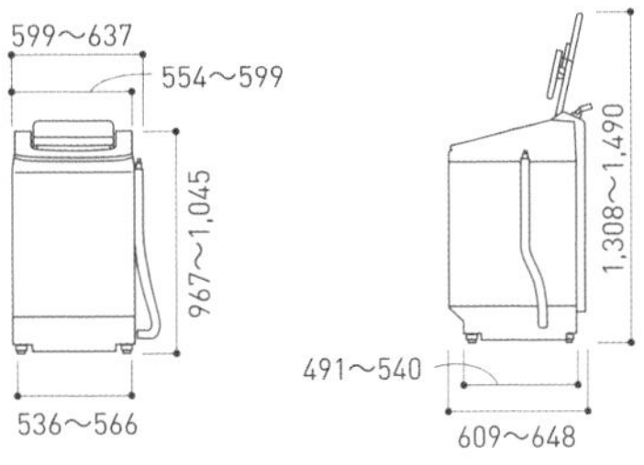
599～637
554～599
967～1,045
536～566
1,308～1,490
491～540
609～648

各居家空間的收納尺寸

玄關、洗手台與廚房等經常用水的區域，還有食材儲藏室和衣櫥等處收納的物品，多半在設計規劃階段便能大致底定。一起來規劃小巧又高機能的收納空間吧！

玄關

玄關收納的物品五花八門，除了鞋子、雨傘、鞋把之外，還有運動用品[參考180頁]、嬰兒推車[參考176頁]等。就算是鞋子，也有各種尺寸、跟高與長度，種類琳瑯滿目；規劃時至少要掌握一般常見的鞋子種類和尺寸。

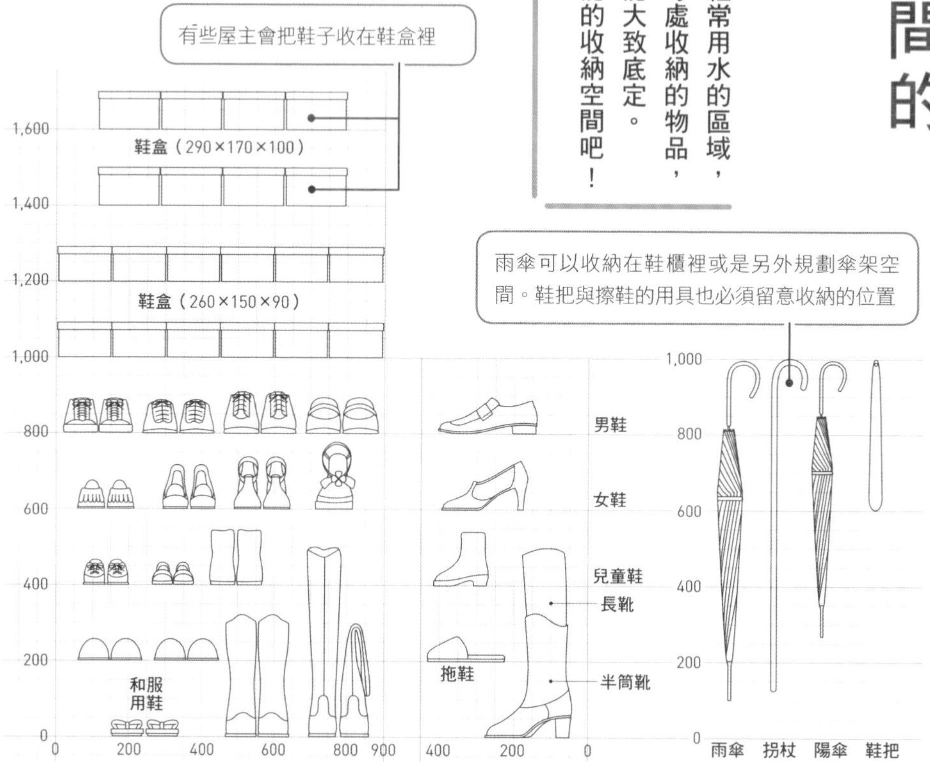
有些屋主會把鞋子收在鞋盒裡
鞋盒（290×170×100）
鞋盒（260×150×90）
雨傘可以收納在鞋櫃裡或是另外規劃傘架空間。鞋把與擦鞋的用具也必須留意收納的位置
1,600
1,400
1,200
1,000
800
600
400
200
0
0
200
400
600
800
900
400
200
0
男鞋
女鞋
兒童鞋
長靴
半筒靴
和服用鞋
拖鞋
1,000
800
600
400
200
0
雨傘
拐杖
陽傘
鞋把

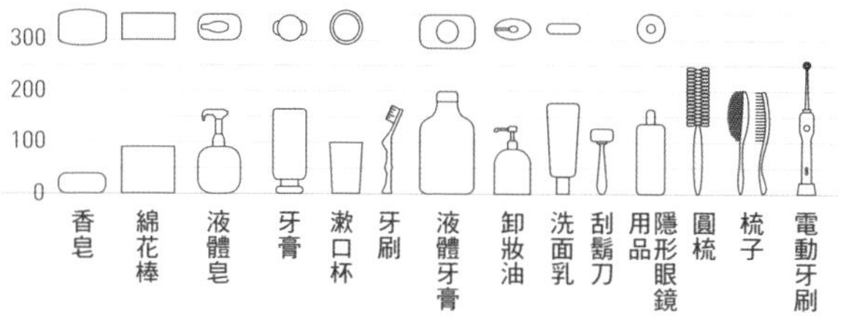
300
200
100
0
香皂
綿花棒
液體皂
牙膏
漱口杯
牙刷
液體牙膏
卸妝油
洗面乳
刮鬍刀
隱形眼鏡用品
圓梳
梳子
電動牙刷

洗手間

洗手台附近需要能收納零碎用品的收納架。建議不要安裝門片，使用起來才方便。若擔心視覺上顯得凌亂，只要配合收納籃的深度與寬度規劃就能清爽整齊。插座最好規劃在使用順手之處。

家電直接插在插座上收納最為方便，因此洗手台附近最好設置多個插座

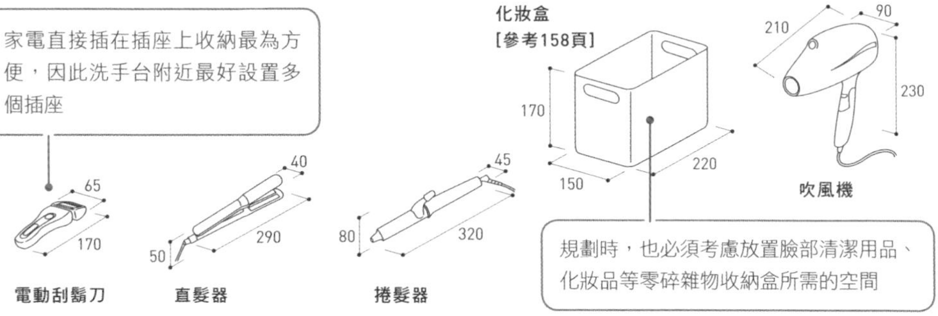
化妝盒
[參考158頁]
170
150
220
210
90
230
吹風機
65
170
電動刮鬍刀
40
290
50
直髮器
45
80
320
捲髮器

規劃時，也必須考慮放置臉部清潔用品、化妝品等零碎雜物收納盒所需的空間

衛浴間

在洗手間安裝洗衣機、同時作為室內晾衣場和收納衣物的空間，就能縮短家事作業動線，做起家事更輕鬆。也可以將洗手台等經常用水區的收納彙整起來，一起安排在順手的地方。

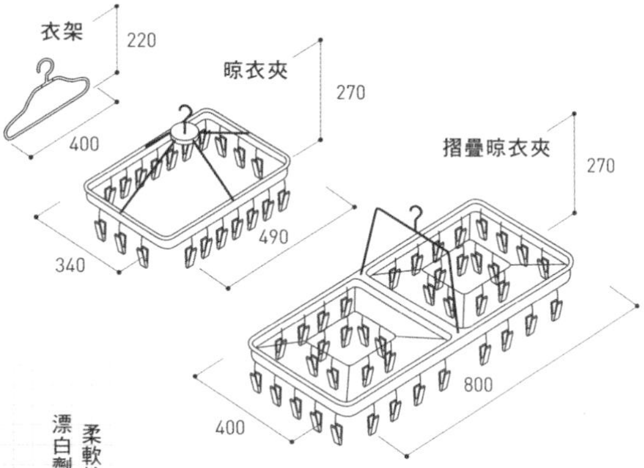
衣架
220
400
晾衣夾
270
490
340
摺疊晾衣夾
270
800
400

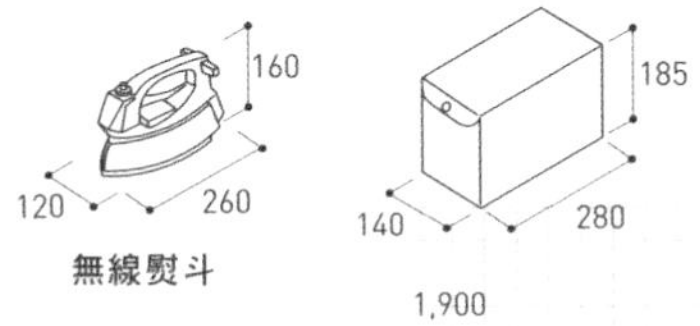
160
120
260
無線熨斗
185
140
280

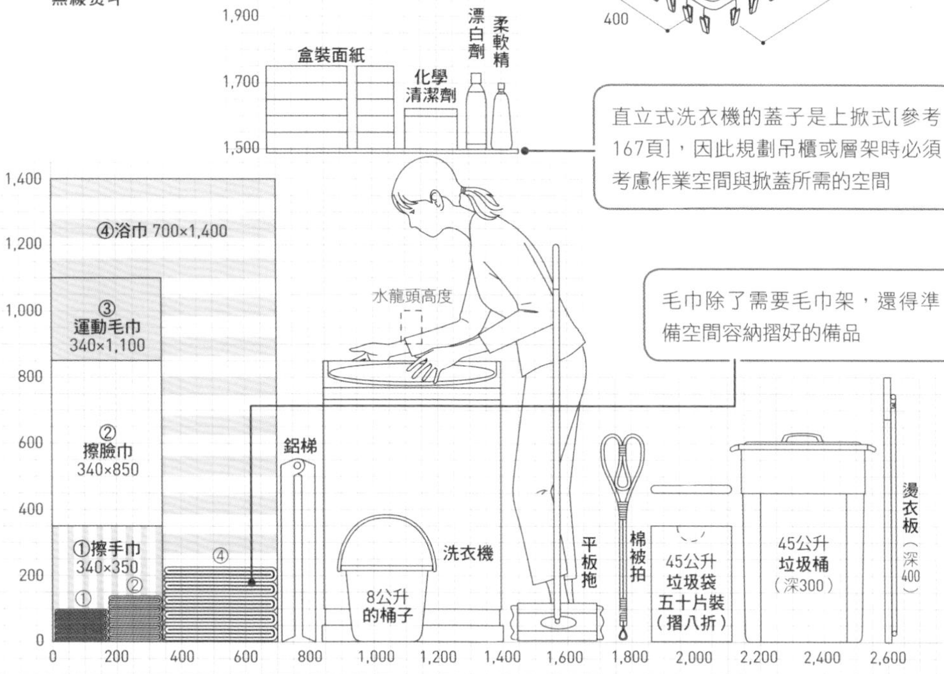
1,900
1,700
1,500
盒裝面紙
化學清潔劑
漂白劑
柔軟精
1,400
1,200
1,000
800
600
400
200
0
④浴巾 700×1,400
③運動毛巾 340×1,100
②擦臉巾 340×850
①擦手巾 340×350
①
②
④
水龍頭高度
鋁梯
8公升的桶子
洗衣機
平板拖
棉被拍
45公升垃圾袋五十片裝（摺八折）
45公升垃圾桶（深300）
燙衣板（深400）
0
200
400
600
800
1,000
1,200
1,400
1,600
1,800
2,000
2,200
2,400
2,600

直立式洗衣機的蓋子是上掀式[參考167頁]，因此規劃吊櫃或層架時必須考慮作業空間與掀蓋所需的空間

毛巾除了需要毛巾架，還得準備空間容納摺好的備品

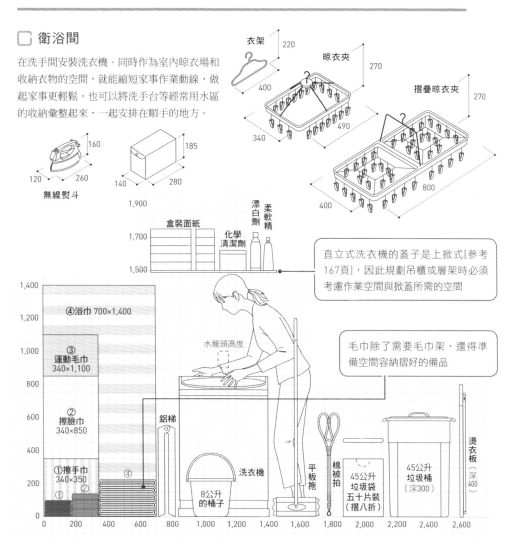

廚房後方牆面收納
（餐具類）

餐具主要收納於廚房後方牆面的櫃子，要先掌握碗盤疊放時的尺寸，根據使用頻率來決定收納的位置，再進一步檢討層板的數量與高度。

餐具吊櫃（範例之一）

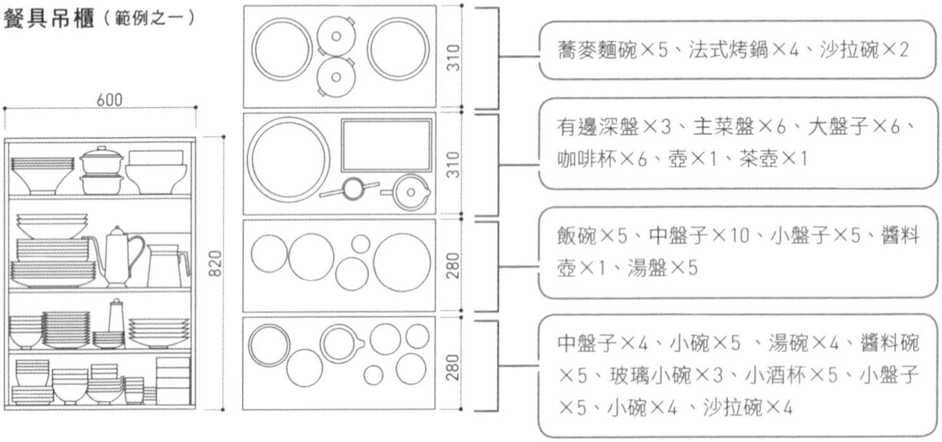
600
820
310
310
280
280
蕎麥麵碗×5、法式烤鍋×4、沙拉碗×2
有邊深盤×3、主菜盤×6、大盤子×6、咖啡杯×6、壺×1、茶壺×1
飯碗×5、中盤子×10、小盤子×5、醬料壺×1、湯盤×5
中盤子×4、小碗×5 、湯碗×4、醬料碗×5、玻璃小碗×3、小酒杯×5、小盤子×5、小碗×4 、沙拉碗×4

水槽下方、爐子下方（廚具）

鍋類廚具和刀叉餐具可收納於廚房下層的櫃子。目前流行沉重的鐵鑄珐瑯鍋，儘量收納於下層櫃子中方便拿進拿出的位置。

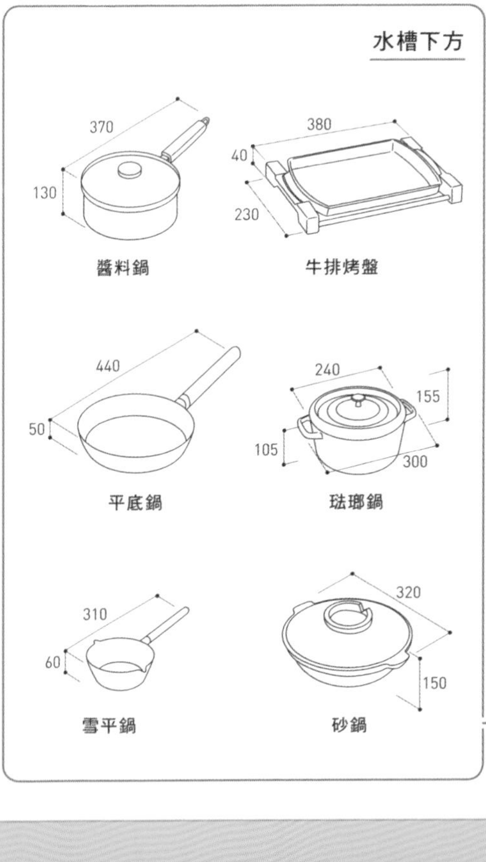
水槽下方
370
130
醬料鍋
380
40
230
牛排烤盤
440
50
平底鍋
240
155
105
300
珐瑯鍋
310
60
雪平鍋
320
150
砂鍋

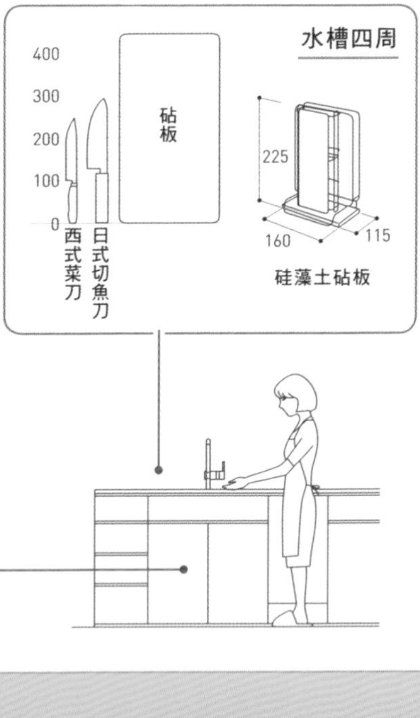
水槽四周
400
300
200
100
0
西式菜刀
日式切魚刀
砧板
225
160
115
硅藻土砧板

廚具

筷子和湯匙等餐具多半收在同一個收納盒，放在流理台下方的抽屜。另外砧板不僅要規劃收納空間，還要考慮在哪裡晾乾。

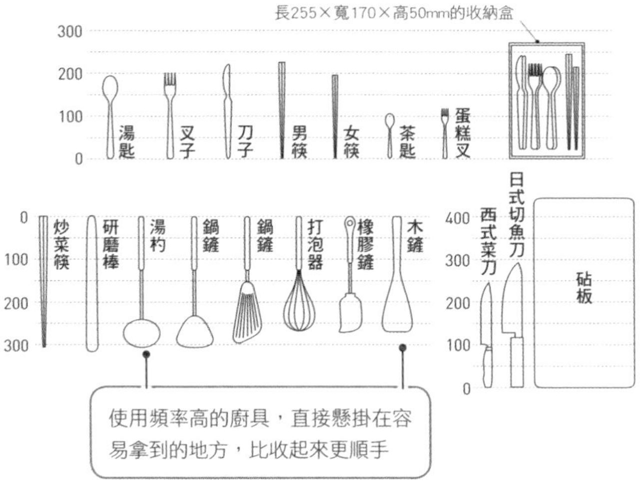
長255×寬170×高50mm的收納盒
300
200
100
0
湯匙
叉子
刀子
男筷
女筷
茶匙
蛋糕叉
0
100
200
300
炒菜筷
研磨棒
湯杓
鍋鏟
鍋鏟
打泡器
橡膠鏟
木鏟
400
300
200
100
0
西式菜刀
日式切魚刀
砧板
使用頻率高的廚具，直接懸掛在容易拿到的地方，比收起來更順手

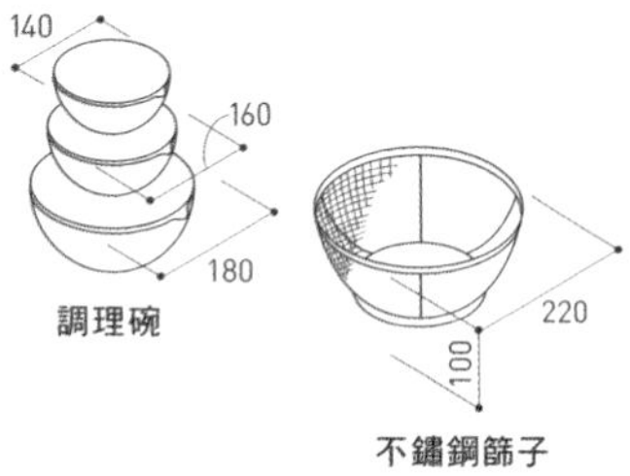
140
160
180
調理碗
220
100
不鏽鋼篩子

餐具、杯子

餐具多半疊放，建議最好購買形狀相同的碗盤；玻璃杯在規劃收納時則必須注意高度。

規劃紅酒杯的收納空間時，也要考慮到醒酒器的位置，因此高度至少要300mm以上

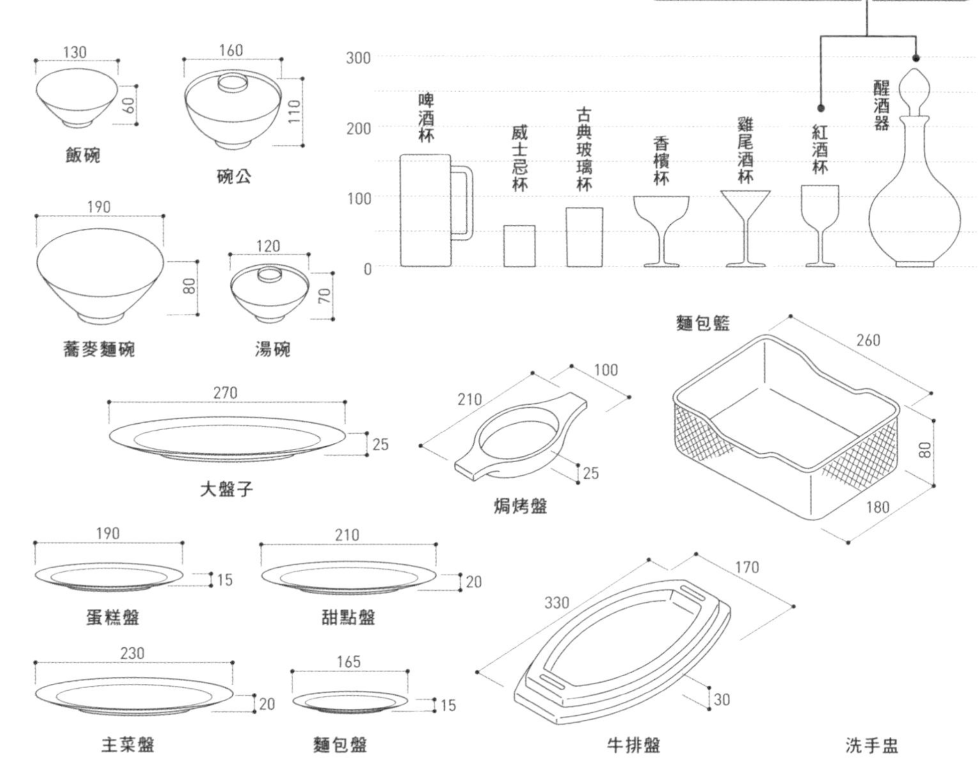
130
60
飯碗
160
110
碗公
190
80
蕎麥麵碗
120
70
湯碗
300
200
100
0
啤酒杯
威士忌杯
古典玻璃杯
香檳杯
雞尾酒杯
紅酒杯
醒酒器
麵包籃
260
80
180
270
25
大盤子
210
100
25
焗烤盤
190
15
蛋糕盤
210
20
甜點盤
230
20
主菜盤
165
15
麵包盤
170
330
30
牛排盤
洗手盅

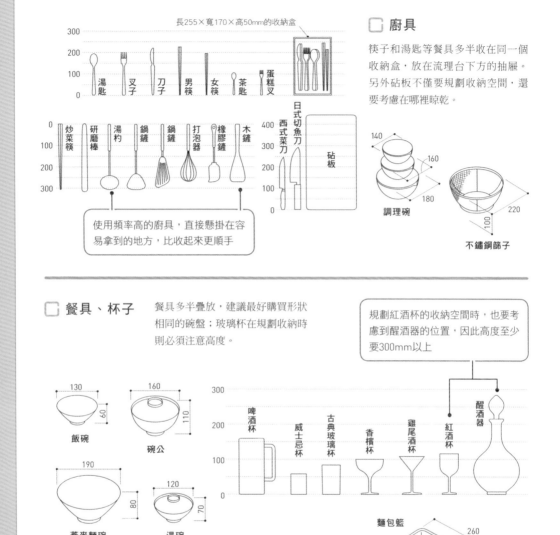

食材儲藏室

不常使用的廚具、保存期限長的食品和飲料可收納於食材儲藏室。不適合保存於冰箱的根莖類蔬菜也可以收置在此，不過需要另外的收納籃；另外儲藏的礦泉水和大型的保存用瓶子都相當沉重，考慮到這些因素，櫃子下端應該做得寬敞些。

食材儲藏室的層板尺寸（範例之一）

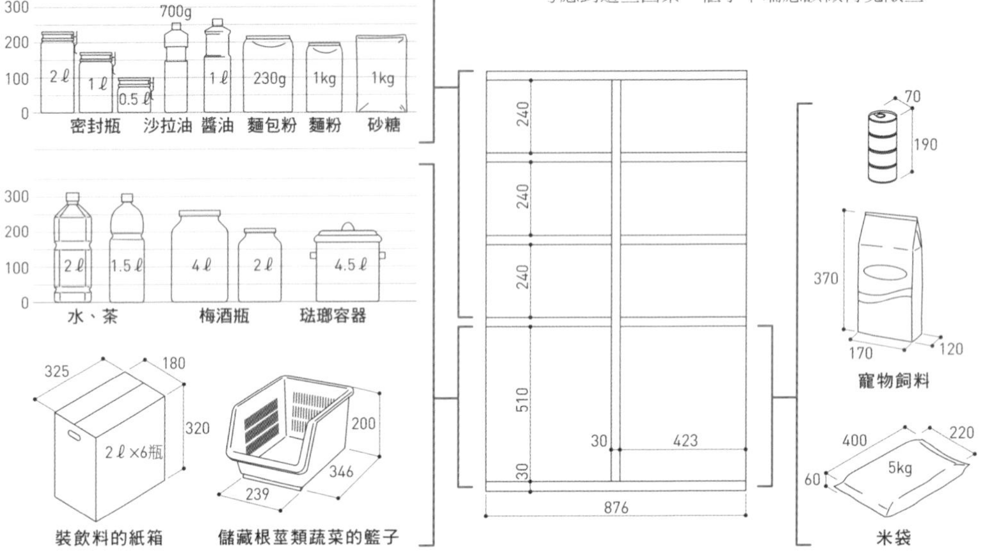

300
200
100
0
700g
2ℓ
1ℓ
0.5ℓ
1ℓ
230g
1kg
1kg
密封瓶
沙拉油
醬油
麵包粉
麵粉
砂糖
2ℓ
1.5ℓ
4ℓ
2ℓ
4.5ℓ
水、茶
梅酒瓶
琺瑯容器
325
180
320
2ℓ×6瓶
200
346
239
裝飲料的紙箱
儲藏根莖類蔬菜的籃子
240
240
240
510
30
423
30
876
70
190
370
170
120
寵物飼料
400
220
60
5kg
米袋

廁所

廁所空間有限，必須規劃最低限度的收納空間；特別像是衛生紙和清潔劑等不想讓訪客看到的物品，就需要櫃子來收納。

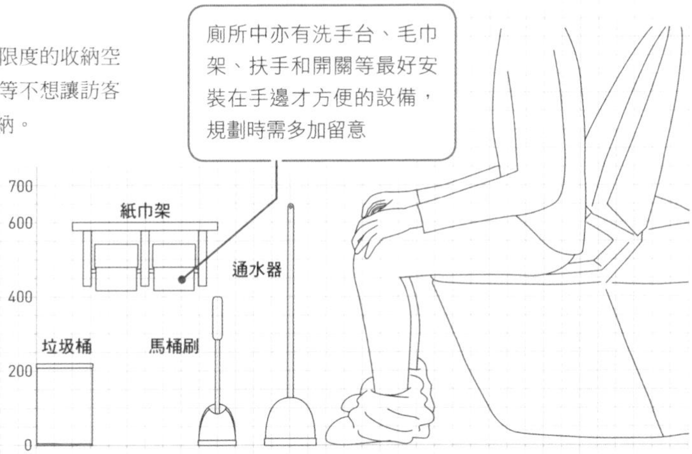

廁所中亦有洗手台、毛巾架、扶手和開關等最好安裝在手邊才方便的設備，規劃時需多加留意
700
600
400
200
0
紙巾架
通水器
垃圾桶
馬桶刷

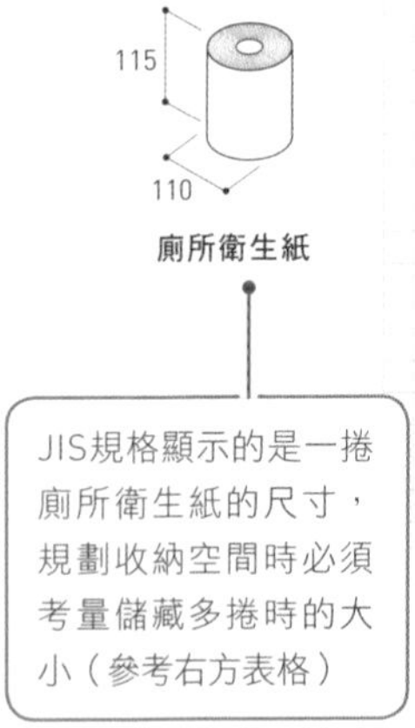

115
110
廁所衛生紙
JIS規格顯示的是一捲廁所衛生紙的尺寸，規劃收納空間時必須考量儲藏多捲時的大小（參考右方表格）

		長	寬	高
廁所衛生紙	六捲	220	110	345
	十二捲	220	220	345
生理用品		250	200	70

		長	寬	高
紙尿布（幼兒用）	新生兒用	250	120	230
	M	250	150	400
	L	250	180	400

325
445
70
硬殼公事包
335
265
200
書包
150
155
215
80
幼兒用肩掛包
400
400
90
軟殼公事包
310
610
310
波士頓包

衣櫥

衣櫥中衣服的數量會隨生活型態而有所改變，因此比起設計得過於細膩卻無法改變的衣櫥，保留可彈性變動的空間才便利。規劃時必須考慮掛衣服的空間，計算衣架的寬度、衣服的長度和可以收納幾件衣服。

掛衣桿上方設置架子，用來收納平常不用的提包和帽子

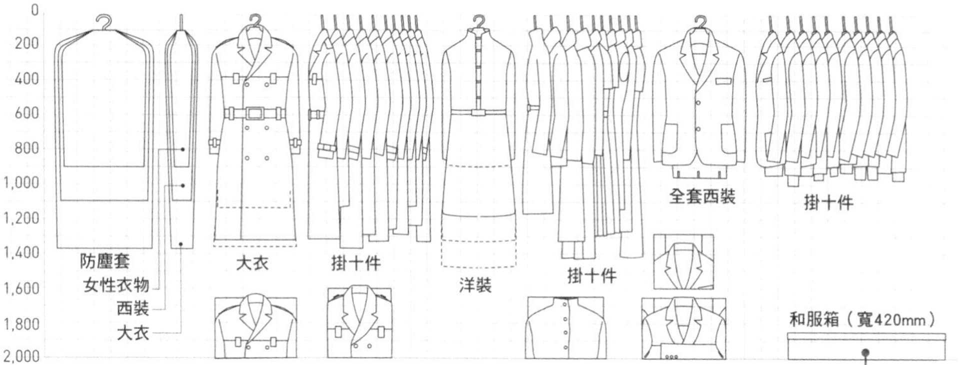
0
200
400
600
800
1,000
1,200
1,400
1,600
1,800
2,000
防塵套
女性衣物
西裝
大衣
大衣
掛十件
洋裝
掛十件
全套西裝
掛十件
和服箱（寬420mm）

有和服者必須規劃放置和服用的桐木櫃或和服用收納箱的空間

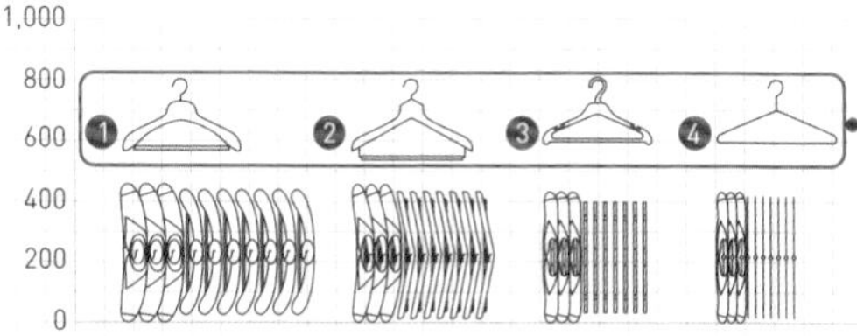
1,000
800
600
400
200
0
❶
❷
❸
❹

❶和❷是西裝和外套用的木衣架（❷附褲架）；❸和❹是休閒服用的衣架。衣架的大小與形狀會左右收納的容量

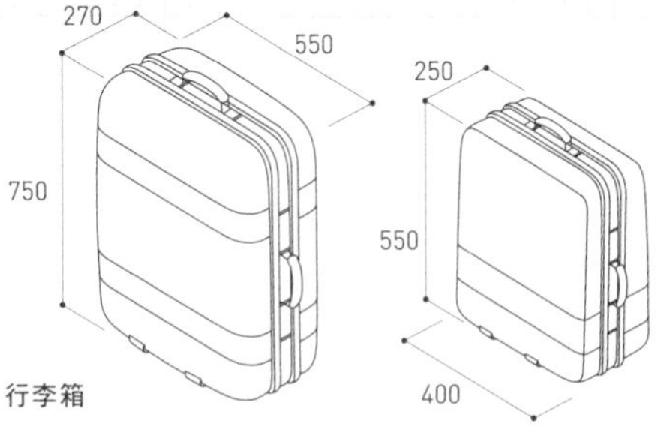
270
550
750
行李箱
250
550
400

可帶上國際線航班的尺寸[※]為三邊總計115公分以下、總重量為10公斤以下者

※條件依航空公司與飛機大小而異

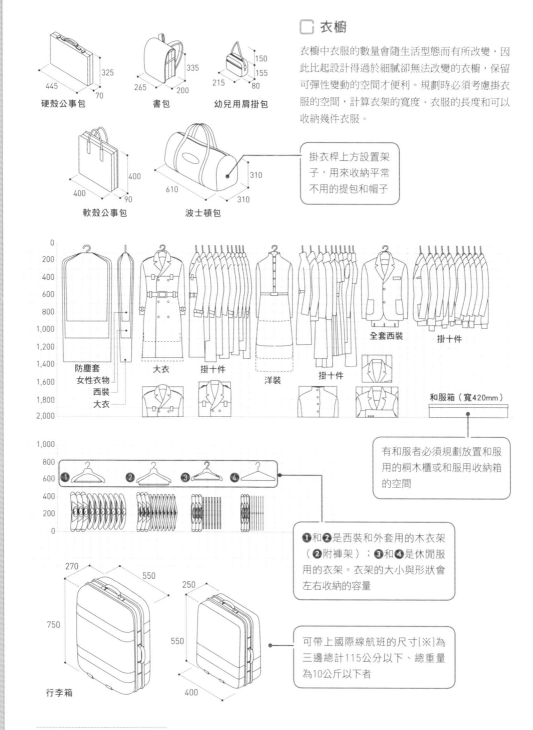

書櫃、書桌

書的尺寸取決於紙張大小，規劃收納時也是以紙張大小考量。DVD、藍光片、CD的尺寸固定，盒子大小卻可能各有千秋。信封的固定尺寸則是比紙張稍大。工作區的收納櫃配合這些尺寸規劃，或是打造可以放收納盒的空間，整理時會很方便。

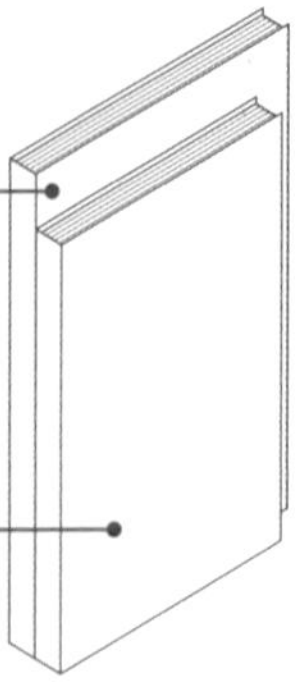

A4
攝影集與畫冊等等
例如：《小巧建築設計資料集成》（丸善）（厚度約25mm，寬860mm的書架可收納34本）

B5
週刊與一般雜誌等等
例如：《JR時刻表》（交通新聞社）（厚度約35mm，寬860mm的書架可收納約24本）

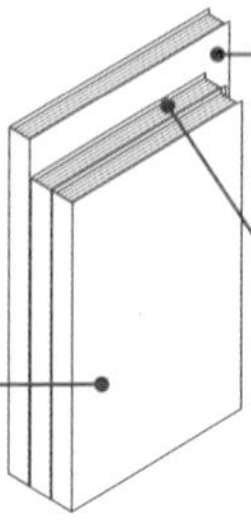

A5
文藝雜誌、教科書等
例如：《群像》雜誌（講談社）（厚度約18mm，寬860mm的書架可收納47本）

B6
單行本、青年漫畫等等
例如：《骷髏13》（LEED社）（厚度約22mm，寬860mm的書架可收納約39本）

四六判（譯註：台灣的三十二開）
文學書單行本
例如：鹿島出版社SD選書系列（厚度約16mm，寬860mm的書架約可收納53本）

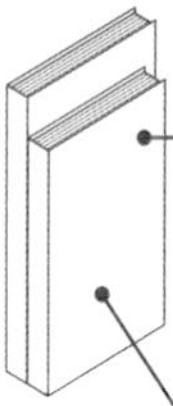

小B6
小型叢書與少年少女漫畫等等
例如：講談社Bluebacks（厚度約15mm，寬860mm的書架可收納約57本）

A6
隨身文庫本
例如：筑摩學術文庫系列（厚度約13mm，寬860mm的書架可收納約66本）

表1 ｜ 紙張規格一覽表（單位：mm）

JIS標號	長	寬
A4	210	297
A5	148	210
A6	105	148
A7	74	105
B4	257	364
B5	182	257
B6	128	182
B7	91	128

各種影音光碟的基本尺寸

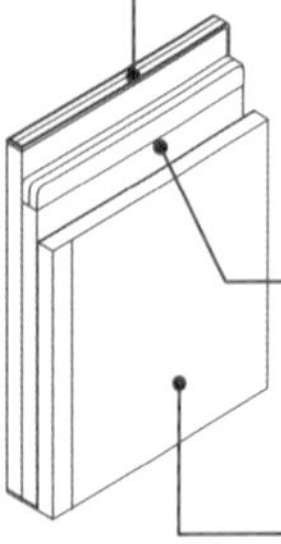

DVD盒
190×135×15mm
（寬860mm的書架可收納約57盒）

BD盒
170×135×13mm
（寬860mm的書架可收納約66盒）

CD盒
124×142×10mm
（寬860mm的書架可收納約86盒）

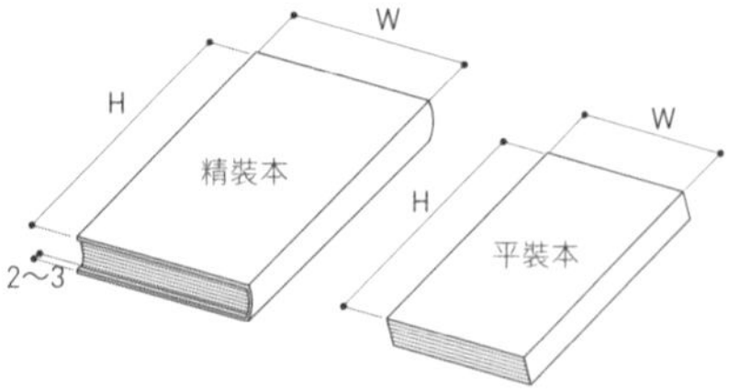

書籍大致上可分為精裝本與平裝本，日本的小說與專業書籍多半為前者，厚度與高度都比平裝本來得大。規劃書櫃時必須保留一點空間給精裝本

信封的基本尺寸*

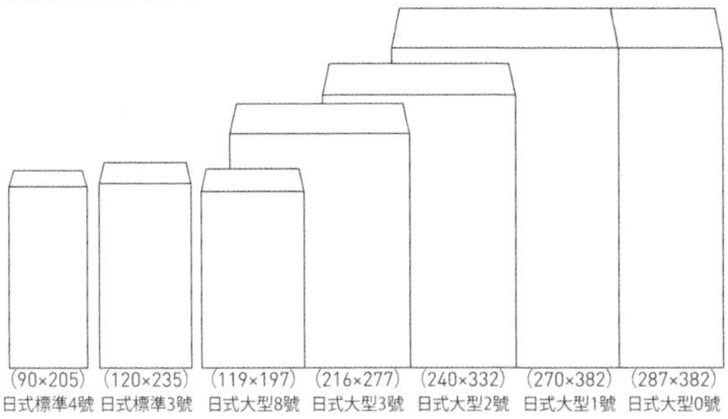
(90×205)
日式標準4號
(120×235)
日式標準3號
(119×197)
日式大型8號
(216×277)
日式大型3號
(240×332)
日式大型2號
(270×382)
日式大型1號
(287×382)
日式大型0號

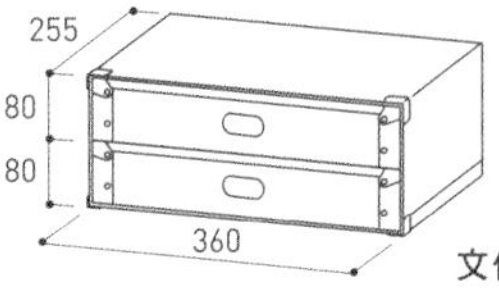
255
80
80
360
文件盒1

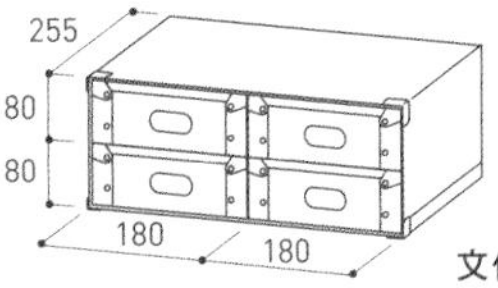
255
80
80
180
180
文件盒2

* 譯註：此處為日本習慣信封尺寸

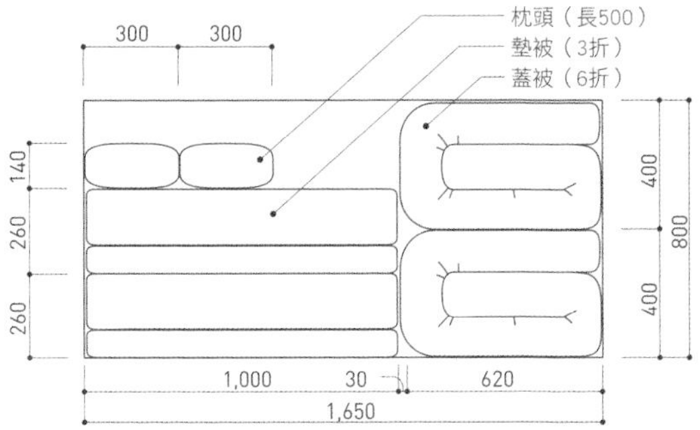
枕頭（長500）
墊被（3折）
蓋被（6折）
300
300
140
260
260
400
400
800
1,000
30
620
1,650

壁櫥（寢具）*

棉被也有固定的基本尺寸，收納方式依照摺法而不同。壁櫥的內側一般寬度為1,650～1,800mm，深度為800～900mm，可以收納摺成三折的墊被、摺成六折的蓋被各二條和二顆枕頭。有時屋主會選擇放入收納套，所以也必須注意收納套的尺寸。

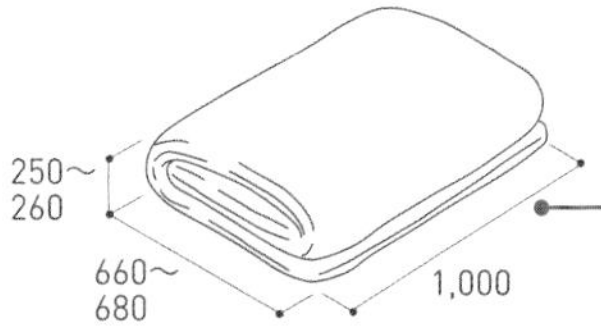
250～
260
660～
680
1,000
墊被（3折）

此處以1,000×2,100mm、棉50%、聚脂纖維50%的成分為例。若是羊毛被等其他材質，尺寸會略有不同

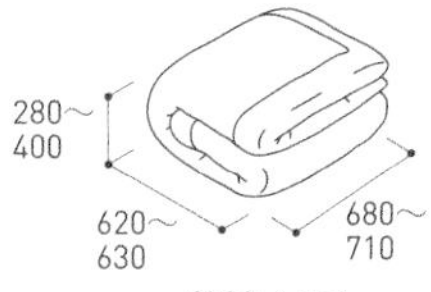
280～
400
620～
630
680～
710
蓋被（6折）

此處以1,500×2,000mm、聚脂纖維100%的成分為例。其他還有羽毛被等一般材質

棉被的基本尺寸

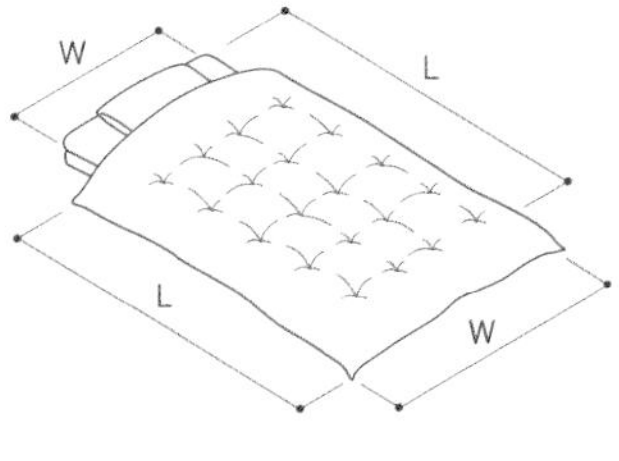
W
L
L
W

表2｜棉被的尺寸表（單位：mm）

墊被

種類	寬	長
單人	1,000	2,000
單人加大	1,000	2,100
雙人	1,400	2,000
雙人加大	1,400	2,100

蓋被

種類	寬	長
單人	1,500	2,000
單人加大	1,500	2,100
雙人	1,900	2,000
雙人加大	1,900	2,100

棉被收納套的基本尺寸

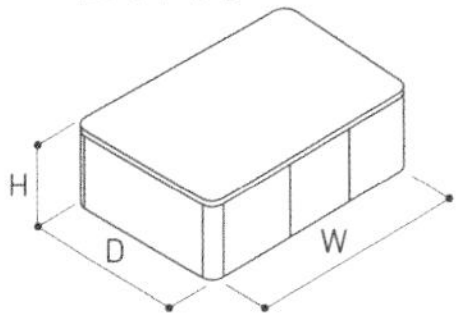
H
D
W

表3｜棉被收納套的概略尺寸（單位：mm）

種類	寬	長	厚
蓋被用	680	1,000	350
墊被用	680	1,000	250
毛毯用	480	680	230
整理用	340	480	200

* 譯註：此處的棉被收納尺寸以日式棉被為主

興趣與節慶用品的特殊尺寸

有一些僅在特定季節使用、使用期間短暫或是興趣相關的物品，若要好好收納，也必須仔細了解物品的尺寸。這些都是設計出能讓居家環境自然而然變得井然有序必備的知識。

季節性的裝飾品

在日本，經常遇到許多屋主要求規劃收納男兒節或女兒節人偶等「季節性的裝飾品」。這些東西只有特定的日子才會拿出來展示，必須先行考量擺設在何處，再思考收納於何處較為方便。

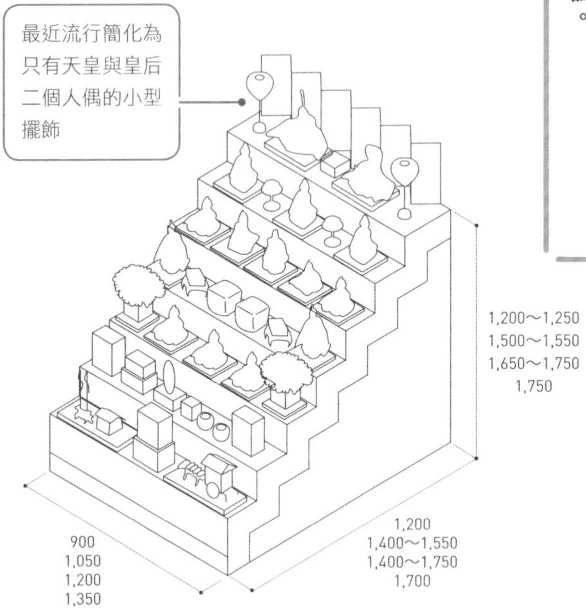
最近流行簡化為只有天皇與皇后二個人偶的小型擺飾
1,200～1,250
1,500～1,550
1,650～1,750
1,750
900
1,050
1,200
1,350
1,200
1,400～1,550
1,400～1,750
1,700

七層的女兒節人偶

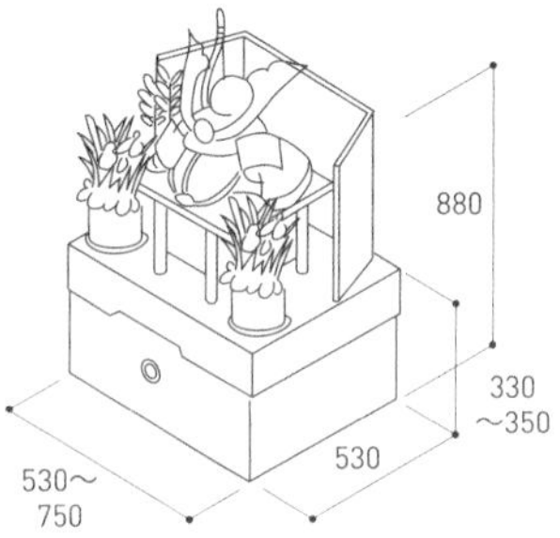
880
330
～350
530
530～
750

附收納盒的男兒節頭盔

嬰兒推車、購物車

在玄關設置收納嬰兒推車或是兒童玩具的空間，收拾起來會方便許多。然而這些空間隨著生活型態的變化，可能不再需要，可以考慮未來銜接收納哪些物品，以預留空間彈性。

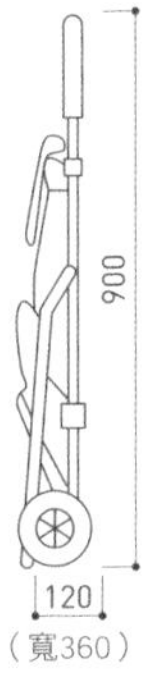
900
120
（寬360）

購物車

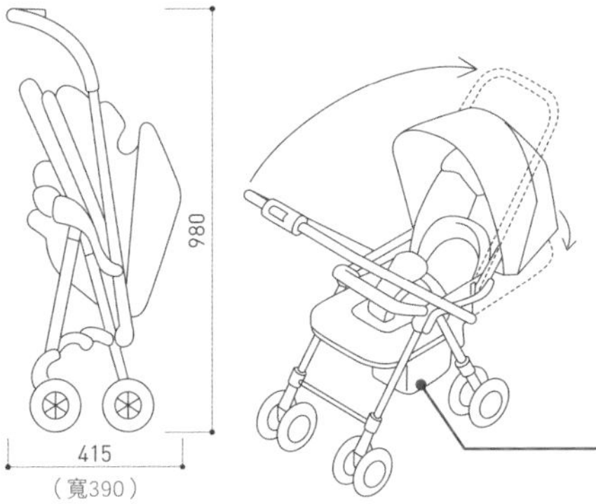
980
415
（寬390）

嬰兒推車A型

嬰兒推車分為出生後約一個月便能開始使用的A型和脖子硬了之後才能開始用的B型，後者較為小巧

佛壇、神龕

佛壇和神龕最好放置在明亮整潔之處，例如透天厝應放置於最高樓層向南或是向東的位置。另外佛壇和神龕放在同一個房間時，應留意兩者不得面對面。

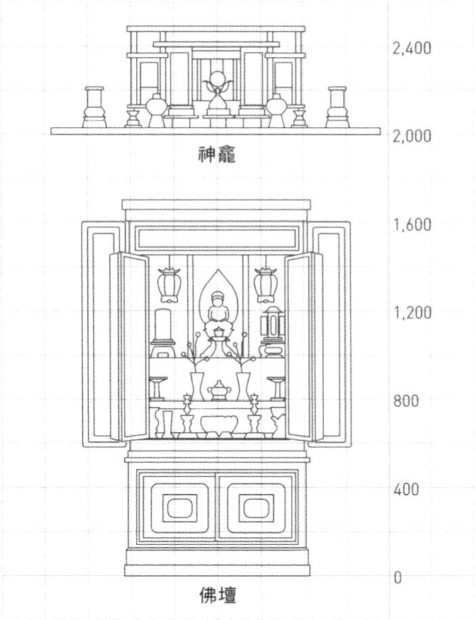
2,400
2,000
神龕
1,600
1,200
800
400
0
佛壇

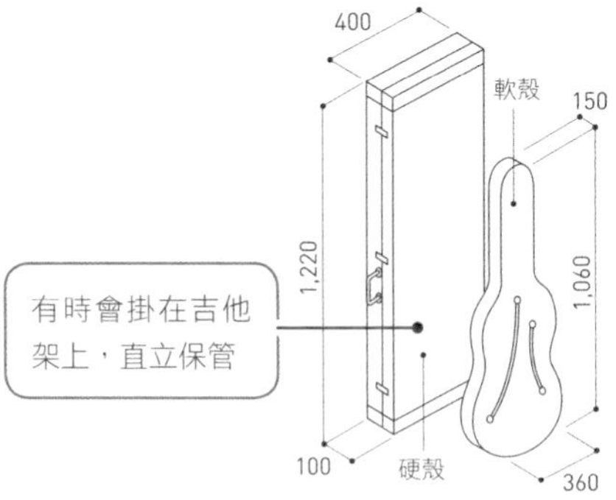
400
軟殼
150
1,220
1,060
有時會掛在吉他架上，直立保管
100
硬殼
360

電吉他

樂器

收納樂器不是只要有空間就好，還必須考量樂聲、重量與搬運的作業動線。例如平台鋼琴的琴腳可以拆卸，直立鋼琴搬運時無法拆解。

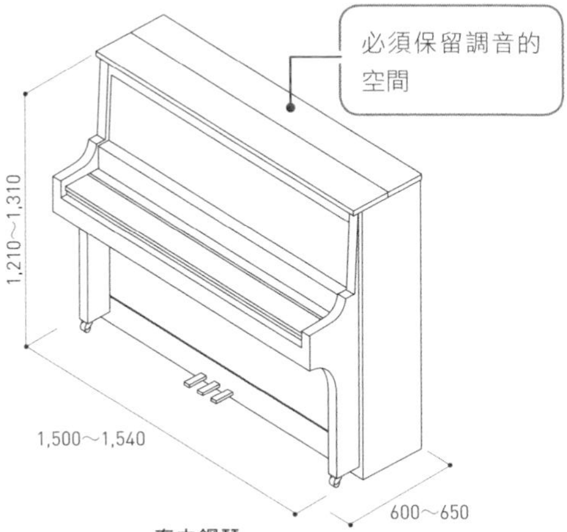
必須保留調音的空間
1,210～1,310
1,500～1,540
600～650

直立鋼琴
（215～255kg）

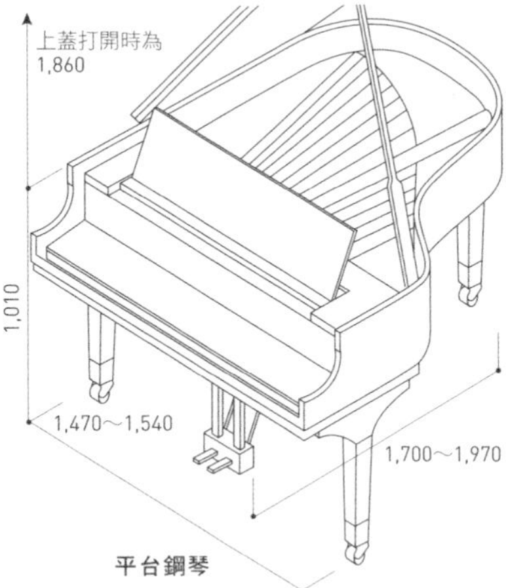
上蓋打開時為
1,860
1,010
1,470～1,540
1,700～1,970

平台鋼琴
（310～375kg）

寵物

作為家中一份子的寵物，所需的生活用品其實出乎意料地多；基本需要考慮寵物的大小、便盆或籠子的尺寸來規劃。

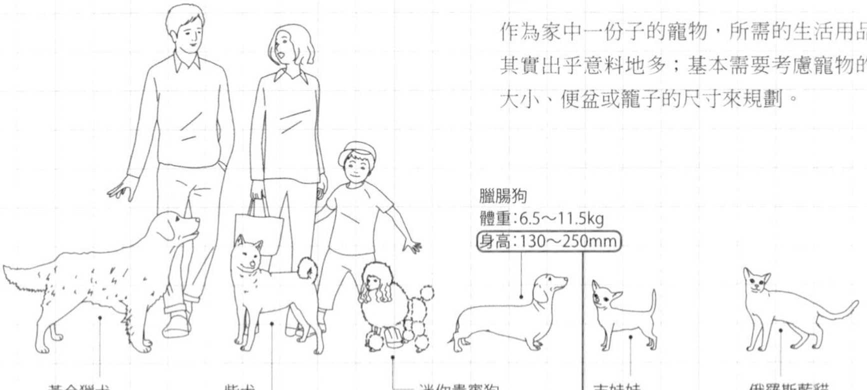
臘腸狗
體重：6.5～11.5kg
身高：130～250mm
黃金獵犬
體重：27～36kg
身高：510～610mm
柴犬
體重：8～10kg
身高：350～410mm
迷你貴賓狗
體重：12～14kg
身高：280～380mm
吉娃娃
體重：1～3kg
身高：150～230mm
俄羅斯藍貓
體重：5～6kg
身高：250～300mm

貓狗的大小多半以地面到背部最高點的高度（身高）計算，規劃時必須連同鼻子到尾巴尾端的長度、以及地面到頭部頂端的高度一併掌握

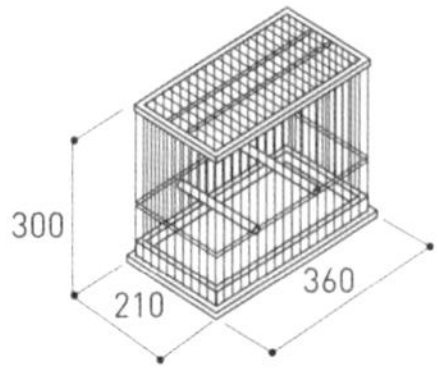
300
210
360
鳥籠

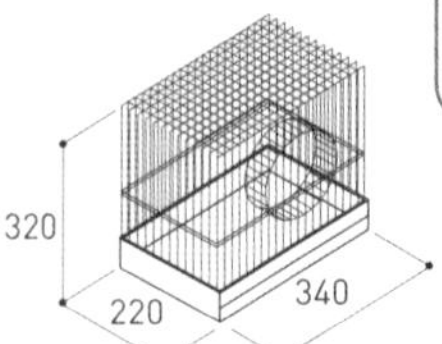
320
220
340
小型動物用的籠子

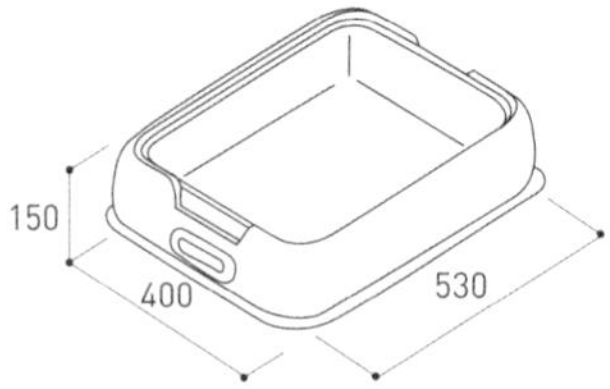
150
400
530
便盆

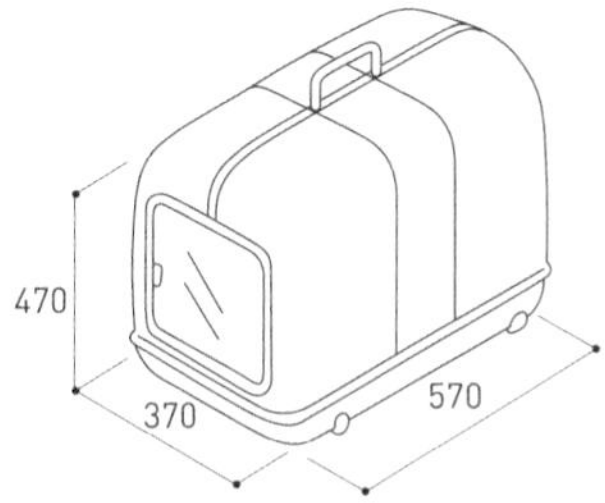
470
370
570
運輸籠

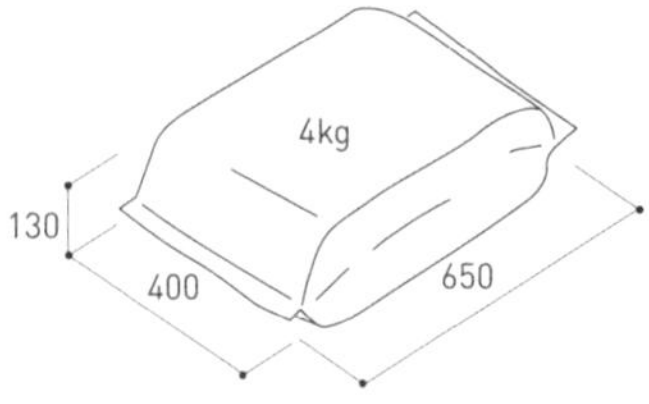
4kg
130
400
650
狗飼料

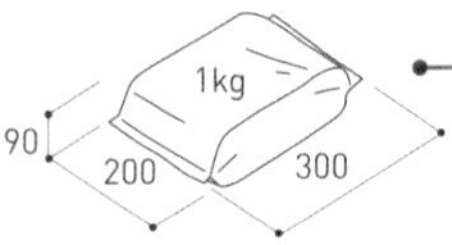
1kg
90
200
300
貓飼料

規劃時必須仔細考慮收納的地點，例如貓砂、尿墊最好放在洗手間附近，飼料則放在食材儲藏室等

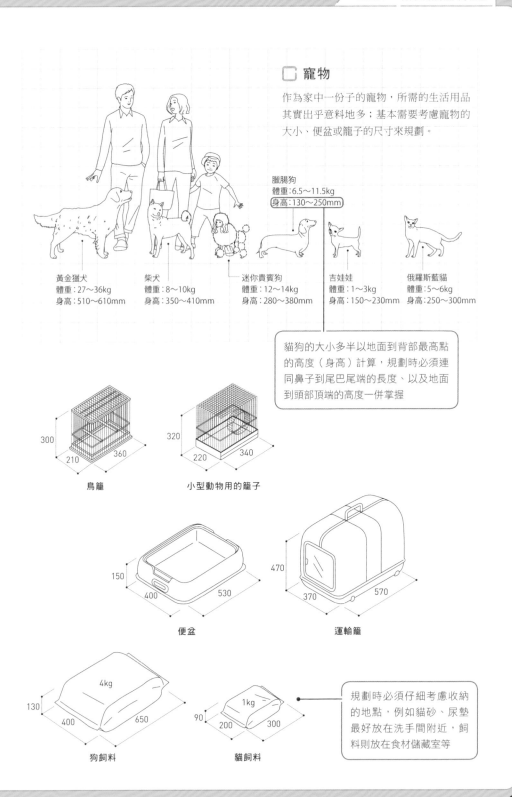

釣具

屋主委託規劃的「興趣用品」收納多半是針對「不想拿進家裡的東西」，因此建議收納在玄關或是車庫附近。以釣具為例，不僅需要收納空間，還必須準備保養整理的空間。

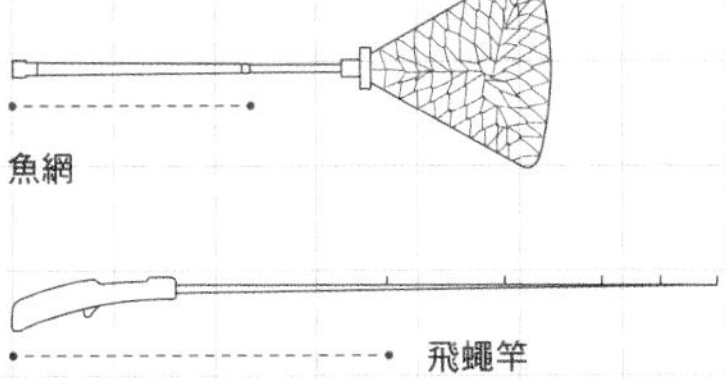
魚網
飛蠅竿

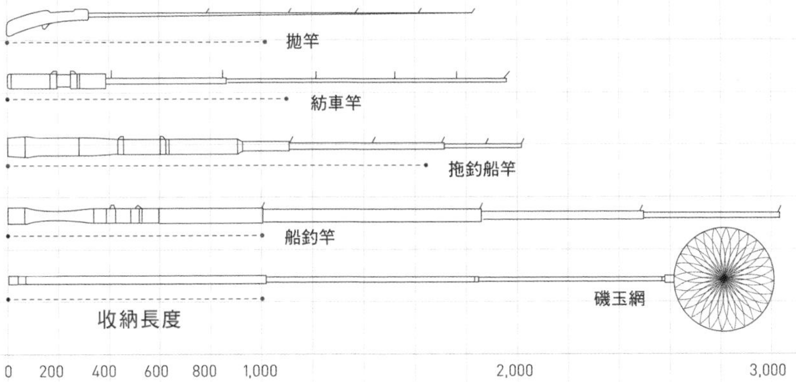
拋竿
紡車竿
拖釣船竿
船釣竿
磯玉網
收納長度
0
200
400
600
800
1,000
2,000
3,000

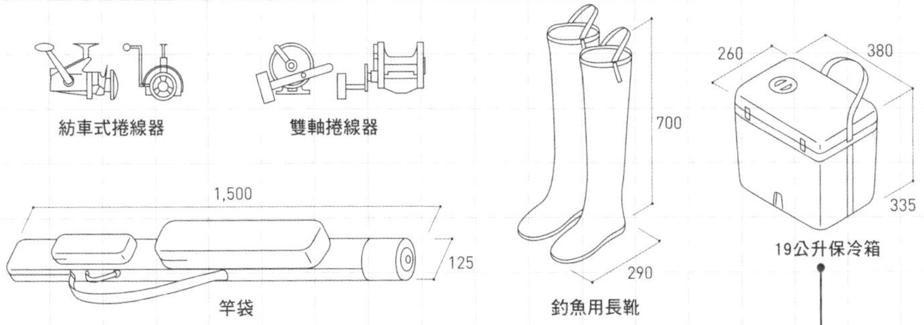
紡車式捲線器
雙軸捲線器
1,500
125
竿袋
700
290
釣魚用長靴
260
380
335
19公升保冷箱

除了釣竿，還必須規劃保冷箱、長靴等戶外用品一併收納的空間

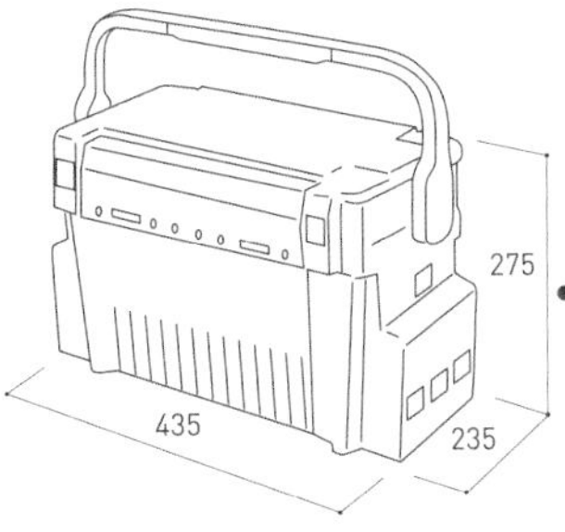
275
435
235

收納箱

路亞擬餌盒
收納魚餌盒等零碎物品的收納箱也需要放置的空間

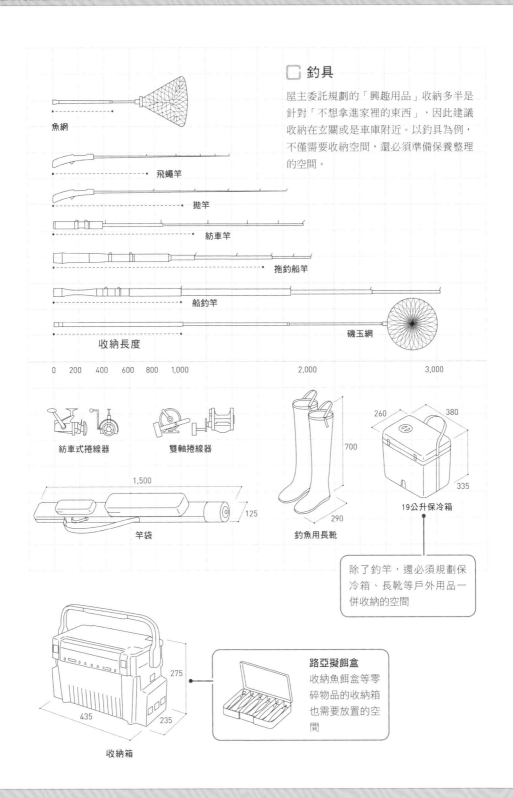

運動用品

規劃運動用品的收納空間不僅是為了滿足屋主的興趣，將來小孩進了運動社團也會用得到。

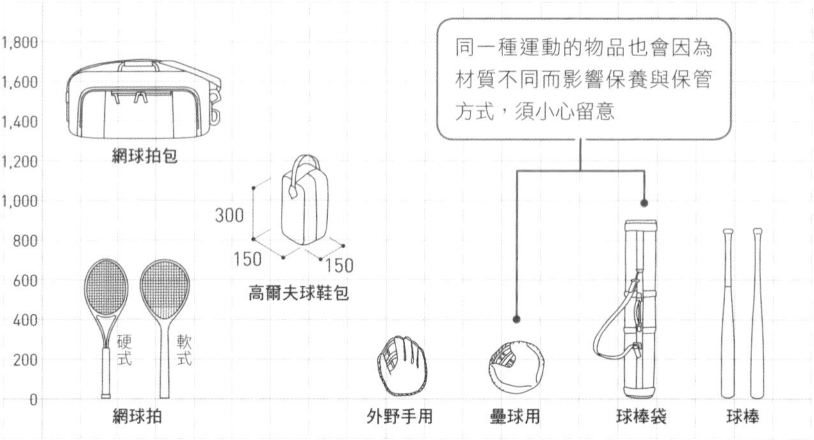
同一種運動的物品也會因為材質不同而影響保養與保管方式，須小心留意
1,800
1,600
1,400
1,200
1,000
800
600
400
200
0
網球拍包
300
150
150
高爾夫球鞋包
硬式
軟式
網球拍
外野手用
壘球用
球棒袋
球棒

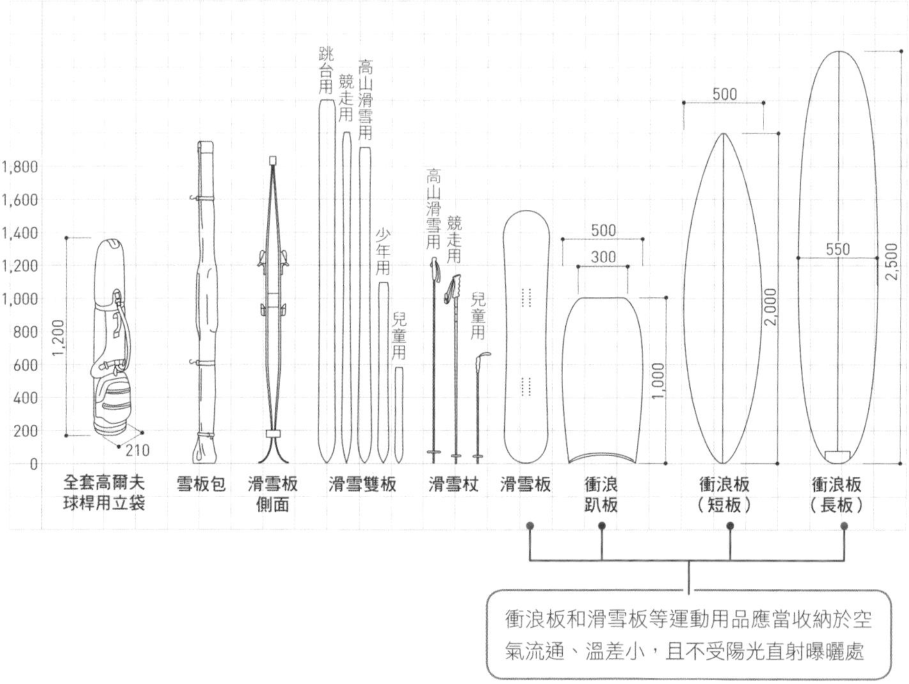
1,800
1,600
1,400
1,200
1,000
800
600
400
200
0
1,200
210
全套高爾夫球桿用立袋
雪板包
滑雪板側面
跳台用
競走用
高山滑雪用
少年用
兒童用
滑雪雙板
高山滑雪用
競走用
兒童用
滑雪杖
滑雪板
500
300
1,000
衝浪趴板
500
2,000
衝浪板（短板）
550
2,500
衝浪板（長板）
衝浪板和滑雪板等運動用品應當收納於空氣流通、溫差小，且不受陽光直射曝曬處

自行車、汽機車

在車庫附近設置戶外或運動用品的收納空間，就能方便一起整理收納。特別要注意的是，規劃車庫時不僅必須考慮車子的尺寸，還包括打開後車廂時是否有足夠空間放取行李。若居住於寒冷地區者，則必須規劃雪胎的收納位置。

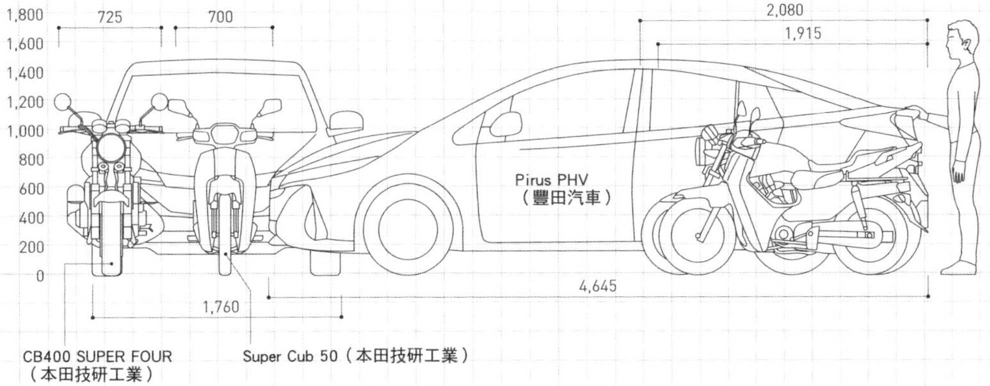
1,800
1,600
1,400
1,200
1,000
800
600
400
200
0
725
700
2,080
1,915
Pirus PHV
（豐田汽車）
4,645
1,760
CB400 SUPER FOUR
（本田技研工業）
Super Cub 50（本田技研工業）

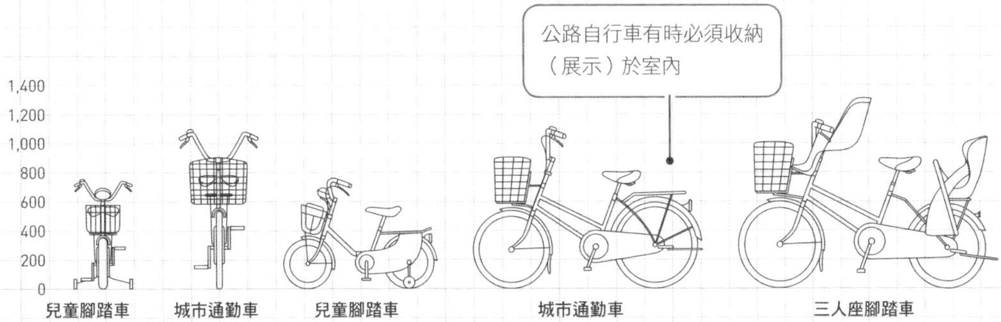
公路自行車有時必須收納（展示）於室內
1,400
1,200
1,000
800
600
400
200
0
兒童腳踏車
城市通勤車
兒童腳踏車
城市通勤車
三人座腳踏車

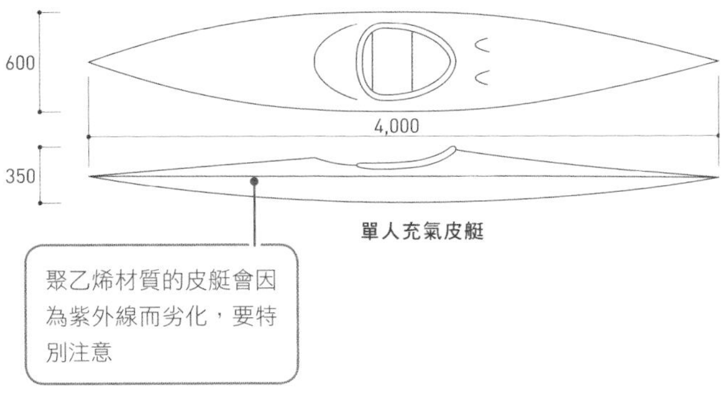
600
4,000
350
單人充氣皮艇
聚乙烯材質的皮艇會因為紫外線而劣化，要特別注意

本書作者一覽（照五十音 排列）

青木律典
DESIGN LIFE STUDIO
一九七三年生，神奈川縣人。曾任職於日比生寬史建築計劃研究所與田井勝馬建築設計工房，於二〇一〇年成立青木律典建築設計工作室；二〇一五年重組，更名為DESIGN LIFE STUDIO

安藤和浩
Ando Atelier
一九六二年生，東京都人。一九八五年自武藏野美術大學建築系畢業，一九八八年成立Ando Atelier。一九九〇年與湯姆．赫尼根（Tom Heneghan，英國人）成立Architecture Factory，參與熊本縣Kumamoto Artpolis都市計畫；一九九八年重啟Ando Atelier

出原賢一
LEVEL Architects
一九七四年生，神奈川縣人。二〇〇〇年芝浦工業大學研究所工學研究科建設工學課程修畢。曾任職於納谷建築設計事務所，二〇〇四年成立LEVEL Architects

柏木穗波
Kashiwagi Sui Associates
一九六七年生，東京都人。一九九〇年自東京都市大學（前武藏工業大學）畢業，曾任職於早川邦彥建築研究室（一九九〇年）與Intedesign Associates Architects（一九九二年），一九九六年成立穗（Sui）設計室，一九九九年與柏木學成立Kashiwagi Sui Associates；二〇〇五年法人化，成為有限會社Kashiwagi Sui Associates一級建築師事務所。目前擔任東京都市大學、東京家政學院大學與阿佐谷美術專門學校兼任講師

柏木 學
Kashiwagi Sui Associates
一九六七年生，栃木縣人。一九九〇年自近畿大學畢業，曾任職於早川邦彥建築研究室（一九九〇年）與塚田建築設計事務所（一九九四年），一九九九年與柏木穗波成立Kashiwagi Sui Associates；二〇〇五年法人化，成為有限會社Kashiwagi Sui Associates一級建築師事務所

勝見紀子
株式會社ATELIER NOOK建築事務所
一九六三年生，石川縣人。一九八六年進入聯合設計市谷建築事務所，主要負責設計個人住宅。一九九八年與新井聰共同成立ATELIER NOOK。目前為一級建築師、住宅醫師

菊田康平
Buttondesign
一九八二年生，福島縣人。二〇〇六年自日本大學藝術學院設計系畢業，曾任職於妹尾正治建築設計事務所（二〇〇六年）與不動產公司，於二〇一四年與合夥人成立Buttondesign

鈴木信弘
Suzuki Atelier
一九六三年生，神奈川縣人。就讀於神奈川大學建築系時前往英國阿斯頓大學（Aston University）交換留學，畢業後擔任東京工業大學助教。一九九四年與鈴木洋子成立Suzuki Atelier一級建築師事務所；二〇〇四年重組，更名為有限會社Suzuki Atelier。目前擔任神奈川大學建築系兼任講師

關尾英隆
翌檜建築工房
一九六九年生，兵庫縣人。一九九五年修畢東京工業大學研究所理工學研究科建築學課程。一九九五～二〇〇五年任職於日建設計，二〇〇五～二〇〇八年任職於沖工務店。二〇〇八年成立關尾英隆建築設計工房一級建築師事務所，二〇〇九年成立翌檜建築工房

關本龍太
RIOTADESIGN
一九七一年生，琦玉縣人。一九九四年自日本大學理工學院建築系畢業後任職於AD Network建築研究所直到一九九九年。二〇〇〇～二〇〇一年留學芬蘭赫爾辛基工科大學（現阿爾托大學[Aalto University]），回到日本後於二〇一二年成立RIOTADESIGN

高木　亮
blue studio
一九八四年生，栃木縣人。二〇〇六年自日本工業大學工學院建築系畢業，曾任職於組織設計事務所（二〇〇六年）與Atelier Tekuto，於二〇一二年進入blue studio

田野惠利
Ando Atelier
一九六三年生，栃木縣人。一九八五年自武藏野美術大學建築系畢業，一九八六年進入Lemming House，師從中村好文。一九九一年加入Architecture Factory，一九九八年與合夥人成立Ando Atelier

中村和基
LEVEL Architects
一九七三年生，琦玉縣人。一九九八年自日本大學理工學院建築系畢業，進入納谷建築設計事務所。二〇〇四年成立LEVEL Architects

本間　至
bleistift
一九五六年生，東京都人。一九七九年自日本大學理工學院建築系畢業，進入林寬設計事務所。一九八六年成立本間至建築設計事務所，一九九四年更名為本間至／bleistift

水越美枝子
atelier Sala
一九五九年生，茨城縣人。一九八二年自日本女子大學住居系畢業，進入清水建設。一九九九年與合夥人共同成立一級建築師事務所atelier Sala，業務領域廣泛，包括住宅新建與改建設計、室內裝潢設計與收納計畫。目前擔任日本女子大學兼任講師、NHK文化中心講師

村上　讓
Buttondesign
一九八四年生，岩手縣人。二〇〇六年自日本大學藝術學院設計學系畢業，同年進入三浦慎建築設計室。二〇一四年起成為Buttondesign合夥人

八島正年
八島建築設計事務所
一九六八年生，福岡縣人。一九九三年自東京藝術大學美術學院建築系畢業，一九九五年修畢該校研究所美術研究科碩士課程。一九九八年與高瀨夕子成立八島正年＋高瀨夕子建築設計事務所，二〇〇二年更名為八島建築設計事務所。目前擔任東京藝術大學與神奈川大學兼任講師

八島夕子
八島建築設計事務所
一九七一年生，神奈川縣人。一九九五年自多摩美術大學美術學院建築系畢業，一九九七年修畢東京藝術大學研究所美術研究科碩士課程。一九九八年與八島正年成立八島正年＋高瀨夕子建築設計事務所，二〇〇二年更名為八島建築設計事務所。目前擔任多摩美術大學兼任講師

和田浩一
STUDIO KAZ
一九六五年生，福岡縣人。九州藝術工科大學藝術工學院工學設計系畢業，一九九四年成立STUDIO KAZ，業務為設計客製化廚房、訂製家具和改建等等。二〇一四年起舉辦指導工務店如何施作客製化廚房的「廚房學院」，同時也是東京DESIGNPLEX研究所兼任講師。

超圖解！家的零收納—

日本最強收納大師團隊關鍵心法

住進不會亂的家！動線收納＋尺寸剖析＋櫃設計一次給足

編著　X-KNOWLEDGE
翻譯　陳令嫻

封面設計　白日設計
排版設計　詹淑娟
執行編輯　劉佳旻
校對　劉佳旻、劉鈞倫
責任編輯　詹雅蘭

行銷企劃　郭其彬、王綬晨、邱紹溢、蔡佳妘
總編輯　葛雅茜
發行人　蘇拾平

出版　原點出版 Uni-Books
Facebook: Uni-Books 原點出版
Email: uni-books@andbooks.com.tw
10544 台北市松山區復興北路333號11樓之4
電話：（02）2718-2001　傳真：（02）2718-1258

發行　大雁文化事業股份有限公司
10544 台北市松山區復興北路333號11樓之4
24小時傳真服務（02）2718-1258
讀者服務信箱 Email: andbooks@andbooks.com.tw
劃撥帳號：19983379
戶名：大雁文化事業股份有限公司

初版 1 刷　2020年06月
初版 3 刷　2023年06月

定價　480元

ISBN 978-957-9072-57-1

國家圖書館出版品預行編目(CIP)資料

超圖解！家的零收納—日本最強收納大師團隊關鍵心法：住進不會亂的家！動線收納＋尺寸剖析＋櫃設計一次給足 / X-KNOWLEDGE 編著.陳令嫻 譯 -- 一版. -臺北市：原點出版：大雁文化發行, 2020.06
192面；17X23 公分
ISBN 978-957-9072-57-1(平裝)

1.家庭佈置 2.空間設計

422.5　　109007681